U0331273

计算机组成原理
（第2版）

陆 遥 编著

清华大学出版社
北京

内 容 简 介

本书对单处理机计算机系统的组成和工作原理做了比较全面的阐述。全书共分8章,第1章介绍计算机系统的概况;第2章讲述非数值数据和数值数据的编码表示方法;第3章讲解运算方法和运算部件;第4章讲解存储器系统;第5章讲解指令系统的功能和设计;第6章讲解中央处理器,主要是控制器的组成、原理及设计;第7章介绍系统总线;第8章介绍输入输出系统。

本书着力突出计算机组成原理课程的主要内容,对重点、难点问题进行了深入、细致的解析。在第1版的基础上,本版对书中部分内容做了增删、调整和修改,尤其加强了控制器部分的内容。每章后面都附有精心设计和挑选的习题,供读者思考与练习。

本书可作为高等院校计算机专业的教材,也可作为考研学子及从事计算机工作的技术人员的参考书。

图书在版编目(CIP)数据

计算机组成原理/陆遥编著.--2版.--北京:清华大学出版社,2015(2023.12重印)
21世纪高等学校规划教材·计算机科学与技术
ISBN 978-7-302-40968-7

Ⅰ.①计… Ⅱ.①陆… Ⅲ.①计算机组成原理—高等学校—教材 Ⅳ.①TP301

中国版本图书馆CIP数据核字(2015)第167183号

责任编辑:郑寅堃 薛 阳
封面设计:傅瑞学
责任校对:焦丽丽
责任印制:沈 露

出版发行:清华大学出版社
   网 址:https://www.tup.com.cn,https://www.wqxuetang.com
   地 址:北京清华大学学研大厦A座   邮 编:100084
   社 总 机:010-83470000   邮 购:010-62786544
   投稿与读者服务:010-62776969,c-service@tup.tsinghua.edu.cn
   质量反馈:010-62772015,zhiliang@tup.tsinghua.edu.cn
   课件下载:https://www.tup.com.cn,010 83470236
印 装 者:三河市龙大印装有限公司
经 销:全国新华书店
开 本:185mm×260mm 印 张:17.5   字 数:423千字
版 次:2011年12月第1版 2015年10月第2版 印 次:2023年12月第11次印刷
印 数:7401~8200
定 价:45.00元

产品编号:065356-03

出 版 说 明

随着我国改革开放的进一步深化,高等教育也得到了快速发展,各地高校紧密结合地方经济建设发展需要,科学运用市场调节机制,加大了使用信息科学等现代科学技术提升、改造传统学科专业的投入力度,通过教育改革合理调整和配置了教育资源,优化了传统学科专业,积极为地方经济建设输送人才,为我国经济社会的快速、健康和可持续发展以及高等教育自身的改革发展做出了巨大贡献。但是,高等教育质量还需要进一步提高以适应经济社会发展的需要,不少高校的专业设置和结构不尽合理,教师队伍整体素质亟待提高,人才培养模式、教学内容和方法需要进一步转变,学生的实践能力和创新精神亟待加强。

教育部一直十分重视高等教育质量工作。2007 年 1 月,教育部下发了《关于实施高等学校本科教学质量与教学改革工程的意见》,计划实施“高等学校本科教学质量与教学改革工程”(简称“质量工程”),通过专业结构调整、课程教材建设、实践教学改革、教学团队建设等多项内容,进一步深化高等学校教学改革,提高人才培养的能力和水平,更好地满足经济社会发展对高素质人才的需要。在贯彻和落实教育部“质量工程”的过程中,各地高校发挥师资力量强、办学经验丰富、教学资源充裕等优势,对其特色专业及特色课程(群)加以规划、整理和总结,更新教学内容、改革课程体系,建设了一大批内容新、体系新、方法新、手段新的特色课程。在此基础上,经教育部相关教学指导委员会专家的指导和建议,清华大学出版社在多个领域精选各高校的特色课程,分别规划出版系列教材,以配合“质量工程”的实施,满足各高校教学质量和教学改革的需要。

为了深入贯彻落实教育部《关于加强高等学校本科教学工作,提高教学质量的若干意见》精神,紧密配合教育部已经启动的“高等学校教学质量与教学改革工程精品课程建设工作”,在有关专家、教授的倡议和有关部门的大力支持下,我们组织并成立了“清华大学出版社教材编审委员会”(以下简称“编委会”),旨在配合教育部制定精品课程教材的出版规划,讨论并实施精品课程教材的编写与出版工作。“编委会”成员皆来自全国各类高等学校教学与科研第一线的骨干教师,其中许多教师为各校相关院、系主管教学的院长或系主任。

按照教育部的要求,“编委会”一致认为,精品课程的建设工作从开始就要坚持高标准、严要求,处于一个比较高的起点上。精品课程教材应该能够反映各高校教学改革与课程建设的需要,要有特色风格、有创新性(新体系、新内容、新手段、新思路,教材的内容体系有较高的科学创新、技术创新和理念创新的含量)、先进性(对原有的学科体系有实质性的改革和发展,顺应并符合 21 世纪教学发展的规律,代表并引领课程发展的趋势和方向)、示范性(教材所体现的课程体系具有较广泛的辐射性和示范性)和一定的前瞻性。教材由个人申报或各校推荐(通过所在高校的“编委会”成员推荐),经“编委会”认真评审,最后由清华大学出版社审定出版。

目前,针对计算机类和电子信息类相关专业成立了两个"编委会",即"清华大学出版社计算机教材编审委员会"和"清华大学出版社电子信息教材编审委员会"。推出的特色精品教材包括:

(1) 21世纪高等学校规划教材·计算机应用——高等学校各类专业,特别是非计算机专业的计算机应用类教材。

(2) 21世纪高等学校规划教材·计算机科学与技术——高等学校计算机相关专业的教材。

(3) 21世纪高等学校规划教材·电子信息——高等学校电子信息相关专业的教材。

(4) 21世纪高等学校规划教材·软件工程——高等学校软件工程相关专业的教材。

(5) 21世纪高等学校规划教材·信息管理与信息系统。

(6) 21世纪高等学校规划教材·财经管理与应用。

(7) 21世纪高等学校规划教材·电子商务。

(8) 21世纪高等学校规划教材·物联网。

清华大学出版社经过三十多年的努力,在教材尤其是计算机和电子信息类专业教材出版方面树立了权威品牌,为我国的高等教育事业做出了重要贡献。清华版教材形成了技术准确、内容严谨的独特风格,这种风格将延续并反映在特色精品教材的建设中。

清华大学出版社教材编审委员会

联系人:魏江江

E-mail:weijj@tup.tsinghua.edu.cn

前　言

　　本书是作者在广泛参阅国内外同类优秀教材的基础上,集十余年的课程教学与实验经验精心编写而成的。本书提出的"使学生建立起在控制器控制之下的计算机整体概念,充分理解程序、指令、控制、操作之间的关系"的教学理念,强调了控制在计算机系统中的核心地位,是本书的重要特色。

　　本书第1版于2011年12月出版,几年来,在不同层次的课程教学中发挥了良好的作用。为了让本书更好地服务于教学,本版在第1版的基础上,继续秉持"内容精练、重点突出、讲解深入细致、强调学生主体"的宗旨,对部分内容做了仔细的增删、调整和修改,尤其加强了控制器部分的内容。本版做出的比较重要的改动有:

　　(1)考虑到逻辑运算和逻辑门对计算机硬件设计的重要性,在第2章介绍逻辑数据表示时,增加了逻辑运算与逻辑门的内容。

　　(2)为了更严谨地描述对数据通路的控制,在第3章介绍定点运算器的基本结构时,在寄存器及ALU的输出端增加了三态缓冲器。

　　(3)考虑到无内部总线结构的CPU已没有现实意义,在第6章中删去了与此相关的内容。

　　(4)为了让学生更好地了解计算机的实际控制方法,在第6章中结合实际增加了更多控制细节的描述,特别是对微程序控制方式下的时序控制问题做了比较详细的分析。

　　除以上所做的主要改变外,本版还对书中的部分文字、图形等做了修改与补充,以使全书内容更加严谨、准确。本版在教学内容与实际相结合方面所做的努力,应能对学生的课程实验及课程设计发挥良好的指导作用。

　　为配合本课程的教学需要,本版继续为任课教师配备电子课件和习题参考答案,如需要,可用电子邮件与清华大学出版社编辑郑寅堃(Zhengyk@tup.tsinghua.edu.cn)联系。

　　感谢选用本书作为教材或参考资料的教师、学生及广大读者朋友,同时,希望大家对书中的不足及错误提出批评与指正。

陆　遥

2015年3月

目 录

第1章

计算机系统概述

　　计算机系统是由硬件和软件两个子系统组成的。"计算机组成原理"讲述的是计算机硬件子系统的组成、工作原理及设计方法。本章介绍计算机系统的概况，使读者对计算机系统有一个基本了解。

1.1　计算机组成的任务

　　计算机硬件子系统从设计到实现，需要经过计算机系统结构设计、计算机组成和计算机实现三个阶段的工作。

　　计算机系统结构主要研究计算机系统硬件、软件功能的分配，确定硬件和软件的界面（即哪些功能由硬件完成，哪些功能由软件完成），并研究提高计算机系统性能的方法。指令系统的设计是计算机系统结构的重要内容。因为，指令系统实际上是计算机硬件、软件的重要界面，计算机的硬件系统基本上是围绕实现指令系统的功能而设计的。

　　计算机组成是按照计算机系统结构分配给硬件子系统的功能以及确定的概念结构，研究硬件子系统各组成部分的内部构造和相互联系，以实现机器指令级的各种功能和特性。也可以说，计算机组成是计算机系统结构的逻辑实现，包括机器内部各功能部件的逻辑设计，以及数据流和控制流的组成等。计算机组成的设计目标，是按所希望达到的性能/价格比，合理地把各种部件和设备组成计算机，以实现所确定的计算机系统结构。通常，根据对性能/价格比的不同要求，一种系统结构可以有多种不同的组成设计。

　　计算机实现是计算机组成的物理实现，即按计算机组成制订的方案，制作出实际的计算机系统。它包括处理器、主存、总线、接口等各种部件的物理结构的实现，器件的集成度和速度的选择和确定，器件、模块、插件、底板的划分与连接的实现，专用器件的设计，电源、冷却、装配等各类技术和工艺问题的解决等。

　　以上三个阶段的工作并不是界限分明的。随着相关技术和产品的不断成熟，一些本来在计算机实现阶段才涉及的具体器件，也在计算机组成设计中被直接使用，而一些本来在计算机组成阶段，为达到所要求的性能/价格比而提出的设计方案，如 cache 存储器技术、流水线技术等，也早已成为计算机系统结构设计的重要组成部分。

1.2　计算机的硬件系统构成

1.2.1　计算机的基本硬件组成

通用电子数字计算机普遍采用的是冯·诺依曼系统结构。冯·诺依曼计算机也称为存储程序计算机,其基本思想是给计算机设置一个存储器,将解题程序和数据存放在存储器中,由机器自动读取存储器中的程序指令加以执行,从而使机器自动、高速地完成解题任务。

冯·诺依曼结构计算机由运算器、控制器、存储器、输入设备和输出设备这5大部件组成,相互间以总线连接,如图1.1所示。其典型工作过程大致为:在控制器的控制下,先通过输入设备将程序和数据输入至存储器中存放,然后由控制器自动从存储器中依次读取程序指令加以分析,并根据操作要求控制运算器进行所需的数据处理,最后再控制输出设备将数据处理结果输出。

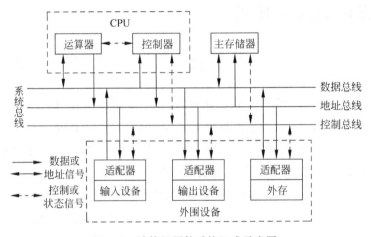

图1.1　计算机硬件系统组成示意图

运算器是计算机的数据处理中心,完成各种算术运算、逻辑运算、移位操作等。

根据运算器处理的数据类型不同,运算器分为定点运算器和浮点运算器两类。

定点运算器的核心部件是算术逻辑部件(ALU),用于完成各种定点数算术运算和逻辑运算。逻辑运算主要用于条件判断、设备控制等方面。

浮点运算器用于完成各种浮点数(即实数)运算,其结构比较复杂,这里暂不介绍。

运算器以二进制数进行运算。其处理的数据范围及数据精度取决于所能处理的二进制数的位数。

存储器是计算机的记忆装置,按其在计算机工作过程中的作用不同,可分为主(内部)存储器和辅助(外部)存储器。

主存储器(简称主存)中存放的是计算机正在执行的程序和正在处理的数据。主存负责向控制器提供程序指令、向运算器提供运算数据,并接收运算器产生的运算结果。辅助存储器(简称辅存)中则以文件的形式存储了大量等待执行的程序和等待处理的数据,当这些程序和数据需要执行和处理时,要先从辅存调入主存才行。

存储器以存储单元为单位进行划分,一个存储单元能够容纳一个长度为 8 位的二进制数据,称为一个字节。一个存储器所包含的存储单元总数,就是这个存储器的存储容量。为了识别存储器中的每个存储单元,从 0 号开始,给每个存储单元一个编号。存储单元的编号称为存储单元的地址。对存储单元的存、取操作都是按地址进行的。

控制器是计算机的控制中心,它按严格的时间关系发出各种控制信号,控制计算机中的其他部件协调工作,完成各种操作任务。控制器在对其他部件实施控制时,往往还要根据其他部件反馈的状态信息来进行不同的控制。

控制器完全是按人所编写的解题程序的要求来实施控制的,而程序则是由指令编排而成的。一条指令可以向控制器下达一个基本操作任务。一台计算机拥有几十条、上百条甚至几百条指令,这些指令构成一台计算机的指令系统。控制器的基本任务,就是按照程序的安排,从存储器中依次取出各条指令,并对指令进行分析和控制执行,直至程序结束。

一条指令的处理过程分为两个阶段:取指令阶段和执行指令阶段。取指令阶段的操作时间称为指令的取指周期;执行指令阶段的操作时间称为指令的执行周期。虽然指令代码和数据都以二进制形式存放在存储器中,但控制器只在取指周期控制取指令操作,而在执行周期控制取数据操作,所以指令和数据之间不会产生混淆。

通常,将运算器和控制器合在一起称为计算机的中央处理器(CPU),也称中央处理机,而将 CPU 和主存合起来称为计算机的主机。主机以外的其他组成部分,都属于计算机的外围设备或输入输出设备。

输入输出设备是计算机的外围设备,是计算机系统与其使用者——人进行交流必不可少的设备。输入设备的作用是将人所熟悉的各种信息形式(如文字、符号、图形、图像、声音等)转换成计算机所能识别和处理的二进制数字形式,并存入计算机的存储器。输出设备的作用则是将计算机内部的二进制数字信息转换成人能接受的信息形式,以便人能了解计算机的处理结果。需要指出的是,外部存储器也属于计算机的外围设备。

系统总线将上述计算机的各个组成部分连接在一起,实现各部分之间的信息传递。系统总线是一组信号线的集合,其中包含传递数据信息的数据总线、传递地址信息的地址总线和传递控制或状态信息的控制总线。系统总线主要是按计算机主机的信息传送要求来设计的,完全适应主机的信息传送速度、信息传送格式、信号种类及电气特性。但外围设备种类繁多,在信息传送速度、信息传送格式、信号种类及电气特性等方面与主机有很大差异,不能直接与系统总线相连。因此,外围设备需要通过专门的适配器(也称接口电路)与系统总线相连。适配器的作用就是进行速度缓冲、信息格式及信号转换等,使互连双方能够顺利实现信息传递。

1.2.2　计算机的主要性能指标

计算机的性能指标用于反映计算机在工作速度、处理能力和存储能力等方面的性能,主要有:

吞吐量。指一台计算机在某一时间间隔内能够处理的信息量。

响应时间。指从输入有效到系统产生响应之间的时间量度。

利用率。指在给定的时间间隔内,系统被实际使用的时间所占的比率。

处理机字长。指处理机运算器在进行二进制运算时,一个数据可以达到的最大位数。

　　总线宽度。一般指 CPU 中运算器与存储器之间进行互连的内部总线二进制位数。

　　存储器容量。存储器中所有存储单元的总数目,通常用 KB、MB、GB、TB 表示。

　　存储器带宽。单位时间内存储器所存取的信息量,通常使用位/秒或字节/秒为单位。

　　主频/时钟周期。CPU 的工作节拍受主时钟控制,主时钟是 CPU 内部一切工作的时间基准。主时钟的频率(f)叫 CPU 的主频,主频的倒数称为 CPU 的时钟周期(T)。

　　CPU 执行时间。指 CPU 执行一般程序所占用的 CPU 时间,有

$$CPU 执行时间 = CPU 时钟周期数 \times CPU 时钟周期$$

　　CPI。指执行一条指令所需的平均时钟周期数,有

$$CPI = 执行某段程序所需的 CPU 时钟周期数 \div 所执行的指令条数$$

　　MIPS。每秒百万指令数,即单位时间内执行的指令数(以百万为单位),有

$$MIPS = 所执行的指令数 \div (程序执行时间 \times 10^6)$$

　　MFLOPS。每秒百万浮点操作次数,即单位时间内执行的浮点操作次数(以百万为单位),用来衡量机器浮点操作的性能,有

$$MFLOPS = 程序中的浮点操作次数 \div (程序执行时间 \times 10^6)$$

1.3　计算机的软件系统构成

1.3.1　计算机的语言

　　计算机是按人给它下达的任务来工作的,而人是通过将解题步骤编写成程序的形式来给计算机下达任务的。用来编写程序的符号系统就构成了人与计算机交流的语言——计算机语言。

　　由于计算机是一种数字逻辑设备,它只能识别用二进制代码表示的信息,所以,最初的计算机语言是直接用二进制代码来表述的,这就是机器语言。机器语言的基本要素是机器指令(简称指令),每条指令用于给计算机下达一个基本操作任务,一个复杂的解题任务需要按一定的顺序执行多条指令才能完成。这种按一定顺序排列起来的指令序列就是程序。

　　机器语言的优点是程序执行速度快、占用存储空间小;缺点是语言难以掌握、程序调试和排错困难、需要掌握较多硬件知识。为了便于掌握和使用,人们将机器语言符号化,产生了汇编语言。汇编语言使用一些人容易掌握和使用的符号来表示每条指令,使编程和调试更加方便。但汇编语言的符号系统计算机不能直接理解。所以,需要一个转换器来将汇编语言程序转换成机器语言程序,这个转换器叫做汇编程序。

　　由于汇编语言与人所使用的自然语言之间仍然存在很大的语义差距,用汇编语言描述一些较为复杂的任务仍很困难。为此,人们又创造了多种高级计算机语言(简称高级语言)。目前常用的高级语言都以英语为基础,使用一些英语语句和单词来描述复杂的程序控制结构及处理功能,增强了对解题算法的描述能力,更接近人们的语言习惯,并且基本上不直接涉及计算机硬件概念,所以更容易掌握和使用。用任何一种高级语言编写的程序,都必须转换成机器语言程序,才能被计算机执行。完成这种转换任务的是一种特殊的程序——编译程序,每种高级语言都要配备自己的编译程序。

1.3.2 计算机的软件

计算机软件是各种计算机程序的统称。计算机的硬件系统使计算机有了工作的条件和能力,但计算机没有生命和意识,它不可能自主工作,而要靠人通过程序的形式为它安排好工作任务,它才能被动地按程序规定的步骤进行工作。所以说,计算机的任何工作都离不开软件的支持。完整的、实际可工作的计算机系统,是计算机硬件系统和计算机软件系统有机结合的整体。

计算机软件一般分为两大类,即系统软件和应用软件。

应用软件是人们为了用计算机完成一些具体工作而编写的程序,如科学计算程序、数据处理程序、自动控制程序、信息管理程序、工程设计程序等。应用软件在运行之前,需要从所用的某种语言转换为机器语言;在调试过程中,需要面对成千上万条指令进行查错和排错;在运行过程中,需要大量涉及对各种硬件资源如存储器、输入输出设备等的使用。如果所有这些工作都由应用软件设计者亲力而为,将极大地增加应用软件的设计难度和设计者的工作强度,也不能让设计者将精力集中在解决具体的应用问题上。为此,人们设计了各类工具软件来让计算机帮助自己完成这些繁杂的工作,这些工具软件统称为系统软件。

系统软件包括:

(1) 操作系统。操作系统是计算机最基本、最重要的系统软件,它负责管理和分配计算机系统的资源(如处理器、存储器、输入输出设备等)。有了操作系统,其他程序的设计者只需在程序中按规定的方式提出对系统资源的使用要求(如内存分配、输入、输出等),操作系统就能帮助他实现对所需资源的操作,无须他亲自处理对资源操作的细节。在支持多任务的计算机系统中,多个作业或进程竞争处理器,也是由操作系统完成调度的。

(2) 各种服务性程序,如诊断程序、排错程序等,用来帮助人们进行计算机系统故障的诊断,以及软件的调试与排错等。

(3) 编译程序、解释程序、汇编程序等,用来将高级语言程序或汇编语言程序转换为机器语言程序。

(4) 数据库管理系统,用于帮助人们建立、管理、维护和使用各种数据文件。

显然,有了这些系统软件的帮助,人们可以更加方便、高效地使用计算机,也可以让计算机更好地发挥出它的功能和潜力。

1.4 计算机系统的层次结构特征

计算机系统是一个硬件和软件结合在一起的复杂系统。跟计算机打交道的人既有计算机的设计者,也有计算机的使用者,他们对计算机系统的认识程度是不一样的。即使同为计算机的使用者,由于工作的领域不同、使用计算机的功能不同或采用的程序设计语言不同,也会对计算机系统产生不同的认识。因此,人们对计算机系统的认识有着明显的层次特征,即在不同层次的人眼里,计算机系统有着不同的作用和组成,这就使同一个计算机系统有了多个层次的结构特征,如图1.2所示。

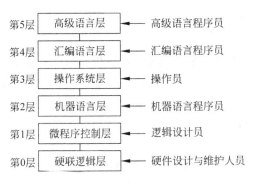

图1.2　计算机系统层次结构

　　第0层是硬件设计与维护人员眼中的计算机,也就是计算机的硬件系统。它采用硬联逻辑实现,是计算机的硬件内核,也是计算机一切工作的基础。

　　第1层是微系统结构计算机,它通过微程序,控制信息在各部件之间的传送,以提供各种机器指令所需要的操作控制。这一层的工作是建立在第0层的硬件实体之上的,需要设计者对计算机硬联逻辑的所有细节都十分熟悉才行。因此,这一层的逻辑设计员与第0层的硬件设计员通常是同一层的人员。

　　第2层是机器语言程序员眼中的计算机,也就是实现机器指令系统功能的机器。机器指令能直接由控制器识别,但机器指令本身只描述操作要求及操作对象,并不直接完成操作控制,具体的操作控制由第1层的微程序来实现。这一层的机器语言程序员无须了解硬联逻辑及其控制细节,只需掌握机器语言的各种组成成分及使用方法即可。

　　第3层是操作系统机器,是操作系统命令使用者(即操作员)眼中的计算机,它可以被看作各种操作系统命令的解释器。操作系统命令的功能是用第2层的机器指令编程实现的。这一层上的操作员只需掌握各种操作系统命令的使用方法,无须了解其下各层机器的结构及实现细节。

　　第4层是汇编语言程序员眼中的计算机,也就是汇编语言的解释器。汇编语言指令与机器语言指令之间虽然有着对应关系,但汇编语言指令不能直接为控制器识别,需要通过汇编程序将其转换成对应的机器指令才行,而汇编程序的运行需要操作系统的支持。可见,这一层上的工作需要其下各层的支持才能完成。这一层的汇编语言程序员需要掌握寄存器、地址、寻址方式、I/O端口等一些硬件系统的概念,但无须了解其下各层机器的结构及实现细节。

　　第5层是高级语言程序员眼中的计算机,也就是高级语言的解释器。用高级语言编写的程序需要转换成机器语言程序才能执行,这种转换工作是由各种高级语言的编译程序来完成的。编译程序的运行需要操作系统的支持。这一层的高级语言程序员基本不需要计算机硬件知识,他只要用某种高级语言编写出解题程序并输入计算机,其他工作就在其下各层机器的支持下自动完成了。

　　从学科领域来划分,大致可以认为第0层至第2层是计算机组织与结构讨论的范畴,第3层以上则是纯软件的范畴。除第0层和第1层直接面对的是计算机的硬件实体外,其他各级机器均由软件实现,称为虚拟机器。第2层的地位是比较特殊的,它处于计算机硬件和软件的交界面。也就是说,计算机的硬件系统是围绕着实现机器语言指令系统的功能而设计的,而机器语言又是其他一切计算机语言的转换目标,是所有软件实现的基础。

按层次结构来看计算机系统,首先有助于人们正确地理解计算机系统的工作,明确硬件、软件的界面,分清硬件和软件在计算机系统中的作用;其次有利于理解各种语言的实质及其实现。计算机的层次结构特征,还给人们提供了一条从虚拟机器到实体计算机的设计路径,有利于设计出新的计算机系统。

1.5　电子计算机的发展简史

世界上第一台电子计算机是 1946 年由美国宾夕法尼亚大学研制的电子数字积分器和计算机 ENIAC,用于新武器的弹道问题中许多复杂的计算。

ENIAC 共用了 18 000 个电子管和 1500 个继电器,重达 30 吨,耗电 140kW,占地 170 平方米,采用十进制数据表示形式,每秒钟能完成 5000 次加法运算。ENIAC 存在两个主要缺点,一是存储容量太小,只能存 20 个字长为 10 位的十进制数;二是没有存储程序的概念,用线路连接的方法来编排程序,每次解题都要依靠人工改接众多的插头和插座来编程,准备时间大大超过实际的计算时间。

ENIAC 项目组的一个研究人员冯·诺依曼针对 ENIAC 的缺点,提出用二进制数表示替代十进制数表示,将程序也用二进制数字形式和数据一起在计算机内存中表示出来,这就是著名的存储程序方案。冯·诺依曼小组于 1952 年研制出了世界上第一台存储程序计算机 IAS(属于 EDVAC——电子离散变量自动计算机),其体系结构至今仍然是大多数电子数字计算机的基础。按冯·诺依曼的存储程序方案设计的计算机,被称为冯·诺依曼机。

如今,经过五十多年的发展,计算机系统结构在冯·诺依曼机的基础上已做了很多改进,但原则上变化不大,仍被称为冯·诺依曼机。

计算机系统结构的改进、功能的增强、性能的提高、价格的降低、体积的缩小等,很大程度上依赖所采用的器件的发展。从这个角度看,可把电子计算机的发展过程划分为五代。

第一代:电子管计算机时代(1946—1957)。计算机运算速度为每秒几千次至几万次加法,体积大、成本高、可靠性较低。此阶段形成的存储程序方案和冯·诺依曼系统结构,成为后来计算机设计的基础。

第二代:晶体管计算机时代(1958—1964)。计算机运算速度达到每秒几十万次加法,可靠性显著提高、体积缩小、功耗降低、成本下降;使用了高级编程语言,并为计算机提供了系统软件;计算机的应用范围进一步扩大,产生了系列机的萌芽;出现了高速大型计算机系统。

第三代:小规模和中规模集成电路计算机时代(1965—1971)。计算机运算速度达到每秒上百万次加法,可靠性进一步提高,而体积、功耗、成本则进一步下降。在此期间,性能/价格比较好的小型计算机系统得到发展,计算机产品形成了通用化、系列化和标准化。同样在这个时期,半导体存储器问世,微处理器诞生。

第四代:大规模集成电路计算机时代(1972—1977)。计算机运算速度达到每秒 1000 万次加法,可靠性更高,体积、功耗、成本则更低。在此期间,半导体存储器容量不断增加,价格快速下降,使计算机的性能大大提高,成本显著降低。个人计算机(一种独立微型机系统)也在这个时期出现。

第五代：超大规模集成电路(Very Large Scale Integration, VLSI)计算机时代(1978至今)。计算机运算速度达到每秒10亿次加法,性能/价格比大幅提高。在各种高性能的巨型计算机、超级计算机得到大发展的同时,个人计算机成了这个时代的主角。个人计算机的蓬勃发展,使计算机的应用范围迅速扩大,走入了办公室和普通家庭,使计算机的应用达到了普及的程度。

集成电路芯片的集成度仍然在不断地增长。著名的摩尔定律指出,存储器芯片及微处理器芯片的集成度大约每18个月翻一番。虽然这种增长在今后可能会有所减缓,但摩尔定律仍将在今后一段时间内适用。

习题

1. 说明计算机系统结构、计算机组成、计算机实现这三个阶段的工作任务及联系。

2. 计算机硬件系统由哪几部分组成？各部分的作用是什么？各部分之间是怎样联系的？

3. 指令和数据均放在内存中,计算机是如何区分从内存中取出的是指令还是数据的？

4. 外围设备与计算机主机相连为什么需要适配器？

5. 说明机器语言、汇编语言、高级语言三者的差别和联系。

6. 计算机的系统软件和应用软件各起到什么作用？相互间有什么联系？

7. 计算机系统为什么具有层次结构特征？各层次的特点及层次之间的关系是什么？按层次结构理解计算机系统有什么意义？

8. 机器语言指令系统对计算机硬件和软件的影响表现在哪些方面？

9. 计算机发展经历了哪几代？每一代计算机的主要特点是什么？

第2章

计算机的数据表示

数据表示是数据在计算机中的实现,是数据处理的基础。本章讲述非数值数据(如字符数据、逻辑数据、校验码等)的编码表示和数值数据(如定点数、浮点数)的编码表示。

一般而言,计算机的数据是指所有能存入计算机的存储器,并能被计算机处理的符号的总称。由于数字计算机只能存储和处理二进制数字信号。所以,任何类型的数据在计算机中均以二进制数字序列编码表示。

2.1 字符数据的表示

字符在计算机中的二进制编码称为字符代码。目前,计算机中普遍使用的字符代码是长度为 7 位的 ASCII 码(美国信息交换标准代码)。7 位的 ASCII 码共可形成 128(2^7)个字符的代码,其中包含了人们日常在书面表达中所用的各种字符(也称可打印字符),如全部大小写英文字母、数字符号 0~9、基本运算符和标点符号等。此外,还包含一些计算机内部用于控制的特殊字符,如回车、换行、删除、换码等,如表 2.1 所示。

表 2.1　ASCII 码表

b_3 b_2 b_1 b_0 / b_6 b_5 b_4	000	001	010	011	100	101	110	111
0 0 0 0	NUL	DLE	SP	0	@	P	`	p
0 0 0 1	SOH	DC₁	!	1	A	Q	a	q
0 0 1 0	STX	DC₂	"	2	B	R	b	r
0 0 1 1	ETX	DC₃	#	3	C	S	c	s
0 1 0 0	EOT	DC₄	$	4	D	T	d	t
0 1 0 1	ENQ	NAK	%	5	E	U	e	u
0 1 1 0	ACK	SYN	&.	6	F	V	f	v
0 1 1 1	BEL	ETB	'	7	G	W	g	w
1 0 0 0	BS	CAN	(	8	H	X	h	x
1 0 0 1	HT	EM	)	9	I	Y	i	y
1 0 1 0	LF	SUB	*	:	J	Z	j	z
1 0 1 1	VT	ESC	+	;	K	[	k	{
1 1 0 0	FF	FS	,	<	L	\	l	|
1 1 0 1	CR	GS	—	=	M	]	m	}
1 1 1 0	SO	RS	.	>	N	^	n	~
1 1 1 1	SI	US	/	?	O	_	o	DEL

　　ASCII 码在存储器中存放时,需要占用存储器的一个字节(8 位),其中的最高位(b_7)置为 0 或用作奇偶校验位。

　　字符串是计算机应用中经常要处理的数据,但一般不被看作基本数据类型,而被看作一种数据结构。就逻辑结构而言,字符串是由若干字符组成的一个序列,属于线性结构。字符串在计算机中的存储一般采用顺序存储结构,串中每个字符都用 ASCII 码表示,占用一个字节,整个字符串在存储器中要连续占用若干个字节的存储空间。存储字符串时,一般按串中字符从左到右的顺序,从所占用的存储空间中地址最低的字节开始,依次向下存储。例如,设字符串"Very good!"存储在从主存地址 i 开始的连续字节中,则其存储结果如图 2.1所示。

图 2.1　字符串在主存中的顺序存储

　　图中,每个字节实际存放的是对应字符的 ASCII 码,用十六进制表示分别为 56H、65H、72H、79H、20H、67H、6FH、6FH、64H、21H。

2.2　逻辑数据的表示

　　逻辑数据用于描述某种关系是否成立、某种条件是否满足、某种状态是否出现、某种控制是否有效等。由此可见,逻辑数据所描述的结果总是只有两种可能:成立或不成立,满足或不满足,出现或未出现,有效或无效等。所以,计算机中只需用一位二进制数字的 0 和 1两种状态,就能满足逻辑数据表示的需要。逻辑数据的两种值被分别称为"真"(用 1 表示)和"假"(用 0 表示)。"真"代表关系成立、条件满足、状态出现、控制有效等,"假"则反之。

　　一个逻辑数据在存储器中存放时只需占用一个二进制位,所以一个字节可以存储 8 个逻辑数据。这就使得处理器可以一次存取或操作多个逻辑数据,也可通过特定的逻辑运算,对多个逻辑数据中的某几个进行操作。

　　计算机是一种数字逻辑设备,其内部运算及控制功能的实现都离不开逻辑运算。基本的逻辑运算有"逻辑非"、"逻辑加"、"逻辑乘"、"逻辑异"4 种。逻辑运算采用逻辑数据。

1. 逻辑非

　　"逻辑非"运算也称"非"运算,其逻辑表达式为 $F=\overline{A}$,真值表如表 2.2 所示。

表 2.2　"非"逻辑真值表

A	F
0	1
1	0

2. 逻辑加

"逻辑加"运算也称"或"运算,其逻辑表达式为 $F=A \vee B$(或 $F=A+B$),真值表如表 2.3 所示。

表 2.3 "或"逻辑真值表

A	B	F
0	0	0
0	1	1
1	0	1
1	1	1

由表 2.3,可归纳出计算机中常用的"或"运算规则为

$$0 \vee x = x, \quad 1 \vee x = 1 \quad (x=0,1)$$

3. 逻辑乘

"逻辑乘"运算也称"与"运算,其逻辑表达式为 $F=A \wedge B$(或 $F=A \cdot B$),真值表如表 2.4 所示。

表 2.4 "与"逻辑真值表

A	B	F
0	0	0
0	1	0
1	0	0
1	1	1

由表 2.4,可归纳出计算机中常用的"与"运算规则为

$$0 \wedge x = 0, \quad 1 \wedge x = x \quad (x=0,1)$$

4. 逻辑异

"逻辑异"运算也称"异或"运算,其逻辑表达式为 $F=A \oplus B$,真值表见表 2.5。

表 2.5 "异或"逻辑真值表

A	B	F
0	0	0
0	1	1
1	0	1
1	1	0

由表 2.5,可归纳出计算机中常用的"异或"运算规则为

$$0 \oplus x = x, \quad 1 \oplus x = \bar{x} \quad (x=0,1)$$

逻辑运算用专门的逻辑器件来实现,这些逻辑器件的逻辑符号如图 2.2 所示。

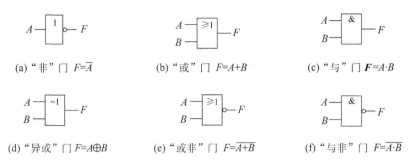

(a) "非"门 $F=\overline{A}$ (b) "或"门 $F=A+B$ (c) "与"门 $\boldsymbol{F}=A\cdot B$

(d) "异或"门 $F=A\oplus B$ (e) "或非"门 $F=\overline{A+B}$ (f) "与非"门 $F=\overline{A\cdot B}$

图 2.2   常用逻辑运算器件的逻辑符号

2.3 校验码

计算机系统中的数据在存储和传送(特别是远距离传送)过程中可能产生错误。如何发现甚至自动纠正这些数据错误,是提高计算机系统可靠性必须解决的问题。

数据校验码是一类能够发现甚至自动纠正某些数据错误的数据编码方法。通常,将正确的数据编码称为合法编码,而将错误的数据编码称为非法编码。校验码的设计原则是,当一个合法编码中的数据位发生错误时,就变为一个非法编码,而不是变为另一个合法编码。这样,只要检测到非法编码,就能发现数据错误。如果对校验码做一些特殊设计,还能进一步确定出错的数据位,从而实现对出错数据位的自动纠正。

2.3.1 码距与校验位的概念

一个二进制编码系统中,当两个不同的合法编码进行对应位的比较时,会有一些位上的取值不同,这些取值不同的位的位数称为这两个编码的码距,也称海明距离。整个编码系统中任意两个合法编码的码距的最小值,称为这个编码系统的最小码距。

设某编码系统采用 4 位二进制数形成 16 种合法编码,则该编码系统的最小码距为 1(如 0000 与 0001)。由于该编码系统将 4 位二进制数可以形成的全部 16 种编码都当作了合法编码,因此任意一个合法编码发生错误,都会变成另一个合法编码,故无法检出错误。可见,一个编码系统不仅要编出全部合法编码,还应能编出一定数量的非法编码,这样,在合法编码出错时,才有可能变成非法编码而被检出。编码系统中包含的非法编码称为冗余码。为了形成冗余码,就需要在编码中增加冗余位,冗余位的位数及设计方法不同,可以构成检错和纠错能力不同的校验码,而冗余位也称为校验位。

校验位的设置与一个编码系统的最小码距及检错、纠错能力有密切的关系。如果不设校验位,则无冗余码,最小码距必然为 1,编码系统无检错能力。如果设一个校验位,则冗余码的数量与合法编码的数量相同,借助于校验位,可以使任意两个合法编码的码距不小于 2(即最小码距为 2),而与某个合法编码的码距仅为 1 的编码一定是非法编码(如奇偶校验码)。这就使得这个编码系统具有了一定的检错能力。如果继续增加并合理设计校验位,就可以进一步扩大最小码距,使这个编码系统能够发现多位编码错误,甚至可以根据产生的非法编码来确定出错位的位置,进而实现自动纠错(如海明校验码和循环冗余校验码)。当然,增加校验位也使得编码冗余增大、编码效率降低、硬件成本增加,所以,实际应用中要合理选择。

2.3.2 奇偶校验码

奇偶校验码是在基本编码之上增加一个校验位——奇偶校验位而形成的。奇偶校验分为奇校验和偶校验两种实现方案。奇校验通过校验位的调节,使整个编码中包含的二进制 1 的位数为奇数,而偶校验则通过校验位的调节,使整个编码中包含的二进制 1 的位数为偶数。表 2.6 中所列为 5 位偶校验编码(最高位为校验位)。

表 2.6　5 位偶校验码表

原始数据编码(4 位)	偶校验编码(5 位)	原始数据编码(4 位)	偶校验编码(5 位)
0000	00000	1000	11000
0001	10001	1001	01001
0010	10010	1010	01010
0011	00011	1011	11011
0100	10100	1100	01100
0101	00101	1101	11101
0110	00110	1110	11110
0111	10111	1111	01111

从表中可以看出,校验位使最小码距从原来的 1 增加到 2。表中未列出的另 16 种 5 位编码就是本编码系统的冗余码,也就是非法编码。易见,任一非法编码均与表中某个合法编码的码距为 1,且合法编码出错的位数为奇数(1、3 或 5)时,均会变成非法编码。因此,奇偶校验码能够发现奇数个编码位的错误,但无法确定出错位的位置,故不能实现自动纠错。

设奇偶校验码为 $PD_{n-1}D_{n-2}\cdots D_1D_0$,其中,$P$ 为校验位;$D_{n-1}D_{n-2}\cdots D_1D_0$ 为 n 个数据编码位,按照奇偶校验码的编码方法,校验位与数据编码位的逻辑关系为

奇校验　　　　　　　　$P=\overline{D_{n-1}\oplus D_{n-2}\oplus\cdots\oplus D_1\oplus D_0}$

偶校验　　　　　　　　$P=D_{n-1}\oplus D_{n-2}\oplus\cdots\oplus D_1\oplus D_0$

奇偶校验的校验式为

$$S = P \oplus D_{n-1} \oplus D_{n-2} \oplus \cdots \oplus D_1 \oplus D_0$$

对偶校验,$S=1$ 时编码有错、$S=0$ 时编码无错,对奇校验则正好相反。

2.3.3 海明校验码

海明校验码是 Richard Hamming 于 1950 年提出来的,它具有发现 2 位错误并纠正 1 位错误的能力,是一种广泛使用的校验码。

海明校验码的设计原理是,将几个校验位编入数据码的特定位置,全部数据位被分成几个奇偶校验组,每个数据位会被按一定的规则分配到其中几个组中,各校验位分别作为各组的奇偶校验(一般为偶校验)位。当某个数据位出错时,将会导致含有该数据位的几个校验组的校验结果出错。因此,根据出错校验组的不同组合,就能确定是哪个数据位发生错误,进而自动纠正这个错误。

下面分析校验位位数与数据位位数之间的关系。假设校验位的位数为 r，则它能表示 2^r 个信息，用其中的一个信息指出"无编码错"，其余 2^r-1 个信息则可用于指出错误发生在哪一位。由于错误也可能发生在校验位，因此只有 2^r-1-r 个信息能用于指出出错的数据位。若设数据位的位数为 k，则需满足

$$k \leqslant 2^r - 1 - r \tag{2.1}$$

如果还要求能发现两位错，则应有

$$k \leqslant 2^{r-1} - r \tag{2.2}$$

表 2.7 中列出了按式(2.2)求得的数据位数 k 与校验位数 r 之间的关系。

表 2.7   海明码数据位数 k 与校验位数 r 的对应关系表

k 值	最小的 r 值
1~4	4
5~11	5
12~26	6
27~57	7
58~120	8

设 $m=k+r$，则海明码是一个 m 位编码，设其一般表示形式为 $H_m H_{m-1} \cdots H_2 H_1$，则此海明码的编码规则是：

(1) 各校验位 $P_i(i=1,2,\cdots,r)$ 被安排在编码第 2^{i-1} 位的位置，编码中的其余位为数据位。如校验位 P_3 在海明码中位于第 $4(2^{3-1})$ 位，即编码中的 H_4。

(2) 海明码的每位(包括校验位)被分配到几个奇偶校验组中，所以，每位均由几个校验位来校验。各被校验位与相关的校验位之间的关系是：被校验位的位号是相关各校验位的位号之和(这里的位号是指其在海明码中的位号)。这样，当某位出错时，通过与其相关的各校验位的位号，就能得到该出错的位号。

例如，当数据位数为 4 时，由表 2.7 得校验位数为 4，则海明码总位数为 8，可表示为 $H_8 H_7 H_6 H_5 H_4 H_3 H_2 H_1$。按上述编码规则可知，4 个校验位 P_1、P_2、P_3、P_4 被分别安排在 H_1、H_2、H_4 和 H_8。如以 D_i 和 $P_i(i=1,2,3,4)$ 分别表示数据位和校验位，则海明码的编码结果为

$$P_4 D_4 D_3 D_2 P_3 D_1 P_2 P_1$$

其中的各个编码位与相关的校验位之间的关系如表 2.8 所示。

表 2.8   海明码的编码位与相关校验位之间的关系

海明码位号	数据位/校验位	相关的校验位位号	
H_1	P_1	1	(1=1)
H_2	P_2	2	(2=2)
H_3	D_1	1,2	(3=1+2)
H_4	P_3	4	(4=4)
H_5	D_2	1,4	(5=1+4)
H_6	D_3	2,4	(6=2+4)
H_7	D_4	1,2,4	(7=1+2+4)
H_8	P_4	8	(8=8)

由表 2.8 可知,各校验位均由其自身来校验,而各数据位则由多个校验位来校验,且每个校验位要参与多个数据位的校验。具体而言,校验位 P_1 要对数据位 D_1、D_2、D_4 进行校验,校验位 P_2 要对数据位 D_1、D_3、D_4 进行校验,校验位 P_3 要对数据位 D_2、D_3、D_4 进行校验。所以,P_1 与 D_1、D_2、D_4 组成一个奇偶校验组,P_1 为其奇偶校验位;P_2 与 D_1、D_3、D_4 组成一个奇偶校验组,P_2 为其奇偶校验位;P_3 与 D_2、D_3、D_4 组成一个奇偶校验组,P_3 为其奇偶校验位。如选择偶校验,则有

$$P_1 = D_1 \oplus D_2 \oplus D_4$$
$$P_2 = D_1 \oplus D_3 \oplus D_4$$
$$P_3 = D_2 \oplus D_3 \oplus D_4$$

根据以上三个式子,当某个数据位出错时,对校验位的影响如表 2.9 所示。

表 2.9　数据位出错与校验位变化之间的关系

出错的数据位	发生变化的校验位
D_1	P_1,P_2
D_2	P_1,P_3
D_3	P_2,P_3
D_4	P_1,P_2,P_3

由表 2.9 可知,当只有一个数据位出错时,海明码中的校验位会发生不同的变化,这为确定出错的数据位提供了依据。

为了进一步确认哪些校验位上发生了变化,下面给出上述三个奇偶校验组的校验式。

$$S_1 = P_1 \oplus D_1 \oplus D_2 \oplus D_4$$
$$S_2 = P_2 \oplus D_1 \oplus D_3 \oplus D_4$$
$$S_3 = P_3 \oplus D_2 \oplus D_3 \oplus D_4$$

由以上三个校验式可知,当不同的编码位(包括数据位和校验位)发生错误时,三个校验式的值组成的二进制序列 $S_3 S_2 S_1$ 就会不同。由于是偶校验,$S_3 S_2 S_1$ 构成的三位二进制编号就是出错的编码位在海明码中的位号,如表 2.10 所示。

表 2.10　编码位出错与校验式结果之间的关系

出错的编码位	校验式结果 $S_3 S_2 S_1$	海明码位号
P_1	001(1)	H_1
P_2	010(2)	H_2
D_1	011(3)	H_3
P_3	100(4)	H_4
D_2	101(5)	H_5
D_3	110(6)	H_6
D_4	111(7)	H_7
无出错位	000(0)	无

按表 2.10 确认出错的编码位后,只需将该编码位取反,即可纠正之。海明码不仅能够纠正 1 位编码错误,还能检出 2 位错误(因为任意两个编码位出错,都将使 $S_3 S_2 S_1 \neq 000$)。

进一步分析可知,海明码在发生 2 位错误时,其各校验式的结果必与发生某个 1 位错误

时的结果一致,故无法区分是 2 位错误还是 1 位错误。如需加以区分,还要增加一个总校验位 P_4,使得

$$P_4 = D_1 \oplus D_2 \oplus D_3 \oplus D_4 \oplus P_1 \oplus P_2 \oplus P_3$$

并增设一个奇偶校验式

$$S_4 = P_4 \oplus D_1 \oplus D_2 \oplus D_3 \oplus D_4 \oplus P_1 \oplus P_2 \oplus P_3$$

这样,当发生 1 位错误时,$S_4=1$,而在发生 2 位错误时,$S_4=0$,从而能够区分是 2 位错误还是 1 位错误。此外,增加总校验位后,海明码将能检出所有奇数个编码位的错误($S_4=1$)。

从表 2.10 可知,采用海明码进行纠错时,需要针对 $S_3S_2S_1 \neq 000$ 的每种取值设计相应的纠错电路,来纠正对应的出错编码位。海明码的位数越多,纠错电路的硬件代价就越大。

2.3.4　循环冗余校验码

串行传送方式是一种将二进制信息形成位串,用一根信号线逐位在部件之间或计算机之间进行传送的方式。这种传送方式广泛应用于磁盘数据存取、计算机网络通信等方面。串行传送以帧为单位进行,一次传送一帧,一帧通常包含若干个字节的信息,信息量较大。此外,串行传送的设备之间往往距离较远,信息传送过程中容易发生错误。因此,串行传送需要一种具有较强的纠错能力,且适用于较大信息量校验的校验码。循环冗余校验(CRC)码就是因其纠错能力强,且在信息量较大的情况下,编码与解码所需的硬件代价小等优点,被广泛用于串行传送过程中的检错与纠错。

CRC 码也称为 (n,k) 码,它是在 k 位信息位之后拼接 r 位校验位而形成的 n 位编码($n=k+r$)。应用 CRC 码的关键,一是如何求取 r 位校验位,二是如何实现检错和纠错。CRC 码的编码原理涉及较多的数学理论,在此不做详述,下面将直接引用相关的结论,对 CRC 码的编码及使用做简单介绍。

1. 模 2 四则运算

CRC 码的编码及校验过程均需要用到模 2 四则运算。模 2 运算是按位运算,位与位之间不产生进位或借位。

(1) 模 2 加/减运算:模 2 加与模 2 减是两种等效的运算,均等同于逻辑异或运算,即

$$a \pm b = a \oplus b \tag{2.3}$$

(2) 模 2 乘运算:在对部分积求和时按模 2 加进行。例如

$$
\begin{array}{r}
1\,0\,1\,0 \\
\times\ 1\,1\,0\,1 \\
\hline
1\,0\,1\,0 \\
0\,0\,0\,0 \\
1\,0\,1\,0 \\
1\,0\,1\,0 \\
\hline
1\,1\,1\,0\,0\,1\,0
\end{array}
$$

(3) 模 2 除运算:上商时,如果上一次部分余数的最高位为 1,则本次上商为 1,否则上商为 0;求部分余数时,按模 2 减进行;将每次求得的部分余数的最高位(总是 0)去掉,使部分余数每次减少一位,当部分余数的位数少于除数位数时,即为最终的余数。例如

```
        1 0 1          商
1 0 1) 1 0 0 1 0        被除数也是最初的部分余数
       1 0 1           部分余数最高位为1,上商为1
     0 0 1 1 0         去掉部分余数最高位的0,部分余数减少一位
       0 0 0           部分余数最高位为0,上商为0
     0 1 1 0           去掉部分余数最高位的0,部分余数减少一位
       1 0 1           部分余数最高位为1,上商为1
     0 1 1             去掉部分余数最高位的0,得最终余数11
```

2. CRC 码的编码方法

设等待编码的 k 位二进制信息位是 $D_{k-1}D_{k-2}\cdots D_1 D_0$,它可以用一个多项式 $M(x)$ 表示。

$$M(x) = D_{k-1}x^{k-1} + D_{k-2}x^{k-2} + \cdots + D_1 x + D_0 \tag{2.4}$$

为了在信息位后拼接 r 位校验位,需将 k 位信息位向左移动 r 位,以便留出 r 位校验位的位置;移位后的结果可以用多项式 $M(x) \times x^r$ 表示。

r 位校验位本身也可以表示为多项式 $R(x)$;而 $R(x)$ 是以下多项式运算产生的余数。

$$\frac{M(x) \times x^r}{G(x)} = Q(x) + \frac{R(x)}{G(x)} \tag{2.5}$$

式(2.5)中的运算采用模 2 除运算,其中,$G(x)$ 被称为生成多项式(意指用于产生 CRC 校验码的多项式,后面会有介绍);$Q(x)$ 为商的多项式;$R(x)$ 就是余数的多项式。根据模 2 除的规则,最终余数的位数比除数位数少 1,而 $R(x)$ 要求为 r 位,故 $G(x)$ 应为 $r+1$ 位,是一个 r 阶多项式。

按照 CRC 码的构成方式,将 $R(x)$ 拼接在 $M(x) \times x^r$ 之后,即得到完整的 CRC 码,其多项式表示形式为 $M(x) \times x^r + R(x)$。根据式(2.5),可得

$$\begin{aligned} M(x) \times x^r + R(x) &= [Q(x) \times G(x) + R(x)] + R(x) \\ &= Q(x) \times G(x) + [R(x) + R(x)] \\ &= Q(x) \times G(x) \end{aligned} \tag{2.6}$$

(以上多项式运算均为模 2 运算)。

式(2.6)说明,CRC 码 $M(x) \times x^r + R(x)$ 可被其生成多项式 $G(x)$ 整除(模 2 除),即余数为 r 位全 0。

【例 2.1】 按(7,4)CRC 码的编码规则,求 4 位信息码 1100 的 CRC 码,生成多项式选择 $G(x) = x^3 + x + 1$。

解:由(7,4)码可知 $r = 7 - 4 = 3$,即校验位有 3 位。

根据 4 位信息码 1100 得 $M(x) = x^3 + x^2$。

$M(x)$ 左移 r 位后得 $M(x) \times x^r = (x^3 + x^2) \times x^3 = x^6 + x^5 = 1100000$。

$G(x) = x^3 + x + 1 = 1011$。

下面按模 2 除求 3 位校验位。

$$\frac{M(x) \times x^r}{G(x)} = \frac{1100000}{1011} = 1110 + \frac{010}{1011}$$

所以，$R(x)=010$。由此可得 CRC 码为

$$M(x) \times x^r + R(x) = 1100000 + 010 = 1100010 \quad (模\ 2\ 加)$$

3. CRC 码的检错与纠错

由于 CRC 码有能被其生成多项式整除的特点，串行传送的接收方在接收到 CRC 码后，可使用与发送方约定的生成多项式去除该 CRC 码，如果余数为 r 位全 0，则收到的 CRC 码无错误，否则有错误。这就是 CRC 码的检错原理。

由于 CRC 码不同位上的错误将导致产生不同的余数 $R(x)$，所以，可依据余数 $R(x)$ 确定并纠正出错的编码位。表 2.11 中列出了例 2.1 的 CRC 码在不同位上出错时的余数 $R(x)$。

表 2.11   (7,4)CRC 码出错位与余数 $R(x)$ 之间的对应关系(生成多项式 $G(x)=1011$)

	A_7	A_6	A_5	A_4	A_3	A_2	A_1	余数 $R(x)$	出错位
正确的编码	1	1	0	0	0	1	0	0 0 0	无
发生 1 位错误的编码	1	1	0	0	0	1	**1**	0 0 1	1
	1	1	0	0	0	**0**	0	0 1 0	2
	1	1	0	0	**1**	1	0	1 0 0	3
	1	1	0	**1**	0	1	0	0 1 1	4
	1	1	**1**	0	0	1	0	1 1 0	5
	1	**0**	0	0	0	1	0	1 1 1	6
	0	1	0	0	0	1	0	1 0 1	7

需要说明的是，表 2.11 中列出的出错位与余数 $R(x)$ 的对应关系并不是例 2.1 的特例。可以证明，只要 CRC 码的码制(即 (n,k) 码的 n、k 取值)和生成多项式 $G(x)$ 不变，信息码 $M(x)$ 的变化不改变出错位与余数 $R(x)$ 的对应关系，即表 2.11 中所列，为所有以 $G(x)=1011$ 为生成多项式的 (7,4)CRC 码的出错模式。

CRC 码还有一个重要特点：在一个不为 0 的余数的最低位补 1 个 0 后再除以 $G(x)$(模 2 除)，所得的余数就是出错模式表中的下一个余数；如此继续下去，各次产生的余数将按出错模式表中的顺序循环变化。以表 2.11 为例，在余数 111 的最低位补 1 个 0 得 1110，1110 除以 1011(模 2 除)得余数 101，101 最低位补 0 得 1010，1010 除以 1011 得余数 001，……。利用这个特点，在某位出错时，从对应的余数开始，按上述方法产生余数的循环变化，同时每次使整个 CRC 码循环左移 1 位，当余数变到 101 时，出错位也被移到 A_7 的位置，此时将 A_7 取反实现纠错，然后继续做余数的循环变化和 CRC 码的循环左移，直到做满一个循环(对 (7,4) 码，循环次数为 7 次)，被纠正的编码位又回到其原来的位置，也得到了一个纠正后的 CRC 码。用这种方法来纠错，不必针对每个不为 0 的余数来设计对应编码位的纠错电路。因此，CRC 码能有效降低校验电路的硬件代价。

4. 生成多项式简介

生成多项式是实现 CRC 码的编码及检错和纠错的关键。生成多项式应能满足下列要求：

(1) CRC 码的任何一位发生错误，都应使余数不为 0。

(2) CRC 码的不同位发生错误时，余数也应不同。

（3）对不为 0 的余数最低位补 0 后继续作模 2 除，应能使余数循环。

（4）若要求余数为 r 位，则生成多项式应为 r 阶。

此处不讨论生成多项式的设计原理，仅给出具体的求取方法。对一个 (n,k) 码来说，可将 (x^n-1) 按模 2 运算规则分解为若干质因子，根据编码所要求的码距选取其中的因式或若干因式的乘积作为生成多项式。

【例 2.2】 设 $n=7$，则按模 2 运算规则，有

$$x^7 - 1 = (x+1)(x^3 + x + 1)(x^3 + x^2 + 1)$$

选择 $G(x) = x + 1 = 11$，可构成 $(7,6)$ 码，只能判 1 位错。

选择 $G(x) = x^3 + x + 1 = 1011$ 或 $G(x) = x^3 + x^2 + 1 = 1101$，可构成 $(7,4)$ 码，能判 2 位错或纠 1 位错。

选择 $G(x) = (x+1)(x^3 + x + 1) = 11101$，可构成 $(7,3)$ 码，能判 2 位错并纠 1 位错。

表 2.12 中是部分 (n,k) 码的生成多项式。

表 2.12　部分 (n,k) 码的生成多项式 $G(x)$

n	k	码距 d	$G(x)$ 多项式	$G(x)$ 二进制码
7	4	3	$G_1(x) = (x^3 + x + 1)$ 或 $(x^3 + x^2 + 1)$	1011 或 1101
	3	4	$G_2(x) = G_1(x)(x+1) = (x^3 + x + 1)(x+1)$ 或 $(x^3 + x^2 + 1)(x+1)$	11101 或 10111
15	11	3	$G_1(x) = (x^4 + x + 1)$	10011
	7	5	$G_2(x) = (x^4 + x + 1)(x^4 + x^3 + x^2 + x + 1)$	111010001
31	26	3	$G_1(x) = (x^5 + x^2 + 1)$	100101
	21	5	$G_2(x) = (x^5 + x^2 + 1)(x^5 + x^4 + x^3 + x^2 + 1)$	11101101001
63	57	3	$G_1(x) = (x^6 + x + 1)$	1000011
	51	5	$G_2(x) = (x^6 + x + 1)(x^6 + x^4 + x + 1)$	1010000110101
1041	1025		$G(x) = (x^{16} + x^{15} + x^2 + 1)$	11000000000000101

数据校验是数据存储方/数据发送方与数据读取方/数据接收方共同的工作，双方需要事先约定校验码的编码规则。数据存储方/数据发送方按约定的规则对数据编码，而数据读取方/数据接收方则按同样的规则对数据译码并实施检错或纠错。

2.4　数值数据的表示

数值数据是计算机中用于各种算术运算的数据。计算机中表示数值数据不仅要解决有效数字部分的表示，还要解决小数点及符号的表示；不仅要将数据表示出来，还要便于数据的运算。所以，相对前面的非数值数据的表示，数值数据的表示问题更为复杂。

2.4.1　数的二进制真值表示

所谓数的"真值"表示，是相对于数在计算机中的编码表示而言的，也就是人们平时所习惯的数的书面表示形式。

数值数据用真值表示便于人们了解数值的大小，因此，计算机在把数据处理结果通过显

示或打印方式提供给人们时,都要采用真值表示。

例如,十进制数+132用二进制数表示为+10000100,十进制数-123.25用二进制数表示为-1111011.01。以上两个二进制数都是以真值表示的,其突出特点是:有效数字部分与该数的绝对值一致;正、负号分别用"+"和"-"表示;小数点也直接在数中表示出来。

在计算机中,无论是"+"号、"-"号还是小数点".",都属于字符,需要用 ASCII 码来表示。如果计算机中也采用真值表示数据的话,就会大大增加信息的存储量,同时也会给运算带来很大的麻烦。因此,计算机在对数据进行存储和运算时,是采用下面介绍的一些特殊的、更为有效的编码形式来表示数据的。这些用二进制编码形式表示的数据称为机器数。

2.4.2　用 BCD 码表示十进制数

BCD(Binary Coded Decimal) 码的完整意义是"用二进制编码的十进制码",它采用 4 位二进制编码表示 1 位十进制数。BCD 码分有权码与无权码两类。有权码如 8421 码(4 个二进制位由高到低,权值分别为 8、4、2、1)、2421 码(4 个二进制位由高到低,权值分别为 2、4、2、1) 等;无权码如余 3 码、格雷码等。用有权 BCD 码表示十进制数 0～9 时,要求 BCD 码按式 $\sum_{i=3}^{0} d_i w_i$(d_i 和 w_i 分别为 BCD 码第 i 位上的数字和权值) 所求之和等于所表示的十进制数。而无权 BCD 码则有特殊的编码规则,如余 3 码规定其编码为对应的 8421 码加上 0011 所得;格雷码则规定其任何两个相邻编码之间只有 1 个二进制位不同,如表 2.13 所示。

表 2.13　典型 BCD 码

十 进 制 数	有权码		无权码	
	8421 码	2421 码	余 3 码	格雷码
0	0000	0000	0011	0000
1	0001	0001	0100	0001
2	0010	0010	0101	0011
3	0011	0011	0110	0010
4	0100	0100	0111	0110
5	0101	1011	1000	1110
6	0110	1100	1001	1010
7	0111	1101	1010	1000
8	1000	1110	1011	1100
9	1001	1111	1100	0100

从表 2.13 中还可以看到,2421 码中任意两个相加之和等于十进制数 9 的编码互为反码,如 0000 与 1111,0001 与 1110 等。此外,格雷码的编码方案不是唯一的。

各种 BCD 码中,8421 码是计算机使用最多的一种。这是因为:8421 码各位的权完全满足二进制规则;其各个编码本身就是对应十进制数的二进制转换结果;与 0～9 这 10 个数的 ASCII 码的最低 4 位一致,便于相互转换。

采用 8421 码可以进行十进制算术运算,但运算结果可能需要修正。以加法为例,当两个用 8421 码表示的十进制数相加时,如果和落在 1010～1111(相当于十进制的 10～15)范围内,或者最高位向上产生进位,则需要再加一个 0110(十进制的 6)进行修正,才能得到正确的运算结果。这是因为 8421 码要满 16 才能进位,而十进制满 10 即需进位,这中间的差值需要修正。

2.4.3 定点数的表示

BCD 码虽然可以表示十进制数,但在表示多位十进制数时,其编码会很长,占据的存储资源多;而且,其运算结果需要修正,耗费的时间也多。因此,BCD 码难以满足计算机中对数值计算的需要。

计算机中实际用于数值计算的数据表示方法主要有定点数表示法和浮点数表示法两种。定点数表示法也是浮点数表示法的基础。

所谓定点数表示,是指小数点被固定在数据中某个特定位置上的数据表示方法。实际应用中,通常把小数点固定在数据最低有效位的右边,或最高有效位的左边。如果选择前者,则所有定点数均为整数,称为定点整数;如果选择后者,则所有定点数均为小数,称为定点小数,如下所示。

$$定点整数:x_s x_{n-1} x_{n-2} \cdots x_1 x_0.$$
$$定点小数:x_s . x_{n-1} x_{n-2} \cdots x_1 x_0$$

其中,x_s 是数的符号(后面会专门讨论)。

定点数中,小数点的位置可以看作默认的。如对定点整数,可以默认小数点在最低有效位的右边;对定点小数,则可以默认小数点在最高有效位的左边。因此,在计算机中表示定点数时,小数点不用表示出来,这给数据的表示带来了很大的方便。目前,多数通用计算机在选择定点数格式时,都选择定点整数格式。因为文字符号的编码以及逻辑数据被看作整数更为合适。

符号的表示是定点数表示必须要解决的问题。带符号的定点数在计算机中有原码、补码、反码和移码 4 种编码表示方法。

1. 原码表示法

原码是最直观的机器数表示法,它以 0 表示正号,以 1 表示负号,直接置于数的最左端(即最高位位置);而数的数字部分与其绝对值一致。

【例 2.3】

  (1) 若 $x=+0.1011$,则 $[x]_原 = \mathbf{0.1011}$;

  (2) 若 $x=-0.1011$,则 $[x]_原 = \mathbf{1.1011}$;

  (3) 若 $x=+1011$,则 $[x]_原 = \mathbf{01011}$;

  (4) 若 $x=-1011$,则 $[x]_原 = \mathbf{11011}$。

其中,(1)和(2)为定点小数的例子,(3)和(4)为定点整数的例子;x 是数的真值,$[x]_原$ 是数的原码表示。在机器中,定点数的小数点是按默认方式处理的,并不表示出来,例中的定点小数原码表示中标出小数点,只是为了阅读方便(后同)。

设符号位用 x_s 表示,各数据位 $x_i (i=0,1,2,\cdots,n-1)$ 表示,则原码的一般表示形式为

$$[x]_原 = \boldsymbol{x_s} x_{n-1} x_{n-2} \cdots x_1 x_0$$

对定点小数,$[x]_原$ 可表示的最小数为 $\mathbf{1.11\cdots 11}$(十进制值为 $-1+2^{-n}$),可表示的最大数为

0.11…11(十进制值为$1-2^{-n}$);对定点整数,$[x]_原$可表示的最小数为111…11(十进制值为-2^n+1),可表示的最大数为011…11(十进制值为2^n-1)。

用原码表示时,$[+0]_原$与$[-0]_原$是不同的。

$$[+0]_原 = 000…00$$

$$[-0]_原 = 100…00$$

由于原码的数字部分与其绝对值一致,所以原码比较适合于乘除运算。运算时,将两数的数字部分直接相乘或相除,而乘积或商的符号可由两个运算数据的符号经逻辑"异或"得到。

原码的符号是人为约定的,尽管也用 0、1 表示,但没有数值上的意义。因此,在用原码运算时,符号位不能直接参加运算。这对乘除运算没什么影响,但给加减运算带来了麻烦。以加法运算为例,如为同号数相加,则直接将两数的数字部分相加,求得和的数字部分,和的符号取被加数的符号即可;如为异号数相加,则需要先比较两数绝对值的大小,然后以较大的绝对值减去较小的绝对值,并以绝对值较大的数的符号作为运算结果的符号。可见,原码加减运算的效率是很低的。

2．补码表示法

计算机中,无论是数据存储,还是数据运算,其数据位数都是受到限制的。因为用来存储数据的存储单元或寄存器有一定的位数限制,进行数据运算的运算器也有一定的位数限制。所以,数据在计算机中表示的位数也是受限制的。当数据超过规定位数时,其处于高位的超出部分将被丢弃。

以定点整数为例,设一个寄存器的位数为 n,则可以存放一个 n 位的定点整数。显然,超出该寄存器存储能力的最小正整数是 2^n,它在该寄存器中的存储结果与 0 的存储结果是一样的(其最高位上的 1 被丢弃),如图 2.3 所示。

图 2.3　在 n 位寄存器中存放数据 2^n 和数据 0 的存放结果

一般地,设 x 为正整数,且 $0 \leqslant x < 2^n$,则 x 与 2^n+x 在 n 位寄存器中的存储结果是一样的,均等于 x。这种现象在数学中称为"同余",即 x 除以 2^n 与 2^n+x 除以 2^n 的余数相同,用数学公式表示为

$$x = 2^n + x \quad (\bmod\ 2^n)$$

其中,mod 表示"模"运算,即"相除取余数"运算;2^n 被称为"模数";$\bmod\ 2^n$ 表示"除以 2^n 取余数"。上式被称为同余式。

在同余的概念下,设 $x < 0$ 且 $|x| < 2^n$,则同样有

$$x = 2^n + x \quad (\bmod\ 2^n)$$

式中,$x < 0$ 而 $2^n+x > 0$。这是一个有趣的现象,它说明:在 $\bmod\ 2^n$ 的前提下,一个负数 x 可以用一个正数 2^n+x 来表示。也就是说,一个负数 x 与一个正数 2^n+x 在 n 位寄存器中的存储结果是一样的。

在 mod 2^n 的前提下,设 $|x| < 2^n$,把 x 的同余数 $2^n + x$ 称为 x 补码,即

$$[x]_补 = 2^n + x \quad (\mod 2^n) \tag{2.7}$$

考虑到在计算机中实际表示补码时,还需表示一个符号,因此,在一个 n 位寄存器中存放补码时,要把最高位留作符号位,数字部分为 $n-1$ 位。故式(2.7)中,x 的实际取值范围是

$$-2^{n-1} \leqslant x \leqslant 2^{n-1} - 1$$

对定点小数的补码而言,由于符号位占据了 n 位寄存器的最高位,相当于占据了 2^0 位,故模数应该是 2^1。由此可得定点小数 x 的补码为

$$[x]_补 = 2^1 + x \quad (\mod 2^1) \tag{2.8}$$

x 的实际取值范围是

$$-1 \leqslant x \leqslant 1 - 2^{-(n-1)}$$

(关于补码的取值范围问题,第 3 章中还有进一步的说明。)

【例 2.4】 设寄存器位数为 8 位,则可以存放一个 8 位补码(1 个符号位,7 个数值位)。设 $x = +1001011$,求 $[x]_补$。

解:

$$
\begin{aligned}
[x]_补 &= 2^8 + x & (\mod 2^8) \\
&= 2^8 + (+1001011) & (\mod 2^8) \\
&= \mathbf{0}1001011 & (\mod 2^8)
\end{aligned}
$$

其中,最高位上的 **0** 被看作符号位。由本例可知:一个正数的补码与其原码是一致的。

【例 2.5】 设寄存器位数为 8 位,$x = -1001011$,求 $[x]_补$。

解:

$$
\begin{aligned}
[x]_补 &= 2^8 + x & (\mod 2^8) \\
&= 2^8 + (-1001011) & (\mod 2^8) \\
&= \mathbf{1}0110101 & (\mod 2^8)
\end{aligned}
$$

其中,最高位上的 **1** 被看作符号位。由本例可知:一个负数的补码,其符号位为 1。显然,负数的补码与其原码是不同的。

【例 2.6】 设寄存器位数为 8 位,$x = +0.1001011$,求 $[x]_补$。

解:

$$
\begin{aligned}
[x]_补 &= 2^1 + x & (\mod 2^1) \\
&= 2^1 + (+0.1001011) & (\mod 2^1) \\
&= \mathbf{0}.1001011 & (\mod 2^1)
\end{aligned}
$$

最高位上的 **0** 被看作符号位。注意:小数点在机器中不表示。

【例 2.7】 设寄存器位数为 8 位,$x = -0.1001011$,求 $[x]_补$。

解:

$$
\begin{aligned}
[x]_补 &= 2^1 + x & (\mod 2^1) \\
&= 2^1 + (-0.1001011) & (\mod 2^1) \\
&= \mathbf{1}.0110101 & (\mod 2^1)
\end{aligned}
$$

最高位上的 **1** 被看作符号位。

由以上 4 例(例 2.4~例 2.7)可知:补码的符号位(正为 0,负为 1)不是人为规定的,而是在求补码的运算中求出的,实际上就是运算结果的最高有效数字位。因此,在用补码进行

加减运算时,符号位可以像数字位一样参加运算,不用单独处理,这给计算机的加减运算带来了很大的方便。事实上,计算机都是采用补码来做加减运算的。

此外,由式(2.7)和式(2.8)可知,+0 和-0 的补码表示是相同的,且是唯一的。这也给补码的运算带来了方便。

3. 反码表示法

一个数的反码可通过其原码求得,方法是:正数的反码与其原码一致;负数的反码与其原码符号位相同,数字位按位取反。

反码一般不用于计算,但可用来作为原码转换为补码时的中间代码。原码转换为补码的方法是:

(1) 正数的原码、补码及反码均相同,无须转换。

(2) 对负数,先从原码求其反码,然后再将反码加 1,即得其补码。

【例 2.8】 设寄存器位数为 8 位,$x=-1001011$,则

$$[x]_原 = 11001011$$
$$[x]_反 = 10110100$$
$$[x]_补 = [x]_反 + 1$$
$$= 10110100 + 1$$
$$= 10110101$$

实际上,原码与补码之间的互相转换使用的是同一套方法,即

(1) 正数的原码与补码相同,无须转换。

(2) 负数的原码(补码)转换为补码(原码)时,符号位不变,数字位每位取反,然后再加 1。

【例 2.9】 在例 2.8 的基础上,将 $[x]_补$ 转换为 $[x]_原$ 的过程如下:

$[x]_补 = 10110101 \rightarrow$ 符号位不变,数字位每位取反,得 $11001010 \rightarrow$ 加 1,得 $11001011 = [x]_原$。

4. 移码表示法

移码只用于表示带符号定点整数。移码一般不在定点数运算中使用,它主要用于浮点数中阶码的表示和运算(详见 2.4.4 节浮点数的表示)。

设 x 是一个 n 位二进制整数,则其移码定义为

$$[x]_移 = 2^n + x, \quad 2^n > x \geqslant -2^n \tag{2.9}$$

由式(2.9)可知,$[x]_移$ 是一个 $n+1$ 位的编码,最高位被看作符号。

【例 2.10】 设 $x=+1001011$,为 7 位数,则

$$[x]_移 = 2^7 + x = 2^7 + (+1001011) = 11001011$$

【例 2.11】 设 $x=-1001011$,为 7 位数,则

$$[x]_移 = 2^7 + x = 2^7 + (-1001011) = 00110101$$

由以上两例可知:移码的符号与前面三种编码的符号相反,其正数的符号为 1,而负数的符号为 0;移码的数字部分与对应的补码是一致的(对比例 2.4 和例 2.5)。此外,移码的符号实际上是按式(2.9)计算所得结果的最高有效数字,而非人为规定的,因此,移码的符号能够直接参与加减运算。

移码与其他三种编码相比还有一个不同之处:移码之间的大小关系可以直接反映数据真值之间的大小关系。因此,移码主要用于需要经常判断数据之间大小关系的场合,如用于

表示浮点数的阶码,以便在进行浮点数加减运算时进行阶码的比较与对阶(详见第 3 章中的浮点运算部分)。

2.4.4　浮点数的表示

定点数除了能表示数值数据外,还用于表示逻辑数据和各种文字、符号的编码(均看作无符号定点整数)。计算机中的定点运算器除了能做各种定点数的算术运算外,还要承担所有逻辑运算和文字、符号的处理。可见,定点数在计算机中有其独特的作用,是必不可少的。但是,定点数在数值计算方面的缺点也是很明显的:一是表示数据的精度差,如定点整数的最小误差在 ± 1 之间;二是表示数据的范围小,如 n 位定点整数的补码,其真值表示范围仅为 $-2^{n-1} \leqslant x \leqslant 2^{n-1}-1$。因此,定点数不适合于科学计算。

科学计算要求用有限的数据编码位,获得更大的数据表示范围和更高的数据表示精度,这就需要采用浮点数表示形式。

浮点数是指小数点位置未经人为约定的一般的数,其小数点可以出现在数中任意位置。这种具有不确定性的一般的数是无法直接在计算机中表示的,必须要将其按某种确定的格式规范化后,才能在计算机中表示出来。

众所周知,十进制数 -12345.678 可表示成以下形式

$$-12345.678 = 10^5 \times (-0.12345678)$$

同理,一个浮点数 N 可以表示成

$$N = R^e \times m$$

这种表示形式突出了一个浮点数的三个构成要素:指数 e;基数 R;有效数字 m。在计算机中,只要将浮点数的这三个要素分别表示出来,整个浮点数也就表示出来了。这就是浮点数表示的基本思想。

对计算机来说,指数是一个整数,可以用定点整数表示;基数对于采用二进制的计算机来说就是 2,它是确定的、默认的,不用表示出来;有效数字部分被规定为一个纯小数,可用定点小数表示。因此,对具体的计算机而言,浮点数可用其指数和有效数字两部分来表示;指数的机器数编码称为"阶码",有效数字的机器数编码称为"尾数",尾数的符号就是浮点数的符号。浮点数在计算机中的一般编码表示格式如下:

S	E	M
数符	阶码	尾数

其中,尾数 M 一般用补码或原码表示;阶码 E 一般用移码或补码表示;数符 S 是浮点数的符号,也就是尾数的符号(故 M 不含符号位)。在具体的机器中,阶码和尾数均有规定的位数,浮点数的表示范围取决于阶码的位数,而浮点数的表示精度则取决于尾数的位数。

在浮点数的表示中,如果仅要求尾数为纯小数还是不够的。如二进制数 $+110.0101$ 可有下面一系列的表示结果(规定尾数为 7 位)

$$+110.0101 = 2^3 \times 0.1100101$$
$$= 2^4 \times 0.0110010\,(1)$$
$$= 2^5 \times 0.0011001\,(01)$$
$$= \cdots$$

它们的尾数部分均满足纯小数的要求,这给浮点数的表示带来了不确定性,且随着指数的增大,尾数部分需要不断向右移动,导致其低位部分被丢弃,造成数据的精度损失。因此,在浮点数表示中,除了要求尾数为纯小数外,还进一步规定:当尾数的绝对值不为0时,尾数绝对值(或真值)的最高有效数字必须为1,这称为浮点数的规格化表示。按规格化表示的要求,+110.0101的浮点数表示只能是 $2^3 \times 0.1100101$。这既消除了浮点数表示的不确定性,又可以尽量减少其精度损失。

浮点数表示中有一些特殊的情况:

(1) 当尾数为0时,浮点数的值为零,称为机器零。

(2) 当阶码小于可表示的最小数(即绝对值最大的负数)时,浮点数"向下溢出"(简称"下溢"),此时,浮点数的值也被看作机器零。

(3) 当阶码大于可表示的最大数时,浮点数"向上溢出"(简称"上溢"),通常要作为异常情况处理(报警或中止程序执行等)。

为了便于软件的移植,国际标准化组织IEEE(国际电子电气工程师协会)还专门制定了一个IEEE 754标准,规定了32位(单精度)和64位(双精度)两种浮点数的标准格式:

31	30	23	22	0
S	E		M	

32位浮点数

63	62	52	51	0
S	E		M	

64位浮点数

其中,S 为数符,0表示正数,1表示负数;E 为阶码,用移码表示;M 是尾数,用原码表示。

IEEE 754标准格式的浮点数所对应的真值 x 可用下面的公式计算。

$$32 位浮点数:x = (-1)^S \times (1.M) \times 2^{E-127}, \quad e = E - 127 \tag{2.10}$$

$$64 位浮点数:x = (-1)^S \times (1.M) \times 2^{E-1023}, \quad e = E - 1023 \tag{2.11}$$

其中,S、E、M 即为标准格式中的数符、阶码、尾数;e 是指数的真值。

从式(2.10)和式(2.11)中可知,IEEE 754标准格式浮点数的规格化尾数实际为 $1.M$,其中的整数位1是默认的,没有表示出来,只在计算时由运算电路自动提供;被表示出来的 M 部分不要求最高有效位为1。实际上,可将IEEE 754标准格式浮点数的规格化尾数,看作一般格式浮点数的规格化尾数(0除外)左移一位后所得,当然,阶码要为此减1。IEEE 754标准的这种做法使得尾数部分可以多表示一位有效数字。IEEE 754标准格式浮点数的阶码也不是标准的移码表示形式,它实际上是标准移码减1后的结果,减1的原因如上所述。

IEEE 754标准规定如下。

(1) 用 E 和 M 均为全0,来表示零值;根据 S 的不同,有正零与负零之分。有明确的零值表示是有必要的。

(2) 用 E 为全1、M 为全0来表示无穷大;根据 S 的不同,有正无穷大与负无穷大之分。有明确的无穷大表示也是有必要的,它可以让用户决定是使用无穷大继续计算,还是中止程序执行,而不是强行中止程序执行。

(3) 当 E 为全1,而 M 不为0时,不表示任何数,而用来报告一些异常运算(如 $0 \div 0$,$0 \times \infty$,求负数的平方根等)的发生。

(4) 当 E 为全0,而 M 不为0时,表示反规格化数(此处不作讨论)。

（5）当 E 不为全 0 或全 1 时,表示规格化非零浮点数。

按上述规定,对 32 位规格化非零浮点数,有 $0<E<255$（8 位全 1）,由式（2.10）,有 $-127<e<128$,即 $-126\leqslant e\leqslant 127$；对 64 位规格化非零浮点数,有 $0<E<2047$（11 位全 1）,由式（2.11）,有 $-1023<e<1024$,即 $-1022\leqslant e\leqslant 1023$。

【例 2.12】 设某种 24 位浮点数的机器编码格式为

23	22	17	16	0
S	E		M	

其中,S 为数符,0 表示正数,1 表示负数；阶码 E 和尾数 M 均用补码表示。试将十进制数 -576.625 表示成这种格式的规格化数据编码。

解：

$$(-576.625)_{10}=(-1001000000.101)_2$$
$$-1001000000.101=2^{10}\times(-0.1001000000101)$$

所以,指数 $e=(10)_{10}$,有效数字 $m=-0.10010000001010000$,由此可得

$$E=[e]_{补}=\mathbf{0}01010, \quad M=[m]_{补}=\mathbf{1}.0110111111 0110000$$

由于 M 的符号作为数符 S,M 不再包含符号位,因此,-576.625 的浮点数机器编码为

$$1\ 001010\ 0110111111 0110000$$

【例 2.13】 对例 2.12 中的浮点数编码格式,求其规格化数据的表示范围。

解： 求数据表示范围需要确定最小负数、最大负数、最小正数和最大正数的值,下面分别进行。

最小负数：最小负数即绝对值最大的负数,要求阶码取最大值,尾数取绝对值最大的负尾数。因为阶码和尾数均用补码表示,因此有：$E=\mathbf{0}11111$（真值为 $+31$）,$M=\mathbf{1}0000000000000000$（真值为 -1,符号位为 **1**,表示负）,$S=1$（即 M 的符号位）,完整的编码表示为

$$1\ 011111\ 0000000000000000$$

对应的真值为 -1×2^{31}。

最大负数：最大负数即绝对值最小的负数,要求阶码取最小值（即绝对值最大的负阶码）,尾数取绝对值最小的规格化负尾数。因此有：$E=\mathbf{1}00000$（真值为 -32）,$M=\mathbf{1}1000000000000000$（真值为 -2^{-1},符号位为 **1**,表示负）,$S=1$（即 M 的符号位）,完整的编码表示为

$$1\ 100000\ 1000000000000000$$

对应的真值为 $-2^{-1}\times 2^{-32}=-2^{-33}$。

最小正数：最小正数要求阶码取最小值（即绝对值最大的负阶码）,尾数取绝对值最小的规格化正尾数。因此有：$E=\mathbf{1}00000$（真值为 -32）,$M=\mathbf{0}1000000000000000$（真值为 $+2^{-1}$,符号位为 **0**,表示正）,$S=0$（即 M 的符号位）,完整的编码表示为

$$0\ 100000\ 1000000000000000$$

对应的真值为 $+2^{-1}\times 2^{-32}=+2^{-33}$。

最大正数：最大正数要求阶码取最大值,尾数也取最大的规格化正尾数。因此有：$E=\mathbf{0}11111$（真值为 $+31$）,$M=\mathbf{0}1111111111111111$（真值为 $1-2^{-17}$,符号位为 **0**）,$S=0$（即 M 的符号位）,完整的编码表示为

$$0\ 011111\ 1111111111111111$$

对应的真值为$+(1-2^{-17})\times 2^{31}$。

所以,该 24 位浮点数的规格化数据表示范围是:

$$[-1\times 2^{31}, -2^{-33}]\cup[+2^{-33}, +(1-2^{-17})\times 2^{31}]$$

【例 2.14】 若一个 IEEE 754 标准的 32 位浮点数编码表示为

$$0\ 10100011\ 01101100000000000000000$$

求其十进制值。

解:数符 $S=0$,因此为正数;$E=10100011$,$(127)_{10}=01111111$,所以

$$e=E-127=10100011-01111111=(36)_{10}$$

尾数$=1.M=1.0110110000000000000000=(1.421875)_{10}$

所以,该浮点数的十进制值为

$$1.421875\times 2^{36}$$

习题

1. 什么是校验码?校验码的设计原则是什么?

2. 何谓码距?何谓最小码距?最小码距对校验码的设计有何意义?

3. 何谓校验位?设置校验位的目的是什么?校验位的位数对校验码的性能有什么影响?如果待编码的数据为 7 位,则奇偶校验码和海明码各需要几位校验位?

4. 试为奇偶校验码设计用于编码的逻辑电路和用于校验的逻辑电路。设奇偶校验位置于编码的最高位。

5. 循环冗余校验码有什么优点?主要用于什么方面?一个(15,11)CRC 码的总位数、数据位位数和校验位位数各是多少?

6. 生成多项式在 CRC 码的应用中起到什么作用?

7. 什么是 BCD 码?什么是有权 BCD 码和无权 BCD 码?试举例说明。

8. 用 8421 码进行十进制加法运算时,为什么要对运算结果进行修正?如何进行修正?试举例说明。

9. 分别以 8 位原码、补码、反码和移码表示下列十进制整数。

(1) 62　　　(2) -113　　　(3) -127　　　(4) 127　　　(5) -1

10. 将下面以 8 位补码表示的定点数转换为对应的十进制真值。

(1) 00110010　(2) 10100111　(3) **1**0000000　(4) **0**.1100010　(5) **1**.0011011

11. 按例 2.12 中的 24 位浮点数格式表示十进制数 0.4140625(需要满足规格化要求)。

12. 设一种 32 位浮点数的机器编码格式为:阶码 10 位,用移码表示;尾数 22 位,其中数符 1 位,用原码表示;基数为 2。试求这种浮点数的规格化数据的表示范围(用真值表示)。

第3章

运算方法和运算部件

数据在计算机中的处理是通过各种运算来实现的。本章在第 2 章的基础上,讲解定点数和浮点数的运算方法,并适当介绍一些运算部件的组成及工作原理。

3.1 定点加减法运算

3.1.1 补码加减法运算

从第 2 章中了解到,补码比其他定点数的机器编码更适合加减法运算,因此,计算机中均采用补码进行加减运算。

设存放数据的寄存器位数为 n 位,x、y 为定点整数。根据补码的数学计算公式,有

$$[x]_{补} = 2^n + x, \quad [y]_{补} = 2^n + y \quad (\bmod \ 2^n)$$

所以

$$\begin{aligned}
[x]_{补} + [y]_{补} &= 2^n + x + 2^n + y \\
&= 2^{n+1} + x + y \\
&= 2^n + (x + y) \\
&= [x + y]_{补} \quad (\bmod \ 2^n)
\end{aligned}$$

同理

$$\begin{aligned}
[x]_{补} - [y]_{补} &= (2^n + x) - (2^n + y) \\
&= x - y \\
&= 2^n + (x - y) \\
&= [x - y]_{补} \\
&= 2^n + 2^n + (x - y) \\
&= (2^n + x) + (2^n + (-y)) \\
&= [x]_{补} + [-y]_{补} \quad (\bmod \ 2^n)
\end{aligned}$$

由此可得以下的定点整数补码加、减运算规则:

$$[x]_{补} + [y]_{补} = [x + y]_{补} \quad (\bmod \ 2^n) \tag{3.1}$$

$$[x]_{补} - [y]_{补} = [x]_{补} + [-y]_{补} = [x - y]_{补} \quad (\bmod \ 2^n) \tag{3.2}$$

同理,可得定点小数补码加、减运算规则:

$$[x]_{补} + [y]_{补} = [x + y]_{补} \quad (\bmod \ 2^1) \tag{3.3}$$

$$[x]_补 - [y]_补 = [x]_补 + [-y]_补 = [x-y]_补 \quad (\bmod\ 2^1) \tag{3.4}$$

由式(3.1)~式(3.4)可知:两数补码之和、差,等于两数和、差之补码,这完全符合人们的预期。此外,式(3.2)和式(3.4)表明,补码减法运算可以转换为补码加法运算,这样可以简化运算器的设计。

【例 3.1】 设存放数据的寄存器为 8 位,$x = +1010110$,$y = -1001001$,求 $[x+y]_补$。

解: 首先求出 x 和 y 的补码。

$$[x]_补 = \mathbf{0}1010110 \quad [y]_补 = \mathbf{1}0110111$$

按式(3.1),有

$$
\begin{array}{r}
\mathbf{0}\ 1\ 0\ 1\ 0\ 1\ 1\ 0 \qquad [x]_补 \\
+\quad \mathbf{1}\ 0\ 1\ 1\ 0\ 1\ 1\ 1 \qquad [y]_补 \\
\hline
\mathbf{0}\ 0\ 0\ 0\ 1\ 1\ 0\ 1 \qquad [x+y]_补 \quad (\bmod\ 2^8)
\end{array}
$$

从运算结果来看,最高位上产生了进位 1,但在模 2^8 的作用下,该位不被保留,所以

$$[x+y]_补 = \mathbf{0}0001101 \quad (\bmod\ 2^8)$$

其符号位为 **0**,说明和为正数。

【例 3.2】 设存放数据的寄存器为 8 位,$x = +1010110$,$y = +1101001$,求 $[x-y]_补$。

解: 首先求出 x 和 y 的补码。

$$[x]_补 = \mathbf{0}1010110 \quad [y]_补 = \mathbf{0}1101001$$

由式(3.2)可知,要将减法转换为加法,需要求出 $[-y]_补$。

$$[-y]_补 = \mathbf{1}0010111$$

由此可得

$$
\begin{array}{r}
\mathbf{0}\ 1\ 0\ 1\ 0\ 1\ 1\ 0 \qquad [x]_补 \\
+\quad \mathbf{1}\ 0\ 0\ 1\ 0\ 1\ 1\ 1 \qquad [-y]_补 \\
\hline
\mathbf{1}\ 1\ 1\ 0\ 1\ 1\ 0\ 1 \qquad [x-y]_补 \quad (\bmod\ 2^8)
\end{array}
$$

所以

$$[x-y]_补 = \mathbf{1}1101101 \quad (\bmod\ 2^8)$$

从运算结果来看,符号位为 1,说明差为负数。

【例 3.3】 设存放数据的寄存器为 8 位,$x = +1010110$,$y = +1001001$,求 $[x+y]_补$。

解: 首先求出 x 和 y 的补码。

$$[x]_补 = \mathbf{0}1010110 \quad [y]_补 = \mathbf{0}1001001$$

按式(3.1),有

$$
\begin{array}{r}
\mathbf{0}\ 1\ 0\ 1\ 0\ 1\ 1\ 0 \qquad [x]_补 \\
+\quad \mathbf{0}\ 1\ 0\ 0\ 1\ 0\ 0\ 1 \qquad [y]_补 \\
\hline
\mathbf{1}\ 0\ 0\ 1\ 1\ 1\ 1\ 1 \qquad [x+y]_补 \quad (\bmod\ 2^8)
\end{array}
$$

从运算结果来看,符号位为 1,结果为负数。但由于 x、y 均为正数,其和不可能为负数。究竟是什么原因造成这样的错误呢?

补码是有一定的数据表示范围的,当两个数的补码相加(减),其和(差)超出特定位数的补码所能表示的数据范围时,称为"溢出"。"溢出"表现为,数的最高有效数字位占据并改变了数的符号位,从而造成数据表示的错误。例 3.3 中,和的符号位实际上已被和的最高有效数字位占据,并且改变了数的正确符号状态,所以和发生了溢出。"溢出"意味着数据表示的

错误,如果无视这种错误,计算机就会产生错误的处理结果。因此,补码加减运算必须检测运算结果的"溢出"状态,并将检测结果反馈给处理器。

下面介绍几种常用的"溢出"检测方法:

(1) 根据运算结果的符号与运算数据的符号之间的关系检测"溢出"。设

$$[x]_补 = x_{n-1}x_{n-2}\cdots x_1 x_0$$

$$[y]_补 = y_{n-1}y_{n-2}\cdots y_1 y_0$$

$$[x+y]_补 = s_{n-1}s_{n-2}\cdots s_1 s_0$$

其中,x_{n-1}、y_{n-1} 和 s_{n-1} 分别为 $[x]_补$、$[y]_补$ 和 $[x+y]_补$ 的符号位。以 V 表示"溢出"状态,则有

$$V = \overline{(x_{n-1} \oplus y_{n-1})} \wedge (x_{n-1} \oplus s_{n-1}) \tag{3.5}$$

若 $V=1$,则有溢出;否则无溢出。

式(3.5)包含以下两方面的含义:

① 不同符号的数相加(或相同符号的数相减),不会产生溢出;

② 相同符号的数相加(或不同符号的数相减),如果和(或差)的符号与被加数(或被减数)的符号不同,则产生溢出(如例 3.3)。

这种"溢出"检测方法的检测电路较复杂、延时较大,见图 3.1(a)。

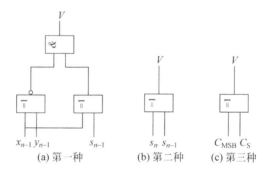

图 3.1 三种"溢出"检测电路

(2) 根据变形补码两个符号位之间的关系检测"溢出"。变形补码是具有两个符号位的补码,正数的变形补码,其两个符号位为 **00**,负数的变形补码,其两个符号位为 **11**。采用变形补码进行加(减)运算时,其两个符号位都参与运算,所得的和(差)也用变形补码表示。

当变形补码产生溢出时,数的最高有效数字位会占据并改变两个符号位中的低位,但两个符号位中的高位不会受到影响。因此,变形补码两个符号位中的高位总能表示数的正确符号。

【例 3.4】 设 $x=+1010110,y=+1001001$,用变形补码求 $[x+y]_补$。

解:首先求出 x 和 y 的变形补码。

$$[x]_补 = \mathbf{00}1010110 \quad [y]_补 = \mathbf{00}1001001$$

按式(3.1),有

$$
\begin{array}{r}
\mathbf{0\ 0}\ 1\ 0\ 1\ 0\ 1\ 1\ 0 \quad [x]_补 \\
+\quad \mathbf{0\ 0}\ 1\ 0\ 0\ 1\ 0\ 0\ 1 \quad [y]_补 \\
\hline
\mathbf{0\ 1}\ 0\ 0\ 1\ 1\ 1\ 1\ 1 \quad [x+y]_补 \quad (\bmod\ 2^9)
\end{array}
$$

可见,$[x+y]_补$ 的最高有效数字占据并改变了两个符号位中的低位,运算结果产生了溢

出,但其两个符号位中的高位仍为 **0**,指明运算结果为正数。由此,也得到了变形补码检测"溢出"的方法:当运算结果的两个符号位相同时,不产生溢出,否则产生溢出。设$[x+y]_\text{补}$用变形补码一般表示为

$$[x+y]_\text{补} = \boldsymbol{s_n s_{n-1} s_{n-2} \cdots s_1 s_0}$$

则有

$$V = s_n \oplus s_{n-1} \tag{3.6}$$

按式(3.6)设计的"溢出"检测电路如图 3.1(b)所示,它比图 3.1(a)简单,延时也少。但由于增加了一个符号位,也就增加了运算电路的复杂程度。

(3) 按补码相加时最高有效数字位产生的进位与符号位产生的进位之间的关系检测"溢出"。设最高有效数字位产生的进位为 C_MSB,符号位产生的进位为 C_S,则有

$$V = C_\text{MSB} \oplus C_\text{S} \tag{3.7}$$

式(3.7)指出,当 C_MSB 和 C_S 相同时,不产生溢出,否则产生溢出(为什么可以这样检测?留给读者来分析)。式(3.7)与式(3.6)同样简单,且这种检测方法采用单符号位,因此,这种检测方法是三种方法中效率最高的。对应的检测电路如图 3.1(c)所示。

如前所述,"溢出"是由于"数的最高有效数字位占据并改变了数的符号位"所引起的,其中强调了"改变了数的符号位"。也就是说,如果仅仅是"数的最高有效数字位占据了数的符号位",而并未"改变了数的符号位",则亦无溢出。如 n 位的定点整数补码可以表示到 -2^{n-1},而定点小数补码可以表示到 -1,就是这个原因。

3.1.2　行波进位补码加法/减法器

由于补码减法可以转换成补码加法进行,因此,补码加法/减法器的主体是加法器。构成加法器的主要器件是全加器,一个全加器是实现带进位的 1 位加法的器件,如图 3.2 所示。

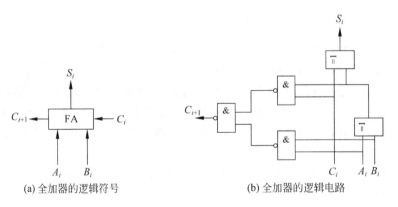

(a) 全加器的逻辑符号　　　　　(b) 全加器的逻辑电路

图 3.2　全加器的逻辑符号和逻辑电路

图 3.2(a)中,A_i 和 B_i 是本位上相加的两个 1 位二进制数;C_i 是低位向本位产生的进位;S_i 是本位上 A_i、B_i、C_i 相加所得的和;C_{i+1} 是本位向上产生的进位。根据二进制加法运算的特点,有

$$\begin{cases} S_i = A_i \oplus B_i \oplus C_i \\ C_{i+1} = A_iB_i + A_iC_i + B_iC_i = A_iB_i + (A_i \oplus B_i)C_i = \overline{\overline{A_iB_i} \cdot \overline{(A_i \oplus B_i)C_i}} \end{cases} \quad (3.8)$$

按式(3.8)设计的全加器逻辑电路如图 3.2(b)所示。

用全加器构造一个单纯的多位补码加法器是很容易的,只需将多个全加器按进位相联的方式级联起来即可。而这里要构造的是同时具有补码加法和补码减法功能的加法/减法器。由式(3.2)或式(3.4)可知,做补码减法时,$[A]_补 - [B]_补 = [A]_补 + [-B]_补$,这与直接的补码加法$[A]_补 + [B]_补$相比,区别只是加数不同:做加法时,加数为$[B]_补$,而做减法时,加数为$[-B]_补$。因此,只要能根据做加法或做减法分别选择$[B]_补$或$[-B]_补$作加数,就能实现补码加法/减法器。由于$[-B]_补 = \overline{[B]_补} + 1$,因此,可以在做减法时,将$[B]_补$按位取反,然后加上 1,求得$[-B]_补$;而在做加法时不做这种转换,直接使用$[B]_补$。按这种思想构造的一个 n 位的行波进位补码加法/减法器如图 3.3 所示。

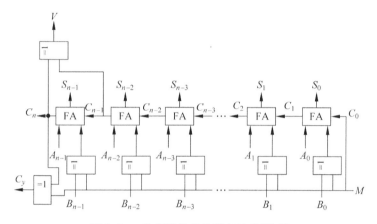

图 3.3　n 位行波进位补码加法/减法器

图 3.3 中,$[A]_补$、$[B]_补$均为 n 位补码,A_{n-1} 和 B_{n-1} 分别为$[A]_补$和$[B]_补$的符号位;$[A]_补$作为被加数或被减数,$[B]_补$作为加数或减数;M 是方式控制信号,$M=0$ 时,控制异或门将$[B]_补$的各位直接送到加法器,且 $C_0 = M = 0$,所以做的是加法,$M=1$ 时,控制异或门将$[B]_补$的各位取反后(即$\overline{[B]_补}$)送到加法器,且 $C_0 = M = 1$,所以,此时加法器实际做的是$[A]_补 + \overline{[B]_补} + 1 = [A]_补 + [-B]_补 = [A]_补 - [B]_补$,即减法。图 3.3 还采用了式(3.7)描述的"溢出"检测方法。

实际的定点运算器中,加法/减法器除了做补码加减运算外,还要做无符号数的加减运算。无符号数是指无符号位的定点数,其每一位都是有效数字,一个 n 位的寄存器可以存放一个 n 位的无符号数。无符号数的加减运算不考虑"溢出"问题,但要考虑最高有效位上产生的进位或借位问题,因为,这关系到无符号数的大小比较和多字长无符号数的加减运算等。图 3.3 中的 Cy,就是在进行无符号数加减运算后,最高有效位上产生的进位或借位状态:$Cy=0$,表示最高有效位上无进位或借位,$Cy=1$,表示最高有效位上有进位或借位(请读者自行分析其产生原理)。

行波进位补码加法/减法器采用的是串行工作方式,即运算从低位向高位逐位进行,因此运算速度比较慢。

3.2 定点乘法运算

3.2.1 原码一位乘法

由于原码的数字部分与数的绝对值是一致的,因此,当两个用原码表示的数相乘时,可以用其数字部分直接相乘,得到乘积的数字部分,而乘积的符号取两个数符号的异或值即可。

为了探求计算机实现原码一位乘法的方法,先来分析一下人工进行二进制乘法运算的过程。例如,$x=1010$,$y=1101$,则 $x \times y$ 的计算过程如下。

$$
\begin{array}{r}
1010 \\
\times \quad 1101 \\
\hline
1010 \\
0000 \\
1010 \\
1010 \\
\hline
10000010
\end{array}
$$

所以 $x \times y = 10000010$。以上计算过程可以归纳为两个步骤:

(1) 依次求出各个部分积,并逐个向左偏移 1 位排列;

(2) 对排列好的部分积求和。

这两步工作在计算机中如何完成呢？ 首先,求部分积时,可用乘数的 1 位与被乘数的每一位按"逻辑与"运算求得(如用乘数 y 的最低位 1 与被乘数 x 的每一位相"与",得到第一个部分积 1010);其次,计算机不能一次完成多个部分积求和,每次只能对两个数求和,因此,只能采用累加的方式对多个部分积求和;最后,如何实现下一个部分积相对前一次的累加和向左偏移 1 位呢？ 实际上,偏移是相对的,为了便于实现,计算机中可以采用部分积不偏移,而将每次得到的部分积累加和向右偏移 1 位,再与下一个部分积累加的方法,来满足计算要求。综合以上因素,可以归纳出计算机执行原码一位乘法的步骤如下:

对于两个 n 位二进制数相乘,以上步骤需要重复 n 次;其中,第一个部分积是与 0 相加。

图 3.4 所示为实现原码一位乘法的逻辑电路框图。在图中,寄存器 R_0、R_1、R_2 均为 n 位寄存器,其中,R_1 和 R_2 分别存放乘数和被乘数的 n 位数字位(符号位另行处理),R_0 的初值为 0,用于存放每次的部分积累加和;"与"逻辑由 n 个"与"门组成,用于将乘数的当前位与被乘数的每一位相"与",求出部分积;n 位加法器用于完成部分积的累加,C 锁存累加产生的最高位进位;计数器用于控制乘法操作步骤的重复次数;控制逻辑用于控制各相关部件的操作;"异或"门用于产生乘积的符号。

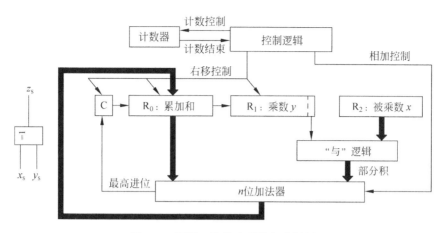

图3.4　原码一位乘法逻辑电路框图

乘法运算的过程是：

（1）将乘数 y 和被乘数 x 的数字部分分别置于 R_1 和 R_2 寄存器中，同时将 R_0、C 和计数器清零；

（2）由 R_1 的最低位（也就是乘数的当前位）与 R_2（被乘数）的每一位相"与"，得到本次的部分积，在控制逻辑的控制下，与 R_0 中的数相加，得到部分积的累加和，并送回 R_0 存储，相加中最高位产生的进位送入 C 锁存；

（3）控制逻辑发出右移控制信号，使 C、R_0 和 R_1 串联起来向右移动 1 位，即 C 的值移到 R_0 的最高位，R_0 的最低位移到 R_1 的最高位，R_1 的最低位被移出丢弃（因为这一位已用过）；

（4）控制逻辑控制计数器加 1 计数，若未计到 n，则返回（2），否则结束乘法运算过程。

乘法结束后，乘积的低位数字部分在 R_1 中，高位数字部分在 R_0 中，积的符号（z_s）则是 x 和 y 的符号（x_s 和 y_s）的"异或"。

3.2.2　补码一位乘法

在计算机中，定点数主要是以补码表示的，因此，必须解决补码乘法问题。

由于负数补码的数字部分与其原码是不同的，所以，补码不能像原码那样用数字部分直接做二进制乘法。解决补码乘法的一种方法是，先将补码转换成原码，然后再按原码乘法（如前面介绍的原码一位乘法）求得乘积的原码，最后再将乘积从原码转换为补码。这种方法原理简单，但操作步骤多、速度慢。显然，更为有效的方法是直接采用补码相乘。

式（3.9）是由布斯（Booth）提出的补码乘法公式，称为"布斯公式"。设有 n 位补码

$$[x]_\math{补} = x_{n-1}x_{n-2}\cdots x_1 x_0$$
$$[y]_\math{补} = y_{n-1}y_{n-2}\cdots y_1 y_0 y_{-1}$$

其中，x_{n-1} 和 y_{n-1} 是 $[x]_\math{补}$ 和 $[y]_\math{补}$ 的符号位；y_{-1} 是给 $[y]_\math{补}$ 添加的一个附加位，且 $y_{-1}=0$，则有

$$[x \cdot y]_\math{补} = [x]_\math{补} \cdot \sum_{i=n-1}^{0} (y_{i-1} - y_i) 2^{i-(n-1)} \tag{3.9}$$

由式（3.9）导出的布斯算法的流程图如图 3.5 所示。图中，A 寄存器的初值为 0；X 和

Y 寄存器分别存放$[x]_补$和$[y]_补$；Y_{-1}是一个 1 位寄存器(即一个触发器)，作为给 Y 添加的最低附加位，初值为 0；Y_0Y_{-1}即为 Y 的最低位 Y_0 与附加位 Y_{-1} 组成的两位二进制序列；i 用于操作步骤计数。

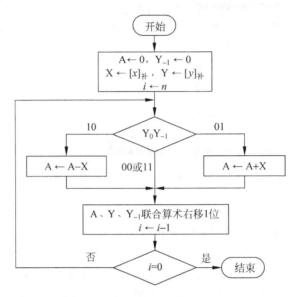

图 3.5　补码乘法的布斯算法流程图

【例 3.5】　设 $x=+101101, y=-110010$，用布斯算法求$[x \cdot y]_补$。

解：$[x]_补=0101101, [-x]_补=1010011, [y]_补=1001110, Y_{-1}=0$，计算过程如下。

A	Y Y_0Y_{-1}	说　明
0 0 0 0 0 0 0	1 0 0 1 1 1 0 **0**	A、Y、Y_{-1} 的初始状态，$Y_0Y_{-1}=00$
0 0 0 0 0 0 0	0 1 0 0 1 1 1 **0**	A、Y、Y_{-1} 算术右移 1 位，$Y_0Y_{-1}=10$
+ 1 0 1 0 0 1 1		A ← A−X (即 A ← A+$[-x]_补$)
1 0 1 0 0 1 1	0 1 0 0 1 1 1 **0**	
1 1 0 1 0 0 1	1 0 1 0 0 1 1 **1**	A、Y、Y_{-1} 算术右移 1 位，$Y_0Y_{-1}=11$
1 1 1 0 1 0 0	1 1 0 1 0 0 1 **1**	A、Y、Y_{-1} 算术右移 1 位，$Y_0Y_{-1}=11$
1 1 1 1 0 1 0	0 1 1 0 1 0 0 **1**	A、Y、Y_{-1} 算术右移 1 位，$Y_0Y_{-1}=01$
+ 0 1 0 1 1 0 1		A ← A+X (即 A ← A+$[x]_补$)
0 1 0 0 1 1 1	0 1 1 0 1 0 0 **1**	
0 0 1 0 0 1 1	1 0 1 1 0 1 0 **0**	A、Y、Y_{-1} 算术右移 1 位，$Y_0Y_{-1}=00$
0 0 0 1 0 0 1	1 1 0 1 1 0 1 **0**	A、Y、Y_{-1} 算术右移 1 位，$Y_0Y_{-1}=10$
+ 1 0 1 0 0 1 1		A ← A−X (即 A ← A+$[-x]_补$)
1 0 1 1 1 0 0	1 1 0 1 1 0 1 **0**	
1 1 0 1 1 1 0	0 1 1 0 1 1 0 **1**	A、Y、Y_{-1} 最后算术右移 1 位

因此，计算结果为

$$[x \cdot y]_补 = 11011100110110$$

真值为

$$x \cdot y = -100011001010$$

由例 3.5 可知,采用布斯算法对两个 n 位补码相乘,其乘积为 $2n$ 位,其中,乘积的高位部分在 A 寄存器中,低位部分在 Y 寄存器中。算法中的"算术右移"是补码右移的规则,即连同符号位右移一位,符号位补充原来的符号。补码算术右移一位,相当于乘以 2^{-1}。当 $Y_0 Y_{-1}$ 为 00 或 11 时,不用做加减运算,只需做算术右移一位,因此,布斯算法能减少加减运算的次数,但其控制比原码一位乘法复杂。

图 3.5 是针对定点整数补码乘法的布斯算法,如为定点小数补码乘法,则最后一步时,不应再做算术右移,而乘积中也不包含 Y 寄存器的最低位 Y_0(或者也可将 Y_0 清零)。这是因为,小数右移后,高位移入的 0 会改变数的大小。

无论是补码一位乘法,还是原码一位乘法,其共同特点是：一次求一个部分积,做一次加法(或减法),再做一次右移,这样的过程需重复 n 次。因此,一位乘法是一种全串行的乘法方法,运算速度慢。

3.2.3　阵列乘法器

大规模集成电路出现后,产生了各种形式的高速阵列乘法器,它们具有一定的并行工作特征,属于并行乘法器。

1. 无符号数阵列乘法器

设 X 和 Y 是两个 n 位无符号二进制数,

$$X = x_{n-1} x_{n-2} \cdots x_1 x_0$$
$$Y = y_{n-1} y_{n-2} \cdots y_1 y_0$$

若以 X 为被乘数,Y 为乘数,则可以采用如图 3.6 所示的部分积产生电路同时求得 n 个部分积。

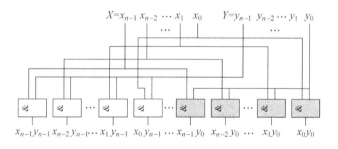

图 3.6　部分积产生电路

相比原码一位乘法要求 n 次部分积,图 3.6 中的部分积产生电路只用了求一次部分积的时间,就求得了 n 个部分积,因此,这个部分积产生电路采用的是并行工作方式,每 n 个"与"门为一组,输出一个部分积,整个电路共使用了 n^2 个"与"门。

对部分积相加则采用一个乘法阵列来完成。图 3.7 所示为实现两个 5 位无符号二进制数相乘的乘法阵列逻辑电路图。可见,乘法阵列是由若干行全加器组成的,由部分积产生电路产生的部分积被安排在相应的行上,每行(最后一行除外)完成一次部分积累加。各行的排列方式按照部分积相加时的要求,后一行相对前一行向左偏移 1 位,使得部分积累加后不用再做右移。除最后一行外,阵列的其他各行并非行波进位加法器,其低位产生的进位不是进到本行的下一位,而是进到下一行的下一位(图中斜线箭头表示全加器的进位输入或进位输出),这是模仿人工做部分积相加时,对各部分积按列相加,并将进位进到下一列的方式设计的。由于同一行上的各位之间没有进位传递关系,所以,各位可以同时相加,具有并行工作的特点。阵列的最后一行是一个行波进位加法器,用于对最后一次部分积累加产生的和及进位做处理。乘法阵列的输出,即所求的乘积。

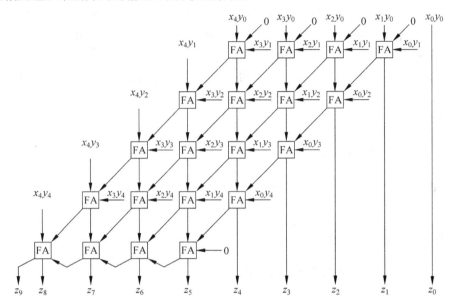

图 3.7　用于两个 5 位无符号数相乘的乘法阵列逻辑电路图

一般地,实现两个 n 位无符号数相乘的乘法阵列,共需 n 行全加器,每行需 $n-1$ 个全加器,故共需 $n(n-1)$ 个全加器。

将部分积产生电路与乘法阵列相连接,就得到完整的无符号数阵列乘法器,如图 3.8 所示。对 n 位无符号数乘法而言,阵列乘法器的运算速度是一位乘法器的大约 $n/4$ 倍。

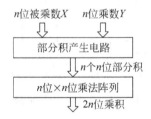

图 3.8　无符号数阵列乘法器组成框图

2. 有符号数阵列乘法器

如有符号数采用原码表示,在相乘时,可将被乘数和乘数的数字部分看作无符号数,直接送入无符号数阵列乘法器进行运算,而乘积的符号则由两数的符号经逻辑"异或"产生。因此,只要在无符号数阵列乘法器的基础上,添加一个符号处理电路,即可得到原码阵列乘法器。

如有符号数采用补码表示,一种方法是,先将被乘数和乘数转换成原码,然后送入原码阵列乘法器进行运算,最后再将乘积由原码转换成补码,即构造一种间接补码阵列乘法器;另一种方法则是直接采用补码相乘,即构造直接补码阵列乘法器。下面仅介绍前一种方法。

如第2章中所述,补码与原码之间的互相转换采用的是相同的方法,即正数无须转换;对负数转换时,符号位保持不变,各数字位按位取反,最后再加1。这种方法要做加1运算,需要用到加法电路,所以会增加转换器的硬件复杂度。在此基础上,可以得到一种改进的转换方法:正数无须转换;对负数转换时,符号位保持不变,数字部分从最低位向高位方向寻找第一个"1",该位"1"及其以右的低位数字保持不变,以左的高位数字则按位取反。改进后的转换方法避免了加1操作,降低了转换器的复杂度,如图3.9所示,即为一个按此方法设计的4位转换器(也称求补器)逻辑电路。

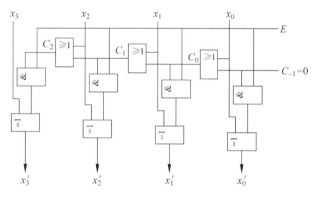

图 3.9　4 位求补器逻辑电路图

在图 3.9 中,$x_3 x_2 x_1 x_0$ 为需要转换的补码(原码);$x_3' x_2' x_1' x_0'$ 为转换得到的原码(补码);E 为转换控制信号,$E=0$ 时,不做转换,即 $x_3 x_2 x_1 x_0 = x_3' x_2' x_1' x_0'$;$E=1$ 时,实施转换。对应补码与原码之间的转换要求,正数时无须转换,此时 E 应为 0;负数时需要转换,此时 E 应为 1,因此,E 与被转换的数的符号一致。位数更多的求补器,只需在图 3.9 的基础上,按相同的逻辑关系进行扩展即可。

对这种求补器的使用有两种方式,一是不转换符号位,只转换数字位,这是一般的补码与原码之间的转换;二是符号位与数字位一起转换,此时,求补器的转换结果实际上是被转换数据的绝对值(也就是无符号数)。由于补码与原码的数据表示范围不完全相同,用补码表示的最小数用原码表示不出来,因此,在构造间接补码阵列乘法器时,要按上述第二种方式使用求补器。

图 3.10 所示为实现 n 位补码相乘的间接补码阵列乘法器组成框图,被乘数 X 和乘数 Y 均为 n 位补码,x_{n-1} 和 y_{n-1} 为其符号位。运算前,x_{n-1} 和 y_{n-1} 分别控制一个 n 位求补器将 X 和 Y 转换成 n 位无符号数;运算后,则用 x_{n-1} 和 y_{n-1} 的"异或"输出(即乘积的符号状态),控制输出端的 $2n$ 位求补器将乘积转换成 $2n$ 位补码。

间接补码阵列乘法器由于需要在运算前、后进行求补转换,其工作时间大约比无符号数阵列乘法器多一倍。

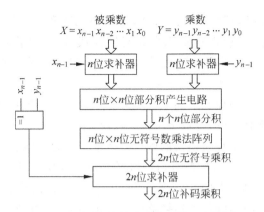

图 3.10　间接补码阵列乘法器组成框图

3.3　定点除法运算

3.3.1　原码一位除法

原码除法以原码表示被除数与除数,以它们的数字部分(相当于绝对值或无符号数)相除,商的符号为两数符号的逻辑"异或",余数的符号则总是与被除数的符号相同。

计算机中的定点除法运算规定,被除数的位数应是除数位数的两倍。当被除数的每一位都参加运算后,运算即结束。因此,定点除法运算的结果包含两个部分:商和余数。考虑到定点小数除法要求商也应为定点小数(即绝对值小于 1),因此,定点除法(包括定点整数除法和定点小数除法)规定,在被除数与除数以绝对值相除时,若第一次上的商为 1,则除法出错,称为"除法溢出"。

下面以人工进行无符号数除法运算为例,来探寻计算机做无符号数除法的基本过程。

设被除数 x 和除数 y 分别为

$$x = 11001, \quad y = 111$$

为了使被除数的位数达到除数位数的两倍,在 x 的最高位添 1 个 0,得

$$x = 011001$$

除法运算过程如下:

```
        0 0 1 1        商
 1 1 1 ⟌ 0 1 1 0 0 1
      - 1 1 1            首次试商,不够减,上商0,不减除数
        0 1 1 0 0 1 —— r₀  部分余数 r₀
      - 0 1 1 1          除数右移1位试商,不够减,上商0,不减除数
        0 1 1 0 0 1 —— r₁  部分余数 r₁
      - 0 0 1 1 1        除数右移1位试商,够减,上商1,减除数
        0 0 1 0 1 1 —— r₂  部分余数 r₂
      - 0 0 0 1 1 1      除数右移1位试商,够减,上商1,减除数
        0 0 0 1 0 0 —— r₃  除法结束,部分余数 r₃ 也就是最终的余数
```

第一次上商为 0,故未产生除法溢出,运算结果正确,即商＝011,余数＝100。

以上除法运算过程可以描述为:重复进行以下操作

$$\rightarrow 试商 \longrightarrow 上商 \longrightarrow 除数右移1位 \rightarrow$$

直到被除数的每一位均参与了运算为止。此过程中,“上商”和“除数右移”很容易在计算机中实现,只有“试商”是比较复杂的。

人在做减除数试商时,首先通过心算判断是否够减,如够减,则减除数得新的部分余数,同时上商 1;如不够减,则不减除数,保持原来的部分余数不变,并上商 0。但是,计算机不具备类似人的心算能力,它在做试商时,只能先减去除数,再判断差的符号,若符号为 0(表示差为正数),则够减,上商 1,差即为正确的部分余数;若符号为 1(表示差为负数),则不够减,上商 0,而差是错误的部分余数。对错误的部分余数的不同处理方式,形成了“恢复余数法”和“加减交替法”两种原码一位除法的方法。

恢复余数法的思想是:当减除数试商得到部分余数为正时,上商 1,部分余数正确;当出现部分余数为负时,上商 0,然后在错误的部分余数上再加上除数,使部分余数恢复正常,以便继续后面的运算。

加减交替法的思想是:首次试商采用减除数试商,当部分余数为正时,上商 1,下次试商采用减除数试商;当部分余数为负时,上商 0,不恢复余数,但在下次试商时采用加除数试商。由于试商时,既有减除数试商,又有加除数试商,因此,这种方法被称为“加减交替法”,也称为“不恢复余数法”。

以上两种方法都要判断部分余数的符号,因此,需要给被除数和除数的数字部分都添加一个符号位,并设置为正号(0)。除法运算时,相当于两个正数相除,而商和余数的符号另行处理。

【例 3.6】　设$[x]_原=0.101001$,$[y]_原=1.111$。用恢复余数法求 $x \div y$。

解:分别以 x' 和 y' 表示 x 和 y 的数字部分,并添加正号 0,则有

$$x' = 0.101001, \quad y' = 0.111$$

考虑到计算机把减法变成加法来计算的特点,减除数 y' 试商时,实际上是在加$[-y']_补$,因此给出$[-y']_补=1.001$。运算过程如下:

```
    0.101001
  + 1.001        减 y′ 试商
    1.110001     符号为 1,部分余数为负,上商 0
  + 0.111        加 y′,恢复余数
    0.101001
  + 1.1001       y′ 右移 1 位,减 y′ 试商
    0.001101     符号为 0,部分余数为正,上商 1
  + 1.11001      y′ 右移 1 位,减 y′ 试商
    1.111111     符号为 1,部分余数为负,上商 0
  + 0.00111      加 y′,恢复余数
    0.001101
  + 1.111001     y′ 右移 1 位,减 y′ 试商
    0.000110     符号为 0,部分余数为正,上商 1,运算结束
```

第一次上商为 0,故未产生除法溢出,运算结果正确。商的数字部分为 0.101,余数的数字部分为 0.000110。由于 x 与 y 异号,且 x 为正,故得商 $=-0.101$,余数 $=+0.000110$,表示成原码为[商]$_原=1.101$,[余数]$_原=0.000110$。

由例 3.6 可知,恢复余数法要增加恢复余数的运算步骤,所以运算速度慢,且运算步数不确定。

【例 3.7】 仍设[x]$_原=0.101001$,[y]$_原=1.111$。用加减交替法求 $x \div y$。

解: 分别以 x' 和 y' 表示 x 和 y 的数字部分,并添加正号 0,则有

$$x' = 0.101001, \quad y' = 0.111$$

考虑到计算机把减法变成加法来计算的特点,减除数 y' 试商时,实际上是在加[$-y'$]$_补$,因此给出[$-y'$]$_补=1.001$。运算过程如下:

	0.101001	
$+$	**1.001**	首次试商,采用减 y' 试商
	1.110001	符号为 1,部分余数为负,上商 0
$+$	**0.0111**	不恢复余数,y' 右移 1 位,加 y' 试商
	0.001101	符号为 0,部分余数为正,上商 1
$+$	**1.11001**	y' 右移 1 位,减 y' 试商
	1.111111	符号为 1,部分余数为负,上商 0
$+$	**0.000111**	不恢复余数,y' 右移 1 位,加 y' 试商
	0.000110	符号为 0,部分余数为正,上商 1,运算结束

可见,运算结果与例 3.6 完全相同。以上运算过程中,加粗的数字为部分余数和除数的符号位及符号扩展位(符号扩展位与符号位的状态是一致的,它是补码表示中的一种特殊现象,当将补码转换成原码后,符号扩展位将被全部转换为 0)。从本例中还可以发现,无论是减除数试商,还是加除数试商,实际均为两个异号的数相加。试商时,符号位上相加产生的和及向上进位状态,将一直传递到最高扩展符号位,而最高扩展符号位的向上进位状态,与本次应上的商一致。

由于加减交替法避免了恢复余数,运算步骤少,且步数确定,因此运算效率较高,更适合计算机使用。

【例 3.8】 设[x]$_原=00111$,[y]$_原=011$。用加减交替法求 $x \div y$。

解: 分别以 x' 和 y' 表示 x 和 y 的数字部分,并添加正号 0,则有

$$x' = 00111, \quad y' = 011$$

并且[$-y'$]$_补=101$。

下面是运算过程:

	00111	
$+$	**101**	首次试商,采用减 y' 试商
	11011	符号为 1,部分余数为负,上商 0
$+$	**0011**	不恢复余数,y' 右移 1 位,加 y' 试商
	00001	符号为 0,部分余数为正,上商 1
$+$	**11101**	y' 右移 1 位,减 y' 试商
	11110	符号为 1,部分余数为负,上商 0,运算结束

第一次上商为 0,故未产生除法溢出,运算结果正确。商的数字部分为 10,且由于 x 与 y 同号,故商为正,[商]$_原$＝010。由于最后一次部分余数为负,故还需做一次恢复余数的运算,即再加上 00011,得正确的部分余数为 00001。因为是整数除法,且 x 为正,故最终余数为 ＋01,[余数]$_原$＝001。

可见,当加减交替法产生的最后一次部分余数为负时,也需要做恢复余数运算。有时,这种恢复余数运算可能要做多次,才能得到正确的余数。这给运算带来了不利的影响。实际上,恢复余数是一个回溯过程,即回溯到最近一次出现的正余数。一种较好的解决方法是:利用一个寄存器,其初始内容为被除数,此后,在除法运算过程中,每当部分余数为正,即将该部分余数存入此寄存器。运算结束时,该寄存器的内容即为正确的余数。

此外,整数相除时,所得的商和余数的位数均与除数一致;小数相除时,所得的商与除数具有相同的位数,而余数的位数则与被除数一致。

如何证明加减交替法的正确性呢? 首先,恢复余数法的正确性是不用怀疑的。下面通过将加减交替法与恢复余数法对比的方式,来证明加减交替法的正确性。

设除数为 y,运算过程中采用除数右移方式。当部分余数为正时,两种方法的处理过程是相同的;若第 i 次试商所得的部分余数 r_i 为负,对恢复余数法,处理过程是:

(1) 上商 0;

(2) 恢复余数:$r_i + y$;

(3) 除数右移:$y \times 2^{-1}$(右移 1 位相当于除以 2);

(4) 第 $i+1$ 次减除数试商,得 $r_{i+1} = (r_i + y) - y \times 2^{-1} = r_i + y \times 2^{-1}$。

对加减交替法,处理过程是:

(1) 上商 0;

(2) 除数右移:$y \times 2^{-1}$;

(3) 第 $i+1$ 次采用加除数试商,得 $r_{i+1} = r_i + y \times 2^{-1}$。

由此可见,加减交替法与恢复余数法的最终运算结果是完全相同的。因此,加减交替法是正确的。

3.3.2 补码一位除法

补码除法采用补码直接相除,即从 $[x]_补$ 和 $[y]_补$ 直接求 $[x \div y]_补$。下面介绍补码加减交替法,同样要求被除数的数字部分位数是除数的两倍。

在不产生除法溢出的前提下,补码加减交替法的运算规则如下(证明略):

(1) 第一次试商时,若被除数与除数同号,则减除数试商,否则加除数试商;若试商所得部分余数与除数同号,则上商 1,否则上商 0。这是第一次上的商,也就是最终商的符号位(如果在被除数与除数同号时,商的符号位为 1,或在被除数与除数异号时,商的符号位为 0,均产生除法溢出)。

(2) 求商的数字部分时,先将除数右移 1 位,如果上次上商 1,则减除数试商,否则加除数试商;若试商所得部分余数与除数同号,则上商 1,否则上商 0。重复(2),直到被除数每一位均参加运算为止。

(3) 当除不尽时,若商为负,则需对商最低位加 1 修正;若商为正,则无须修正。当正好除尽时,若除数为负,则需对商最低位加 1 修正;若除数为正,则无须修正。

(4) 若最后一次试商所得部分余数与被除数同号,则余数正确,否则需要恢复余数。恢复余数是一个余数回溯的过程,可能需要连续多次回溯,才能将余数恢复到与被除数同号。

【例 3.9】 设$[x]_补=1.0111,[y]_补=0.1101$。用补码加减交替法求$[x \div y]_补$。

解: 将被除数的数字位数扩展到除数的两倍,有

$$[x]_补 = 1.01110000$$

并按加减交替法的需要,给出$[-y]_补=1.0011$。

运算过程如下:

```
    1.01110000
 +  0.1101             x 与 y 异号,第一次加除数试商
    0.01000000        部分余数与除数同号,上商 1,即最终商的符号位为 1
 +  1.10011           除数右移 1 位,上次上商 1,本次减除数试商
    1.11011000        部分余数与除数异号,上商 0
 +  0.001101          除数右移 1 位,上次上商 0,本次加除数试商
    0.00001100        部分余数与除数同号,上商 1
 +  1.1110011         除数右移 1 位,上次上商 1,本次减除数试商
    1.11110010        部分余数与除数异号,上商 0
 +  0.00001101        除数右移 1 位,上次上商 0,本次加除数试商
    1.11111111        部分余数与除数异号,上商 0,运算结束
```

最后一次部分余数与被除数同号,余数正确;余数不为 0,未除尽,且商为负,商最低位需加 1 修正,即 $1.0100+1=1.0101$,故得

$$[商]_补 = 1.0101, \quad [余数]_补 = 1.11111111$$

【例 3.10】 设$[x]_补=0.0100,[y]_补=0.1000$。用补码加减交替法求$[x \div y]_补$。

解: 将被除数的数字位数扩展到除数的两倍,有

$$[x]_补 = 0.01000000$$

并按加减交替法的需要,给出$[-y]_补=1.1000$。

运算过程如下:

```
    0.01000000
 +  1.1000             x 与 y 同号,第一次减除数试商
    1.11000000        部分余数与除数异号,上商 0,即最终商的符号位为 0
 +  0.01000           除数右移 1 位,上次上商 0,本次加除数试商
    0.00000000        部分余数与除数同号,上商 1
 +  1.111000          除数右移 1 位,上次上商 1,本次减除数试商
    1.11100000        部分余数与除数异号,上商 0
 +  0.0001000         除数右移 1 位,上次上商 0,本次加除数试商
    1.11110000        部分余数与除数异号,上商 0
 +  0.00001000        除数右移 1 位,上次上商 0,本次加除数试商
    1.11111000        部分余数与除数异号,上商 0,运算结束
```

最后一次部分余数与被除数异号,余数错误,需要恢复余数,整个过程需要三次回溯,才能将余数恢复到与被除数同号,即

$$(((1.11111000 - 0.00001000) - 0.0001000) - 1.111000)$$
$$= (((1.11111000 + 1.11111000) + 1.1111000) + 0.001000)$$
$$= 0.00000000$$

可见,最终余数为 0,说明除尽,并且除数为正,商无须修正,故得

$$[商]_补 = 0.1000, \quad [余数]_补 = 0.00000000$$

【例 3.11】 设 $[x]_补 = 1.1100$,$[y]_补 = 0.1000$。用补码加减交替法求 $[x \div y]_补$。

解:将被除数的数字位数扩展到除数的两倍,有

$$[x]_补 = 1.11000000$$

并按加减交替法的需要,给出 $[-y]_补 = 1.1000$。

运算过程如下:

```
    1.11000000
+   0.1000            x 与 y 异号,第一次加除数试商
    0.01000000        部分余数与除数同号,上商 1,即最终商的符号位为 1
+   1.11000           除数右移 1 位,上次上商 1,本次减除数试商
    0.00000000        部分余数与除数同号,上商 1
+   1.111000          除数右移 1 位,上次上商 1,本次减除数试商
    1.11100000        部分余数与除数异号,上商 0
+   0.0001000         除数右移 1 位,上次上商 0,本次加除数试商
    1.11110000        部分余数与除数异号,上商 0
+   0.00001000        除数右移 1 位,上次上商 0,本次加除数试商
    1.11111000        部分余数与除数异号,上商 0,运算结束
```

最后一次部分余数与被除数同号,余数正确;余数不为 0,未除尽,且商为负,需要在最低位加 1 修正,即 $1.1000 + 1 = 1.1001$,故得

$$[商]_补 = 1.1001, \quad [余数]_补 = 1.11111000$$

实际上,例 3.11 与例 3.10 中的除数相等,且被除数是绝对值相等的,但由于被除数的符号相反,所以,最终的商和余数的绝对值发生了明显的改变。这也是补码除法与原码除法之间的差异。

无论以上哪种一位除法算法,其运算过程都是重复地交替进行加减运算与移位操作,因此,一位除法器的组成与一位乘法器是相似的。在一位除法器中,由于被除数位数是除数位数的两倍,除数用一个寄存器存放,而被除数需用两个寄存器存放(这两个寄存器也用于存放运算过程中的部分余数)。为了便于实现,采用部分余数左移来取代除数右移,且每次上的商也随部分余数左移,从最低位进入存放被除数的寄存器。当运算结束时,原用于存放被除数的两个寄存器中,低位寄存器中存放的是商,而高位寄存器中存放的是余数(对小数除法,还需将余数部分再右移 n 位,n 是除数的数字位数)。一位除法器的主要缺点,就是运算速度慢,控制复杂。

3.3.3 阵列除法器

阵列除法器建立在大规模集成电路的基础上,它通过合理的硬件设计,简化了运算控制,提高了运算速度。下面以原码加减交替法阵列除法器为例,说明阵列除法器的组成及工作原理。

原码加减交替法阵列除法器要求被除数与除数均以正数表示,商和余数的符号另行处理。由于试商时,既有减除数试商,也有加除数试商,因此,每次试商都要用到加/减法器。构成加/减法器的基本电路称为可控加/减(CAS)单元,如图 3.11 所示。

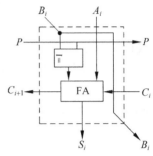

图 3.11   可控加/减(CAS)单元

一个 CAS 的功能,其实是与行波进位加/减法器(图 3.3)的一个 1 位单元电路相同的。其中,A 是被加数(或被减数);B 是加数(或减数);P 是控制加/减的控制信号,$P=0$,做加法,$P=1$,做减法。

设被除数的数字位数为 6 位,除数的数字位数为 3 位,则对应规模的阵列除法器如图 3.12 所示。图中,被除数 x 和除数 y 都添加了一个正号 0;阵列的每行都是一个 4 位行波进位加/减法器,用于完成一次减(或加)除数试商。由于第一次试商必为减除数试商,因此,第一行的加/减控制信号 $P=1$。阵列各行的排列方式,体现了每次除数右移 1 位的特点,因此,运算过程中不用再做右移操作。每次上商的产生,以及各次试商时的加/减控制,是阵列除法器的技术关键。图中以每行加/减法器的最高进位输出作为每次上的商,并以本次上的商作为下次试商时的加/减控制,这种设计原理,读者可以结合例 3.7 来分析和理解。部分余数的最高位是符号位,如果最后一次产生的部分余数为负,则需要恢复余数;如为小数除法,还需将阵列产生的余数再右移 n 位(n 为除数的数字位数)。当第一行所上的商为 1 时,产生除法溢出,因此,第一行的最高进位输出可以作为"除法溢出"的状态标志。

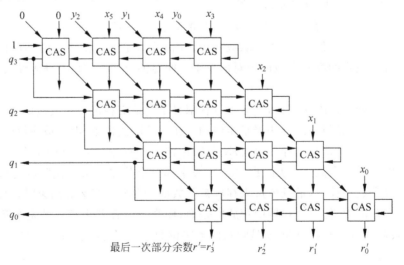

图 3.12   加/减交替法阵列除法器逻辑电路图

仿照间接补码阵列乘法器(见图 3.10)的设计方法,添加算前求补器、算后求补器和符号处理逻辑,就能构成间接补码阵列除法器。

3.4　定点运算器的组成与结构

定点运算器不仅要有定点算术运算的功能,还要具有逻辑运算、移位操作等功能。

3.4.1　逻辑运算与移位操作

逻辑运算是计算机进行判断、实现控制等操作的重要手段。计算机中的逻辑运算,主要是指"逻辑非"、"逻辑加"、"逻辑乘"、"逻辑异"4 种基本运算(详见 2.2 节)。

移位操作是计算机中的一类特殊操作,起着其他操作无法替代的作用。移位操作是通过具有移位功能的寄存器(称为移位寄存器)来完成的。常见的移位操作有：左移、右移、循环左移、循环右移、带进位循环左移、带进位循环右移等。其中,左移和右移又有逻辑移位和算术移位之分。逻辑移位总是在移空位(左移后,最低位成为移空位；右移后,最高位成为移空位)上补 0,可用于单纯的移位操作,也可用于对无符号数乘以 2(左移 1 位)或除以 2(右移 1 位)的运算。算术移位用于对以补码表示的数进行移位,算术左移 1 位后,移空位上补 0,若符号位未因移位而改变,则相当于对原数乘以 2；算术右移则规定移空位上复制原来的最高位(即保持符号位不变),因此,算术右移 1 位,相当于对原数除以 2。

移位操作通常还要涉及进位/借位标志触发器,移位操作时,从移位寄存器中移出的位,总是被移入该标志触发器。图 3.13 描述了各类移位操作的功能,其中,C 表示进位/借位标志触发器；R 表示移位寄存器。

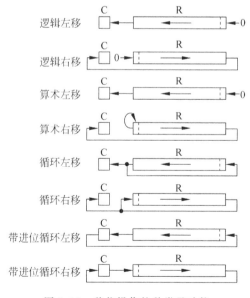

图 3.13　移位操作的种类及功能

3.4.2　算术逻辑单元的功能设计

算术逻辑单元(ALU)是组成运算器的核心器件,其主要功能是执行定点数算术加/减法运算及各种逻辑运算。早期的一位乘法器和一位除法器也以 ALU 为主,配合移位寄存器等辅助电路构成。现在的乘/除运算均采用高速的阵列乘法器和阵列除法器来完成,不再通过 ALU 来执行。

ALU 的核心是加法器,无论是算术运算,还是逻辑运算,最终均通过加法器求得结果。显然,如果直接将两个运算数据送入加法器,则只能求出两数的和,实现单一的加法运算。要使一个加法器能完成多种不同的运算功能,不能直接将运算数据送入加法器,而应先对运算数据进行各种函数变换,产生不同的变换结果送入加法器,从而使运算结果发生变化,以实现不同的运算功能。

下面以一种 4 位多功能 ALU 芯片 74181 为例,说明多功能 ALU 的设计思想。图 3.14 为 74181ALU 的一位单元逻辑结构图。图中,A_i 和 B_i 表示原始运算数据 A 和 B 的第 i 位($i=0,1,2,3$),A_i 和 B_i 经函数变换后产生 X_i 和 Y_i;送入全加器相加的是 X_i 和 Y_i,而不直接是 A_i 和 B_i;S_0、S_1、S_2、S_3 为函数发生器的控制信号,用于控制函数发生器做不同的函数变换;4 个控制信号可以形成 16 种不同的控制组合,产生 16 种不同的变换结果,相当于使 ALU 具有了 16 种不同的算术或逻辑运算功能。

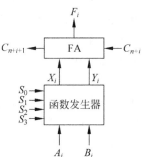

图 3.14　74181ALU 一位单元逻辑结构图

图 3.14 中,全加器的输出 F_i 和 C_{n+i+1} 的逻辑表达式为

$$\begin{cases} F_i = X_i \oplus Y_i \oplus C_{n+i} \\ C_{n+i+1} = X_i Y_i + X_i C_{n+i} + Y_i C_{n+i} \end{cases} \tag{3.10}$$

函数发生器的输出与输入之间的函数关系如表 3.1 所示。

表 3.1　函数发生器的输出与输入之间的函数关系

S_0	S_1	Y_i	S_2	S_3	X_i
0	0	$\overline{A_i}$	0	0	1
0	1	$\overline{A_i B_i}$	0	1	$\overline{A_i + B_i}$
1	0	$\overline{A_i \overline{B_i}}$	1	0	$\overline{A_i + B_i}$
1	1	0	1	1	$\overline{A_i}$

由表 3.1 可得 X_i 和 Y_i 的逻辑表达式如下:

$$X_i = \overline{S_2}\,\overline{S_3} + \overline{S_2}S_3(\overline{A_i + B_i}) + S_2\,\overline{S_3}(\overline{A_i + B_i}) + S_2 S_3\,\overline{A_i}$$
$$Y_i = \overline{S_0}\,\overline{S_1}\,\overline{A_i} + \overline{S_0}S_1\,\overline{A_i B_i} + S_0\,\overline{S_1}\,\overline{A_i \overline{B_i}}$$

进一步化简,然后代入式(3.10),得到 74181ALU 一位单元的逻辑表达式如下:

$$\begin{cases} X_i = \overline{S_3 A_i B_i + S_2 A_i \overline{B_i}} \\ Y_i = \overline{A_i + S_0 B_i + S_1 \overline{B_i}} \\ F_i = X_i \oplus Y_i \oplus C_{n+i} \\ C_{n+i+1} = Y_i + X_i C_{n+i} \end{cases} \tag{3.11}$$

当 $i=0$ 时，C_n（即 C_{n+0}）是 ALU 的最低进位输入；当 $i=3$ 时，C_{n+4}（即 C_{n+3+1}）是 ALU 的最高进位输出。

74181ALU 采用了先行进位技术，使得 4 位之间的进位同时产生。下面是用于实现先行进位的逻辑表达式：

$$\begin{cases} C_{n+1} = Y_0 + X_0 C_n \\ C_{n+2} = Y_1 + X_1 C_{n+1} = Y_1 + Y_0 X_1 + X_0 X_1 C_n \\ C_{n+3} = Y_2 + X_2 C_{n+2} = Y_2 + Y_1 X_2 + Y_0 X_1 X_2 + X_0 X_1 X_2 C_n \\ C_{n+4} = Y_3 + X_3 C_{n+3} = Y_3 + Y_2 X_3 + Y_1 X_2 X_3 + Y_0 X_1 X_2 X_3 + X_0 X_1 X_2 X_3 C_n \end{cases} \tag{3.12}$$

这些表达式中，X_i、Y_i（$i=0,1,2,3$）及 C_n 都是在加法运算前就确定的已知量，因此，各个进位都可以直接通过这些已知量先行求得，无须如行波进位那样逐位向上传递。而且，这些进位逻辑表达式的实现电路都具有相同的延时。所以，各个进位可以同时产生，每一位上的加法运算可以同时进行，这就使得 ALU 具有了并行运算的能力，提高了运算速度。

若设

$$G = Y_3 + Y_2 X_3 + Y_1 X_2 X_3 + Y_0 X_1 X_2 X_3$$
$$P = X_0 X_1 X_2 X_3$$

则 C_{n+4} 的逻辑表达式可表示为

$$C_{n+4} = G + P C_n \tag{3.13}$$

其中，G、P 两个信号也是 74181 芯片的输出信号，G 称为进位发生输出，P 称为进位传送输出。

图 3.15 所示为采用正逻辑操作数（即高电平表示 1，低电平表示 0）的 74181ALU 芯片的方框图。图中，$A_3 \sim A_0$、$B_3 \sim B_0$ 为两个 4 位的操作数（输入信号）；$F_3 \sim F_0$ 为 4 位运算结果（输出信号）；M 为运算类型选择信号（输入信号），$M=0$，做算术运算，$M=1$，做逻辑运算；$S_3 \sim S_0$ 为函数发生器的控制信号（输入信号），用于控制函数发生器做不同的函数变换，从而实现不同的运算功能；C_n 为最低进位输入信号，是低电平有效的信号，即 $C_n=0$ 时，表示最低有进位输入，加法器在相加时，会多加上 1，$C_n=1$ 时，表示最低无进位输入；C_{n+4} 为最高进位输出信号，也是低电平有效的信号，$C_{n+4}=0$，表示最高位有进位输出，$C_{n+4}=1$，表示最高位无进位输出；G 和 P 为输出信号，其逻辑表达式如上所述，其作用在下面介绍；$A=B$ 为输出信号，用于指出 A 与 B 是否相等。

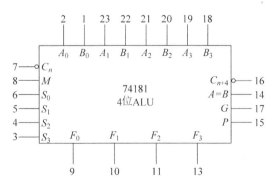

图 3.15　74181ALU 的方框图

表 3.2 所列为采用正逻辑操作数的 74181ALU 的运算功能。其中，"＋"是指逻辑加；"AB"是指 A 与 B 的逻辑乘(其余类推)；"加"和"减"是指算术加和算术减。算术运算部分，$C_n=1$ 表示最低位无进位输入；若 $C_n=0$，则表示最低位有进位输入，表中所列算术运算都要再加上 1。此外，减法按补码方法进行。

表 3.2　采用正逻辑操作数的 74181ALU 运算功能表

运算功能选择				运算类型选择	
S_3	S_2	S_1	S_0	逻辑运算：$M=1$	算术运算：$M=0,C_n=1$
0	0	0	0	$\overline{A}$	A
0	0	0	1	$\overline{A+B}$	$A+B$
0	0	1	0	$\overline{A}B$	$A+\overline{B}$
0	0	1	1	逻辑 0	减 1
0	1	0	0	$\overline{AB}$	A 加 $A\overline{B}$
0	1	0	1	$\overline{B}$	$(A+B)$ 加 $A\overline{B}$
0	1	1	0	$A\oplus B$	A 减 B 减 1
0	1	1	1	$A\overline{B}$	$A\overline{B}$ 减 1
1	0	0	0	$\overline{A}+B$	A 加 AB
1	0	0	1	$\overline{A\oplus B}$	A 加 B
1	0	1	0	B	$(A+\overline{B})$ 加 AB
1	0	1	1	AB	AB 减 1
1	1	0	0	逻辑 1	A 加 A
1	1	0	1	$A+\overline{B}$	$(A+B)$ 加 A
1	1	1	0	$A+B$	$(A+\overline{B})$ 加 A
1	1	1	1	A	A 减 1

当需要用多个 74181 芯片组成一个位数更多的 ALU 时，利用 C_n 及各个芯片输出的 G、P 信号，可以构成芯片之间的先行进位逻辑。如采用 4 个 74181 芯片组成一个 16 位 ALU 时，各个芯片的最高进位的逻辑表达式如下：

$$\begin{cases} C_{n+4}=G_0+P_0C_n \\ C_{n+8}=G_1+P_1C_{n+4}=G_1+G_0P_1+P_0P_1C_n \\ C_{n+12}=G_2+P_2C_{n+8}=G_2+G_1P_2+G_0P_1P_2+P_0P_1P_2C_n \\ C_{n+16}=G_3+P_3C_{n+12}=G_3+G_2P_3+G_1P_2P_3+G_0P_1P_2P_3+P_0P_1P_2P_3C_n \end{cases} \qquad (3.14)$$

若令

$$G^*=G_3+G_2P_3+G_1P_2P_3+G_0P_1P_2P_3$$
$$P^*=P_0P_1P_2P_3$$

则

$$C_{n+16}=G^*+P^*C_n \qquad (3.15)$$

可见，式(3.14)与式(3.12)所对应的逻辑电路具有相同的结构。由于各个芯片的 G、P 信号都是由 X 和 Y 生成的，所以也都是已知量，因此，各个芯片的最高进位可以先行同时产生，从而使各个芯片能够同时进行运算，实现了芯片间的并行运算。把芯片间和芯片内均采用先行进位技术的 ALU，称为全先行进位 ALU。

74182 芯片是专门与 74181ALU 芯片配套使用的先行进位部件(CLA),它按照式(3.14)和式(3.15)设计,可以为 4 个 74181ALU 芯片提供芯片间的先行进位支持,从而构成一个 16 位全先行进位 ALU,如图 3.16 所示。

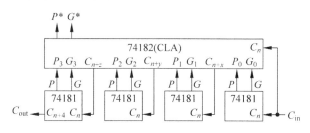

图 3.16　16 位全先行进位 ALU 逻辑方框图

图 3.16 中,C_{n+x}、C_{n+y}、C_{n+z} 分别对应式(3.14)中的 C_{n+4}、C_{n+8}、C_{n+12};C_{in} 是 16 位 ALU 的最低进位输入,C_{out} 是最高进位输出(即 C_{n+16})。若以 16 位全先行进位 ALU 作为一个模块,则 74182CLA 的输出信号 G^* 和 P^* 可以看作一个模块的进位发生输出和进位传送输出;当需要用 4 个模块组成一个 64 位的 ALU 时,可将 C_{in} 与 4 个模块的 G^* 和 P^* 输入一个 74182CLA,这样,就可以形成模块之间的先行进位。

先行进位技术可以极大地提高 ALU 的运算速度。当然,这是以增加硬件复杂度及硬件成本为代价的。

3.4.3　定点运算器的基本结构

定点运算器由 ALU、阵列乘法器、阵列除法器、通用寄存器、专用寄存器、缓冲寄存器、多路开关、三态缓冲器、数据总线等组成。其中,通用寄存器用来暂存 ALU 的运算数据或运算结果;专用寄存器包括用于移位操作的移位寄存器、用于记录各种状态标志的状态标志寄存器等;缓冲寄存器通常被置于 ALU 的输入端或输出端,用于对数据的输入或输出进行缓冲;多路开关用于在多路输入数据中选择一路送往 ALU;三态缓冲器用于控制数据通路的通、断及数据传送的方向;数据总线是连接运算器内部各组成部件的数据通路,用于在各部件之间传送数据。

运算器的设计,主要是围绕着 ALU 和寄存器同数据总线之间如何传送操作数和运算结果(即数据通路的设计)而进行的。对数据总线的控制主要采用三态缓冲器。图 3.17 所示为双向传输总线的两种常见的实现方式。

图 3.17(a)采用双向缓冲器控制数据的双向传输,总线两端可以连接任何需要发送和接收数据的部件。图 3.17(b)是专门与寄存器相连的双向传输总线,数据的发送端和接收端均为寄存器。图中的 4 位寄存器由 4 个 DE 触发器组成,其中,D 为数据输入端;E 为输入允许控制端(高电平允许输入);Q 为数据输出端。当 E=1 时,发送三态门被禁止,在时钟脉冲到来时,D 端的数据被锁存到寄存器中;当 E=0 时,只要控制发送的脉冲信号到来,发送三态门就被允许,寄存器中的数据就被输出到总线上。

根据不同的性能要求,运算器大体有单总线结构、双总线结构和三总线结构三种结构形式,如图 3.18 所示。为了重点突出总线设计上的特点,图中的运算器结构做了适当简化,只描述了其中的核心部分(即 ALU 和寄存器)与总线的连接关系。

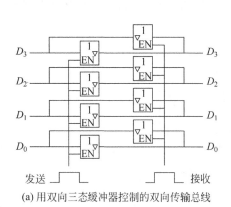

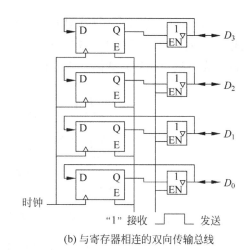

(a) 用双向三态缓冲器控制的双向传输总线　　(b) 与寄存器相连的双向传输总线

图 3.17　用三态缓冲器控制的单向传输总线和双向传输总线

　　如图 3.18(a)所示,在单总线结构的运算器中,所有需要参与数据传输与处理的部件都连接在同一套总线上,通过这一套总线,完成相互间的数据传输。由于在同一套总线上,一次只能传输一个数据,所以,多个数据的传输必须控制在不同的时间进行。对 ALU 而言,所需的两个操作数不能同时通过总线传输,只能分两次传输。由于 ALU 需要等两个操作数都到齐后才能进行运算,而 ALU 本身又没有数据暂存能力,因此,要在 ALU 的输入端设置两个缓冲寄存器 A 和 B。当第一个操作数出现在总线上时,先将其存入 A 缓冲寄存器,然后再将第二个操作数送上总线,并存入 B 缓冲寄存器,ALU 所需的操作数实际上是由 A 和 B 两个缓冲寄存器提供的。ALU 的输出受三态缓冲器的控制,其运算结果通过三态缓冲器输出到总线,并传输到指定的目标寄存器或主存单元。单总线结构运算器的结构简单,控制方便,其主要缺点是数据传输效率低。

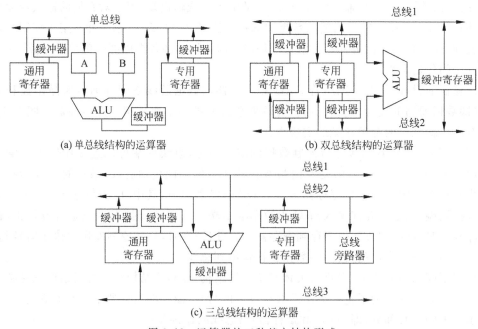

(a) 单总线结构的运算器　　　　(b) 双总线结构的运算器

(c) 三总线结构的运算器

图 3.18　运算器的三种基本结构形式

图 3.18(b)所示为双总线结构的运算器。这种结构中,通用寄存器和专用寄存器既可通过总线 1 传输数据,也可通过总线 2 传输数据;ALU 所需的两个操作数分别通过总线 1 和总线 2,同时送到 ALU 的数据输入端,并在整个运算期间保持在总线上,故无须在 ALU 的输入端设置缓冲寄存器;ALU 的运算结果不能直接输出到任一总线上,因为此时操作数尚未从总线上撤销,故应先将运算结果存入缓冲寄存器,待操作数从总线上撤销后(即关闭了提供操作数的寄存器的输出三态门后),再输出到总线上。显然,双总线结构比单总线结构具有更高的数据传输效率和灵活性,但控制也较为复杂。

在图 3.18(c)所示的三总线结构的运算器中,通用寄存器只能从总线 3 输入,但可以向总线 1 和总线 2 输出,这使它可以同时输出两个数据;ALU 的两个输入端分别与总线 1 和总线 2 相连,使它可以同时从这两套总线获得两个操作数,ALU 的运算结果则在三态缓冲器的控制下输出到总线 3;总线旁路器实际上就是一个三态缓冲器,它将总线 2 和总线 3 连接起来,其作用是实现单纯的数据传送(不做数据处理),如将数据从一个寄存器传送到另一个寄存器。三总线结构对 ALU 提供了最好的数据传输支持,因此运算器的工作速度也最快,同时,运算器的硬件结构及其控制也是最复杂的。

以上三种结构的运算器在数据传输效率上的差异,主要表现在 ALU 与寄存器之间的数据传输上。同样是传送两个操作数和一个运算结果,对单总线结构的运算器,共需要三次访问寄存器的时间;对双总线结构的运算器,需要两次访问寄存器的时间再加上运算结果在缓冲寄存器中的等待时间;对三总线结构的运算器,则只需两次访问寄存器的时间。如果操作数取自主存,则三种结构的运算器在数据传输效率上没有多少差别,因为,运算器与主存之间只有一套数据总线,一次只能传输一个数据。

需要强调的是:

(1) ALU 无数据暂存能力。

(2) 要避免总线上的数据冲突。这就是各种器件在向总线输出数据时,要受到三态缓冲器控制的原因。

(3) 一次运算过程是分成多个步骤来完成的,如传送操作数、计算、传送运算结果等。每个步骤都是在控制器所发出的控制信号的控制下进行的。

3.5　浮点运算

浮点运算需要同时涉及尾数和阶码的运算,此外,运算过程中还需要对浮点数做规格化处理等,因此,浮点运算要比定点运算复杂得多。

3.5.1　浮点加法、减法运算

设有两个规格化浮点数 x 和 y,分别表示为

$$x = 2^{E_x} \cdot M_x$$
$$y = 2^{E_y} \cdot M_y$$

其中,E_x 和 E_y 分别为 x 和 y 的阶码;M_x 和 M_y 分别为 x 和 y 的尾数。显然,计算 $x \pm y$ 的基础是 $E_x = E_y$。如果 $E_x \neq E_y$,则需要先将它们调整为相等,这个操作称为"对阶"。

计算机中,浮点加减运算的过程大体分为以下几步:0 操作数检查;比较阶码大小并完成对阶;尾数相加或相减;对结果进行处理,包括规格化、舍入处理和溢出处理。下面对每一步的操作进行详细说明。

(1)0 操作数检查。即检查 x 或 y 是否为 0,只要其中任何一个为 0,则可直接给出最终的运算结果,无须经过整个运算过程。这样做的目的,是为了尽可能减少运算的时间。

(2)比较阶码大小并完成对阶。从数学角度来看,对阶时,既可以将较大的阶码调小,也可以将较小的阶码调大。当然,在将较大的阶码调小时,尾数需要相应地向左移位,而在将较小的阶码调大时,尾数需要相应地向右移位。由于浮点数的尾数是规格化的定点小数,向左移位后,其有效数字的高位部分将会丢失,从而造成很大的数据误差,因此,对阶时,不能采用将较大的阶码调小的方式,只能采用将较小的阶码调大的方式,这称为"小阶向大阶看齐"。

如何判断阶码之间的大小及差值呢?计算机采用求阶差(即将两数的阶码相减)来解决这个问题。求出阶差后,根据阶差的符号状态,可以判断出阶码之间的大小关系,而阶差的绝对值就是小阶与大阶之间的差值,只要将小阶加上这个差值,同时,以该差值作为移位次数,将对应的尾数向右移动若干位,即可实现对阶。对阶时所做的尾数右移,会将尾数有效数字的低位部分移出去,但在浮点运算器中,有专门的寄存器接收这些被移出的数据位,留待后面处理,这些数据位被称为"保护位"。

(3)尾数相加或相减。尾数运算即为一般的定点补码加减运算,通常采用双符号位的变形补码进行运算。如设

$$[M_x]_补 = 11.0011010, \quad [M_y]_补 = 11.1010011$$

则 $[M_x]_补 + [M_y]_补$ 为

$$
\begin{array}{r}
11.0011010 \\
+ \quad 11.1010011 \\
\hline
10.1101101
\end{array}
$$

如果单就补码加法运算而言,上面的尾数相加已产生溢出,但在浮点运算中,尾数溢出并不意味着运算结果出错,可以在后面的步骤中进行处理。

(4)运算结果规格化。尾数运算的结果可能出现非规格化状态(包括溢出状态),需要重新规格化。规格化时,对尾数左移称为向左规格化(简称"左规");反之,称为向右规格化(简称"右规")。尾数移位的同时,阶码也必须做相应的修改,即尾数左移 1 位,阶码减 1,尾数右移 1 位,阶码加 1。

需要特别注意的是,尾数是用变形补码表示的,在判断其是否规格化时,不能采用对真值或原码的判断方法。具体判断方法是:当尾数未溢出(即两个符号位一致)时,若尾数的符号位与最高有效数字位不同,则已规格化,反之,则未规格化;当尾数溢出(即两个符号位不一致)时,则必为非规格化状态,此时,尾数的最高符号位代表尾数的真实符号。

例如,设尾数 M_1、M_2 和 M_3 的变形补码表示分别为

$$[M_1]_补 = \mathbf{11.0011010}$$

$$[M_2]_补 = \mathbf{11.1010011}$$

$$[M_3]_补 = \mathbf{10.1101101}$$

其中,$[M_1]_补$ 和 $[M_2]_补$ 未溢出,$[M_1]_补$ 已规格化,$[M_2]_补$ 未规格化;$[M_3]_补$ 溢出,故未规格化。

在确认尾数未规格化后,就要对其进行规格化处理。规格化处理的原则是:如尾数未溢出,则进行左规处理,直至满足规格化要求为止;如尾数溢出,则做右规处理,只需将尾数算术右移 1 位,阶码加 1 即可。如上例中,$[M_2]_补$ 需左规处理,将 $[M_2]_补$ 左移 1 位(同时将阶码减 1)后,得 $[M_2]_补=11.0100110$,已满足规格化的要求;$[M_3]_补$ 需右规处理,将 $[M_3]_补$ 算术右移 1 位(同时将阶码加 1)后,得 $[M_3]_补=11.0110110 (1)$,已满足规格化的要求(括号中的数字 1 为右移后产生的保护位,留待下一步处理)。

(5) 舍入处理。在对阶或规格化处理过程中,由于尾数右移,会使尾数的低位部分被移出,形成保护位,对保护位所做的处理,称为舍入处理。对舍入处理方法的选择,将会影响到运算结果的精度。

舍入处理的方法很多,选择时主要考虑以下三方面的因素:①本身的误差要小;②积累误差要小;③容易实现。下面介绍三种舍入处理的方法。

恒舍法:也称截断法,是一种最容易实现的舍入处理方法。其做法就是直接舍去保护位。这种方法最大的缺点,就是积累误差很大,不宜用在运算精度要求比较高的场合。

恒置 1 法:这种方法也称为恒置法或冯•诺依曼法,其实现的容易程度仅次于恒舍法。其做法是,不论保护位中的数字是什么,总是将尾数有效数字的最低位置为 1。

恒置 1 法无论在正数区还是负数区的积累误差都比较小,而且绝对值相等,符号相反,正好能达到平衡。因此,恒置 1 法目前被广泛应用于各种计算机系统中。

0 舍 1 入法:这是对应于十进制的"4 舍 5 入法"的一种舍入处理方法。

在尾数以真值或原码表示时,0 舍 1 入法的规则是:如果保护位中的最高位为 0,则将保护位舍去,否则向尾数的最低有效位进 1(即加上 1)。

在尾数以补码表示时,对于正数,仍按上面针对原码的规则处理;对于负数,则需将 0 舍 1 入法修改为:当保护位中的最高位为 0,或保护位中的最高位为 1,但其余各位均为 0 时,作"舍"处理;只有在保护位中的最高位为 1,且其余位不全为 0 时,才做"入"处理。

0 舍 1 入法与恒置法相比,其主要优点是精度更高,正、负数区的积累误差更小,且能达到平衡。但 0 舍 1 入法实现起来比较困难,这是因为,0 舍 1 入法要做较多的判断,才能决定"舍"或"入",而且,在做了"入"处理后,可能会再次导致对尾数的规格化和舍入处理。因此,0 舍 1 入法很少实际用于浮点运算器。

(6) 溢出处理。只有阶码溢出,浮点数才会溢出。因此,最后还要判断阶码是否溢出。若阶码下溢,机器自动将运算结果当作 0(即机器零);若阶码上溢,则需报告运算错误。

由于对浮点数有规格化表示的要求,所以,无论是运算数据,还是运算结果,都必须是规格化的;只有在运算过程中,允许暂时出现非规格化现象。

【例 3.12】 设 $x=2^{010}\times0.11011011,y=2^{100}\times(-0.10101100)$,按浮点运算步骤,求 $x+y$。舍入处理采用 0 舍 1 入法。

解:为方便人工计算,设浮点数格式为:阶码 5 位,用双符号补码(即变形补码)表示,以便判断阶码是否溢出;尾数数字部分 8 位,用双符号补码表示,便于规格化处理。

x、y 均不为 0,且均已符合规格化要求,将其表示为浮点格式,有

$$[x]_浮 = 00010,00.11011011$$
$$[y]_浮 = 00100,11.01010100$$

(1) 求阶差并对阶。

$$[E_x]_补 - [E_y]_补 = [E_x]_补 + [-E_y]_补 = 00010 + 11100 = 11110 = (-2)_{10}$$

所以,$E_x < E_y$,E_x 应向 E_y 看齐,即 E_x 加上 2,M_x 右移 2 位,得

$$[x]_浮 = 00100,00.00110110 \ (11)$$

括弧中的 11 为保护位。

(2) 尾数相加。

尾数相加时,保护位也参与

$$
\begin{array}{r}
00.00110110\ (11) \\
+\quad 11.01010100\qquad\ \\
\hline
11.10001010\ (11)
\end{array}
$$

(3) 规格化处理。

尾数运算结果的符号位与最高有效数字位相同,所以未规格化,应执行左规处理,即尾数左移 1 位(保护位一起移动),同时,阶码减 1,得

$$00011,\quad 11.00010101\ (10)$$

(4) 舍入处理。

由于尾数是负数的补码,且保护位为 10,按 0 舍 1 入法,应做"舍"处理,结果为

$$00011,\quad 11.00010101$$

(5) 判溢出。

由于阶码的两个符号位相同(为 00),所以阶码未溢出,运算结果正确,即

$$[x+y]_浮 = 00011,11.00010101$$

$$x+y = 2^{011} \times (-0.11101011)$$

【例 3.13】 设 $x = 2^{-101} \times (-0.11001101)$,$y = 2^{-011} \times (-0.01011010)$,按浮点运算步骤,求 $x+y$。舍入处理采用 0 舍 1 入法。

解:为方便人工计算,设浮点数格式为:阶码 5 位,用双符号补码(即变形补码)表示,以便判断阶码是否溢出;尾数数字部分 8 位,用双符号补码表示,便于规格化处理。

x、y 均不为 0。由于 y 未规格化,应先将其规格化,即尾数左移 1 位,指数减 1,得

$$y = 2^{-100} \times (-0.10110100)$$

于是有

$$[x]_浮 = 11011,11.00110011$$

$$[y]_浮 = 11100,11.01001100$$

(1) 求阶差并对阶。

$$[E_x]_补 - [E_y]_补 = [E_x]_补 + [-E_y]_补 = 11011 + 00100 = 11111 = (-1)_{10}$$

所以,$E_x < E_y$,E_x 应向 E_y 看齐,即 E_x 加上 1,M_x 右移 1 位,得

$$[x]_浮 = 11100,11.10011001\ (1)$$

括弧中的 1 为保护位。

(2) 尾数相加。

$$
\begin{array}{r}
11.10011001\ (1) \\
+\quad 11.01001100\qquad \\
\hline
10.11100101\ (1)
\end{array}
$$

（3）规格化处理。

尾数运算结果的两个符号位不一致,所以未规格化,应做右规处理,即尾数算术右移 1 位,阶码加 1,得

$$11101, \quad 11.01110010 \ (11)$$

规格化处理后,形成的保护位为 11。

（4）舍入处理。

由于尾数是负数的补码,且保护位为 11,按 0 舍 1 入法,应做"入"处理,即

$$
\begin{array}{r}
11.01110010 \\
+ \qquad\qquad\quad 1 \\
\hline
11.01110011
\end{array}
$$

所以,舍入处理后的结果为 $11101,11.01110011$。

（5）判溢出。

由于阶码的两个符号位相同（为 11）,所以阶码未溢出,运算结果正确,即

$$[x+y]_{浮} = 11101,11.01110011$$
$$x+y = 2^{-011} \times (-0.10001101)$$

3.5.2 浮点乘法、除法运算

设有两个规格化浮点数 x 和 y,分别表示为

$$x = 2^{E_x} \cdot M_x$$
$$y = 2^{E_y} \cdot M_y$$

其中,E_x 和 E_y 分别为 x 和 y 的阶码;M_x 和 M_y 分别为 x 和 y 的尾数,则浮点乘法和除法运算的规则是

$$x \times y = 2^{E_x + E_y} \cdot (M_x \times M_y)$$
$$x \div y = 2^{E_x - E_y} \cdot (M_x \div M_y)$$

也就是说,对浮点乘法,积的阶码是被乘数与乘数的阶码之和,积的尾数是被乘数的尾数与乘数的尾数相乘之积;对浮点除法,商的阶码是被除数与除数的阶码之差,商的尾数是被除数的尾数与除数的尾数相除之商。

浮点乘法与除法运算涉及尾数相乘与相除、阶码相加与相减,这实际上都是定点数之间的运算。考虑到实际的计算机中,浮点数的阶码较多采用移码表示,下面介绍移码加减运算的方法。

（1）直接移码加、减法。运算规则如下:

$$[a]_{移} \pm [b]_{移} = [a \pm b]_{补}$$

由于移码与补码仅符号相反,因此,在未产生溢出时,只要将运算结果 $[a \pm b]_{补}$ 的符号取反,即可得到用移码表示的运算结果 $[a \pm b]_{移}$（读者可以从移码和补码的数学定义来推导上面的运算规则）。

为了便于溢出判断,可采用双符号位移码进行运算,且规定最高符号位恒取 0,则溢出判断规则是:当运算结果 $[a \pm b]_{补}$ 的两个符号不同时,无溢出;当运算结果 $[a \pm b]_{补}$ 的两个符号相同时,有溢出。且当 $[a \pm b]_{补}$ 的两个符号为 00 时,产生下溢,为 11 时,产生上溢。

（2）移码和补码混合加、减法。运算规则如下：

$$[a]_{移}+[b]_{补}=[a+b]_{移}$$
$$[a]_{移}+[-b]_{补}=[a-b]_{移}$$

用这种方法进行阶码的加减运算时，虽然可以直接得到用移码表示的运算结果，但在运算前，需要将加数或减数从移码转换成补码。

为便于判断溢出，可对运算数采用双符号位表示，且移码的双符号位中，最高符号位恒取 0。当运算结果的最高符号位为 1 时，发生溢出，此时，若较低的符号位为 0，则发生上溢，否则发生下溢。而当运算结果的最高符号位为 0 时，未溢出，其较低的符号位即为运算结果的实际符号位。

下面列出浮点乘、除法运算的步骤：

（1）0 操作数检查；

（2）阶码相加、减，并作溢出判断；

（3）尾数相乘、除；

（4）规格化处理；

（5）舍入处理；

（6）溢出判断。

3.5.3 浮点运算部件

浮点运算涉及阶码运算和尾数运算，阶码运算只做加减运算，而尾数运算要做加、减、乘、除 4 种运算。无论阶码运算还是尾数运算，实际均为定点运算，因此，浮点运算部件的核心，实际上是两个定点运算部件。其中，阶码运算部件用来完成阶码加、减，以及对阶或规格化时对阶码的调整，此外，还要控制对阶时尾数右移的次数；尾数运算部件则用来完成尾数的四则运算，以及尾数的规格化处理等。

一些较早的计算机系统中，浮点运算部件是一个可选的部件，如果选用，就可以通过执行浮点指令来完成浮点运算，运算速度快；如果不用，也可以用定点指令编程，在定点运算器上模拟浮点运算，但运算速度慢。现在的计算机系统中，浮点运算部件已被集成到 CPU 芯片中，且采用流水式并行工作方式，因此大大提高了浮点运算的速度。

习题

1. 用变形补码计算 $x+y$，指出运算结果是否溢出，如未溢出，则给出其真值表示。

（1）$x=+10011,y=+01110$ （2）$x=-10101,y=+11101$ （3）$x=-01101,y=-10011$

2. 用变形补码计算 $x-y$，指出运算结果是否溢出，如未溢出，则给出其真值表示。

（1）$x=+10001,y=+11011$ （2）$x=+10010,y=-01111$ （3）$x=-10000,y=+10100$

3. 设 $x=+110101,y=-101011$，用补码一位乘法（布斯算法）计算 $[x\cdot y]_{补}$。

4. 设 $x=+1100101,y=-1011$，用原码一位除法之加减交替法计算 $[x\div y]_{原}$。

5. 设 $x = -0.100111, y = +0.1011$,用补码一位除法之加减交替法计算 $[x \div y]_{补}$。

6. 设浮点数格式为:阶码 3 位数字位,尾数 8 位数字位,且都用补码表示。按浮点运算步骤,计算 $x + y$ 和 $x - y$。舍入处理采用 0 舍 1 入法。

(1) $x = 2^{100} \times 0.11001010, y = 2^{011} \times (-0.11001011)$

(2) $x = 2^{-010} \times (-0.01101011), y = 2^{-100} \times (-0.11010101)$

(3) $x = 2^{-001} \times 0.10010110, y = 2^{010} \times (-0.01110010)$

7. 要求按式(3.12)设计出 4 位 ALU 的先行进位逻辑电路。

8. 设计一个串行加法器,能够计算两个 n 位数据之和。设计要求是:用于相加的两个 n 位数分别存放于 A 和 B 寄存器中,和存入 A 寄存器,且只允许使用一个全加器来对 n 位数据逐位进行计算。试画出该串行加法器的逻辑电路框图。

第4章 存储器系统

存储器在计算机系统中占据着非常重要的位置，它的容量大小、速度快慢，直接影响到计算机系统的整体性能。本章以存储系统的层次结构为框架，重点讲解主存储器、高速缓冲存储器、虚拟存储器这几个主要层次的功能、组成、工作原理及相互间的联系，使读者能够建立起存储系统的整体概念。

4.1 概述

4.1.1 存储器分类

计算机可以使用的存储器种类繁多，一个计算机系统中也总会使用多种存储器来构造一个存储器系统。下面从几个不同的角度，对存储器作一个分类。

（1）按存储介质分类。存储介质是指能明显体现两种不同状态的材料或元器件，这两种不同的状态用于表示二进制代码 0 和 1。目前，最常用的存储介质有半导体器件、磁性材料和光盘，对应的存储器分别为半导体存储器、磁表面存储器（包括磁盘和磁带）和光盘存储器。过去，还曾经用过磁芯存储器和纸介质存储器（包括穿孔纸带和穿孔卡片）等。

（2）按存取方式分类。如果存储器中任何存储单元的内容都可以随机存取，且存取所需的时间与存储单元的物理位置无关，这样的存储器就称为随机存储器，随机存储器都是半导体存储器。如果对存储器中的存储单元进行存取所需的时间，与存储单元所在的物理位置有关，则这种存储器被称为顺序存储器，如磁带存储器。磁盘存储器的存取方式是比较特别的，磁头在寻道和定位扇区时，所需时间与磁道和扇区的位置有关，体现了顺序存储器的特点。磁头定位后，以扇区（包含 512 字节）为单位进行存取，可以把一个扇区内各个存储单元的存取时间看作一样的，这又体现了随机存储器的特点。因此，磁盘存储器称为半顺序存储器。

（3）按数据的可读写性分类。既可读又可写的存储器称为读写存储器，半导体读写存储器被称为随机读写存储器（Random Access Memory，RAM）。只能读出数据，而不能写入数据的存储器，称为只读存储器（Read Only Memory，ROM）。ROM 是指半导体只读存储器。

（4）按保存数据是否需要电源支持分类。需要电源支持才能保存数据，一旦撤销电源，数据即丢失的存储器，称为易失性存储器。RAM 就是易失性存储器；不需要电源支持，也能长时间保存数据的存储器,称为非易失性存储器。ROM、磁表面存储器、光盘存储器等,都是非易失性存储器。

(5) 按在计算机系统中的作用分类。可以分为主存储器(内部存储器)、辅助存储器(外部存储器)、高速缓冲存储器(cache)、控制存储器等。其中,主存储器由 RAM 和 ROM 组成;辅助存储器主要有磁表面存储器和光盘存储器;高速缓冲存储器是高速的 RAM 存储器;控制存储器则用高性能的 ROM 构成。

无论什么存储器,所存储的都是二进制信息。

4.1.2 存储器系统的层次结构

计算机系统对存储器的要求主要体现在三个方面:存取速度快,存储容量大,位价格低。但是,很难找到一种存储器,能够同时满足这三个方面的要求。通常,速度快的存储器位价格也高,容量不宜做大;位价格低的存储器可以把容量做大,但速度慢。因此,计算机中采用多种速度、容量、位价格各不相同的存储器,将它们合理地组织起来,充分发挥各自的优势,形成优势互补,从而使计算机得到一个综合指标满足要求的存储器系统。图 4.1 是这种存储器系统的层次结构示意图。

图 4.1 存储器系统的层次结构

在图 4.1 中,层次越往上,存储器的容量越小、速度越快、位价格越高,同时,与 CPU 的关系也越密切。

CPU 内部的寄存器是存取速度最快的存储部件,能够很好地匹配 CPU 的工作速度,但其数量极其有限,一般只有十几个至几十个,用于暂存 CPU 在最近几条指令中需要使用的数据。

主存储器简称主存,是计算机的主要存储器,它具有较大的存储容量和随机读写的特性,用于存放正处于运行状态的程序和数据。CPU 在执行程序期间,需要频繁地在主存中取指令、取数据和存结果,但主存与 CPU 之间存在较大的速度差距(大约一个数量级),从而影响了 CPU 执行程序的速度。为了减小主存与 CPU 之间的速度差距,在主存与 CPU 之间设置了一个高速小容量存储器——高速缓冲存储器(cache)。cache 的容量比主存小得多,但速度比主存快得多,如果把 CPU 经常要使用的部分程序指令和数据从主存复制到 cache,使 CPU 能够经常在 cache 中完成对指令或数据的访问,就能有效提高 CPU 执行程序的速度。

大量处于非运行状态的程序和数据,则以文件的形式存于辅助存储器(简称辅存)中。辅存容量比主存大得多,而且容易扩充。辅存可以分为联机辅存和脱机辅存两类。联机辅存是连接在计算机主机上的辅存,通常是磁盘或光盘存储器,它随时可以在操作系统的控制下,与主存交换信息,但其速度至少比主存慢三个数量级;脱机辅存通常是磁带存储器,其容量无限,但速度极慢,平时不与计算机主机相连,需要使用时才进行连接。由于辅存不能随机读写,且速度太慢,CPU 在工作过程中不对辅存作直接访问,当需要用到辅存中的程序或数据时,要请求操作系统将相关内容从辅存调入主存,然后,由 CPU 在主存中对这些内容进行访问。

可以看出,越是 CPU 经常要用到的程序指令或数据,其存放的层次就越高,访问的速度就越快。这样做,可以使整个存储器系统的平均速度尽可能接近最快的一级存储器。而低层次的存储器,则起到提供容量支持和降低平均位价格的作用。所以,存储器的层次结构,有效地解决了存储器的速度、容量和位价格之间的矛盾。

4.2　主存储器

主存的主体是由半导体随机读写存储器(RAM)构成的,一般还包含少量半导体只读存储器(ROM)。RAM 又分为静态 RAM(SRAM)和动态 RAM(DRAM)两类,它们在存储信息的原理上不同,在速度、容量和位价格上也都不一样。

主存作为计算机的主要存储器,不仅要有较大的容量,也要有较高的速度,才能满足计算机系统的性能要求。主存的主要技术指标有:

(1) 存储容量。存储容量的计算单位主要采用字节(用 B 表示)或位(用 b 表示),常用 K(2^{10})、M(2^{20})、G(2^{30})、T(2^{40})来表示容量的大小。如 128MB 表示 128×2^{20} 字节,256Mb 表示 256×2^{20} 位。主存的容量越大,可容纳的程序指令和数据越多,CPU 在执行程序的过程中,对辅存的访问次数就越少,从而可以提高 CPU 的工作效率。

(2) 存取时间。存取时间也称为存储器访问时间(Memory Access Time),是指从启动一次存储器操作到完成该操作所需的时间。存取时间分为读操作时间和写操作时间两种情况,其中,读操作时间是指从存储器接收到有效地址开始,到产生有效输出(读出的数据送上数据总线)为止的一段时间;写操作时间是指从存储器接收到有效地址开始,到数据写入指定存储单元为止的一段时间。存取时间反映了存储器件的工作速度。

(3) 存储周期(Memory Cycle Time)。存储周期是指连续启动两次独立的存储器操作所需的最小间隔时间。因为,一次存/取操作完成之后,存储器的地址线、数据线等需要恢复高阻状态,然后才能启动下一次存储器操作,因此,存储周期略大于存取时间。

(4) 存储器带宽。存储器带宽是指单位时间内,存储器存取的信息量,以字节/秒或位/秒为单位。带宽是衡量数据传输率的重要技术指标。存储器带宽不仅与存储器件本身的速度有关,也与存储器的组织方式、存储系统的构造等有关。

以上 4 项指标中,除第一项外,均与存储器的工作速度有关。可见,存储器的工作速度是存储器设计要解决的重点问题。

虽然主存存储二进制信息的最小单位是"位(bit)",但大多数计算机并不是按位对主存进行读写,而是按字或字节(长度为 8 位)来读写主存的。一个字的长度是字节长度的整数倍,具体字长与机器的硬件系统设计有关。目前,大部分计算机都以字节作为主存的最小读写单位,称之为一个存储单元。一个主存由很多存储单元组成,并为每个存储单元分配了一个编号,用于区分不同的存储单元。存储单元的编号被称为地址,无论对主存做读操作还是写操作,都要指定存储单元的地址。用于按地址确定存储单元位置的器件,称为地址译码器,它以存储单元的地址作为输入,输出即为存储单元的选择信号。图 4.2 为地址译码器的示意图,对应某个地址输入,地址译码器只有一个输出信号有效,用于选择相应的存储单元。

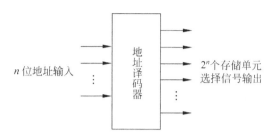

图 4.2 地址译码器功能框图

4.2.1 静态随机读写存储器

1. 静态随机读写存储器基本单元电路

存储器存储信息的最小单位是"位",用于存储 1 位二进制信息的电路称为存储器的基本单元电路。图 4.3 为典型的 SRAM 基本单元电路,它由 6 个 MOS 管 $T_1 \sim T_6$ 组成。

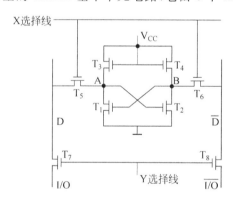

图 4.3 六管 SRAM 基本单元电路

在图 4.3 中,$T_1 \sim T_4$ 组成一个触发器,以 A 点的状态作为主信息状态,A 点为高电平状态,表示所存的信息为 1,否则为 0。A、B 两点的电平状态总是相反的,并且通过 T_1 和 T_2 使各自的状态保持稳定。D 线是基本单元的位数据线,无论是读出还是写入,数据都要通过 D 线传输。D 线与 A 点之间由 T_5 作为开关控制通、断,因此,进行读、写操作时,X 选择线必须为高电平,控制 T_5 导通。但是,D 线只是基本单元的内部数据线,它与数据 I/O 线之间由 T_7 控制通、断,因此,若要将读出的数据向外传送,或者要将外部的数据写入,还必须使 Y 选择线为高电平,控制 T_7 导通。可见,无论对该基本单元做读出操作还是写入操作,均必须使 X 选择线和 Y 选择线同为高电平。由于 A、B 两侧电路是对称的,做读操作时,B 点的状态也会被读出,但不被送上 I/O 线;做写操作时,则必须将互为相反的两位数据分别从 I/O 线和 $\overline{\text{I/O}}$ 线同时送达 A 点和 B 点,才能使写入的数据处于稳定状态。

2. 存储阵列

一个 SRAM 芯片内集成了大量基本单元电路,它们被组织成阵列结构,称为存储阵列。图 4.4 所示为存储阵列的示意图。

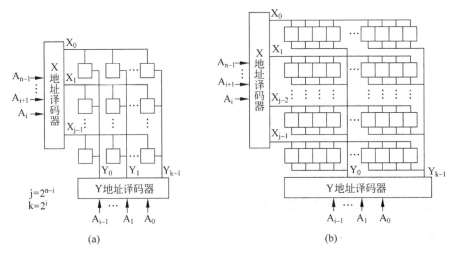

图 4.4　存储阵列示意图

在图 4.4 中,每个方块表示一个基本单元电路,全部基本单元排列成存储阵列。存储阵列的每一行由一根 X 选择线选择,而一根 Y 选择线可以选择一列(如图 4.4(a)所示),也可以同时选择多列(如图 4.4(b)所示)。用于访问存储器的地址被分为两部分,分别作为 X 地址译码器和 Y 地址译码器的输入,X 选择线和 Y 选择线就是对应的地址译码器产生的输出。当给定一个地址后,就有唯一的一根 X 选择线和一根 Y 选择线有效(为高电平),而同时与这对选择线相连接的基本单元就被选中,可以进行数据的读/写。图 4.4(a)中,一根 Y 选择线只选择 1 列,因此,对应每个地址输入,只有一个基本单元被选中,只能进行 1 位数据的读/写;图 4.4(b)中,一根 Y 选择线可选择 4 列,因此,对应每个地址输入,就有 4 个基本单元被选中,可以同时进行 4 位数据的读/写(为了重点描述基本单元的选择方式,图中未画出数据传输控制部分)。

图 4.4 中这种采用 X 和 Y 两个地址译码器来交叉选择基本单元的方式,称为双译码方式。相对单译码方式而言,双译码方式的优点是,地址译码器及其输出驱动电路比较简单。

3. SRAM 芯片的外部引脚和内部结构

主存是由多个存储芯片按一定的要求组成的,主存的容量就是各个存储芯片容量的总和。存储芯片及主存的容量均可用以下方式说明:

$$存储芯片或主存容量＝字数×字长$$

其中,"字数"就是存储单元数;"字长"就是存储单元的位数。

例如,某存储芯片的容量为 16K×4,则表示该芯片中集成了 16K(2^{14})个字,每个字的长度为 4 位。又如,某机主存容量为 256M×32,则表示该主存有 256M(2^{28})个字,每个字的长度为 32 位,该主存的容量也可换算成 1024M×8,即 1024MB 或 1GB(2^{30}字节)。

一个 SRAM 存储芯片上,需要安排四类信号引脚,分别是地址引脚、数据引脚、控制引脚和电源引脚。地址引脚用来接收存储单元的地址,以便在芯片内选择所需读/写的存储单元。控制引脚包括片选引脚和读/写控制引脚;片选引脚是存储芯片的总控制(也称使能控制)引脚,只有片选引脚上接收到有效的片选信号,存储芯片才能做读/写操作;读/写控制引脚用于控制存储芯片做读或写操作。数据引脚是存储芯片的数据输入输出引脚,通常采用双向传输,即写操作时,作为数据输入引脚,读操作时,作为数据输出引脚。电源引脚用于将芯片连接到电源上,包括连接到电源正、负(即接地)两极的引脚 V_{CC} 和 GND。

以上 4 类引脚中,地址引脚和数据引脚的数量与存储芯片的容量直接相关,通过存储芯片的字数和字长,可以计算出芯片上所需的地址引脚和数据引脚的数量。如容量为 16K×4 的 SRAM 芯片,其字数为 $16K=2^{14}$,即芯片上需要 14 位地址,才能满足芯片内 2^{14} 个字的编址需要,因此,芯片上有 14 个地址引脚;而字长为 4,则说明芯片上需要 4 个双向数据引脚,以满足每个字 4 位数据的同时读出或写入。如图 4.5 所示,为 16K×4 SRAM 芯片结构示意图。

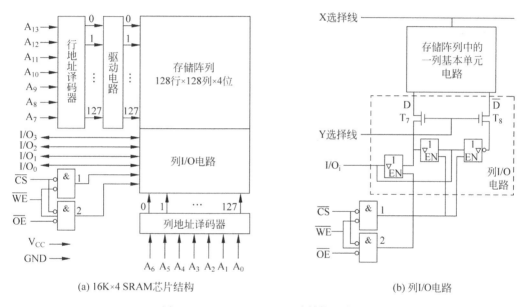

(a) 16K×4 SRAM芯片结构　　　　　　　　(b) 列I/O电路

图 4.5　16K×4 SRAM 芯片结构示意图

在图 4.5(a)中,芯片上的 14 位地址被分为行地址($A_{13}\sim A_7$)和列地址($A_6\sim A_0$)两部分,分别作为行地址译码器和列地址译码器的输入,经译码分别产生 128 根行(X)选择线和 128 根列(Y)选择线;一根行选择线选择 1 行,而一根列选择线需同时选择 4 列(因为字长为 4 位)。由于一根行选择线上连接的基本单元电路很多,其所带的电容负载很大,因此,需要在行地址译码器的输出端加上驱动器,来提高行选择线的负载能力。$I/O_3\sim I/O_0$ 是芯片的 4 位双向数据引脚。芯片上有三个控制引脚:$\overline{CS}$、$\overline{WE}$ 和 $\overline{OE}$。其中,$\overline{CS}$ 是片选引脚,低电平有效,即 $\overline{CS}=0$ 时,允许芯片做读/写操作;$\overline{WE}$ 是写控制引脚,低电平有效,即 $\overline{WE}=0$ 时,允许执行写操作;$\overline{OE}$ 是输出(即读出)控制引脚,低电平有效,即 $\overline{OE}=0$ 时,允许数据读出;$\overline{WE}$ 和 $\overline{OE}$ 不能同时为有效状态。"与"门 1 的输出为芯片内部的写操作控制信号,"与"门 2 的输出为芯片内部的读操作控制信号,它们都作用于列 I/O 电路上,控制数据的写入与读出。

图 4.5(b)是对列 I/O 电路的描述。存储阵列中的一列基本单元共用一对 T_7 和 T_8 管，由列(Y)选择线控制其导通或截止。在行、列选择线均为高电平时，如为读操作，则"与"门 2 的输出有效(高电平)，控制输出三态缓冲器导通，使 D 线上的数据输出到 I/O 线上；如为写操作，则"与"门 1 的输出有效(高电平)，控制输入三态缓冲器导通，I/O 线上的数据被分为正、反两个状态，同时经 D 线和 $\overline{D}$ 线写入被选中的基本单元。

不同容量的 SRAM 芯片，其结构特征是相似的，主要是在存储阵列的规模、地址引脚和数据引脚的数量上有一些差异。在控制引脚上，有些 SRAM 芯片不设 $\overline{OE}$ 引脚，只用 $\overline{WE}$ 引脚来控制读和写，即 $\overline{WE}=0$ 时，控制写操作，$\overline{WE}=1$ 时，控制读操作。

4．SRAM 的读/写时序

对存储器进行一次读/写操作，需要涉及地址、数据和控制三类信号的传递。根据存储器操作的特点，对任何存储单元的读/写，总是需要先传送地址信号，再传送控制信号(包括片选和读/写控制)，最后传送数据信号。各种 SRAM 芯片，都会根据自身的性能特点，对上述三类信号的传递制定一个时序规则，规定各种信号何时传送(包括最早和最迟传送时间)，需要保持多长时间等。

存储器的读周期或写周期，是指对存储器做一次读操作或写操作至少需要经历的时间。图 4.6 描述的是 SRAM 的读周期和写周期中，各类信号的时序关系。

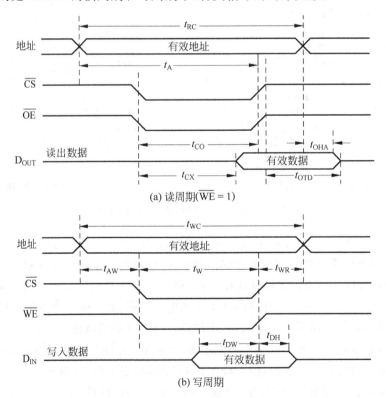

图 4.6　SRAM 的读周期和写周期

需要说明的是,图 4.6 中的 SRAM 读/写周期,是按存储芯片本身的最小时序要求来描述的,实际的系统中,由于存储器外其他因素造成的延时,读写周期还会有所延长。

图 4.6(a)所示为 SRAM 的读周期时序。从图中可以看到,一次读操作的基本过程是:地址最先出现,经过一段延时后,片选 $\overline{CS}$ 有效(低电平),芯片被选中,随之输出允许 $\overline{OE}$ 有效(低电平),发出读控制命令,经过一段延时后,存储器读出数据并送上数据 I/O 线,待数据稳定后,$\overline{CS}$ 和 $\overline{OE}$ 变为无效,随之地址失效,但 I/O 线上的数据在地址失效后,仍需保持一段时间后才撤销。下面说明读操作过程中的几段重要时间:t_{CX} 是从 $\overline{CS}$ 有效到数据被读出所需的最短时间,数据读出后,还要经过一段时间,才能在 I/O 线上达到稳定;t_{CO} 是从 $\overline{CS}$ 有效到数据输出稳定所需的最短时间,数据输出稳定后,$\overline{CS}$ 和 $\overline{OE}$ 变为无效;t_A 是从地址有效到数据输出稳定所需的最短时间,这段时间被称为读出时间,显然,要使数据能按 t_A 时间读出,$\overline{CS}$ 最迟必须在 $t_A - t_{CO}$ 时刻有效,$\overline{OE}$ 也必须在数据被读出之前有效,否则会使 t_A 延长;t_{RC} 是从地址有效到地址失效所需的最短时间,这段时间就是读周期时间,它是两次连续的读操作所需间隔的最小时间,如果 $\overline{CS}$ 和 $\overline{OE}$ 配合不当,t_{RC} 就会被延长;从 $\overline{CS}$ 无效到地址失效之间的延时,称为读恢复时间;t_{OTD} 是从 $\overline{CS}$ 无效到数据从 I/O 线上撤销(I/O 线变为高阻态)之间的延时,t_{OHA} 是地址失效后,数据仍在 I/O 线上保持的时间,延长数据在 I/O 线上的保持时间,是为了确保数据被可靠读取。

图 4.6(b)所示为 SRAM 的写周期时序。与读操作相比,写操作会改变存储器所存的内容,因此,对写控制信号 $\overline{WE}$ 何时有效,何时无效,有严格的时间要求,以避免对存储器产生误写。一次写操作的基本过程是:地址最先出现,经过一段延时后,$\overline{CS}$ 有效(低电平),芯片被选中,在地址稳定后,$\overline{WE}$ 有效(低电平),发出写控制命令,随后,将需写入的数据放上数据 I/O 线,待数据写入后,$\overline{CS}$ 和 $\overline{WE}$ 无效,随之数据撤销,地址失效。下面说明写操作过程中的几段重要时间:$\overline{WE}$ 必须要等到地址完全稳定后才能有效(即变为低电平),t_{AW} 就是从地址有效到 $\overline{WE}$ 有效所需间隔的最小时间;t_W 是从 $\overline{WE}$ 有效到完成数据写入所需的最短时间,被称为写入时间;为了保证数据在 t_W 时间内写入,数据最迟必须在 $t_{AW} + t_W - t_{DW}$ 时刻之前已经在 I/O 线上稳定,否则会使 t_W 延长;t_{DH} 是 $\overline{CS}$ 和 $\overline{WE}$ 无效后,数据在 I/O 线上保持的时间,此时地址仍然有效,以保证数据被可靠写入;t_{WR} 是从 $\overline{WE}$ 无效到地址失效所需间隔的最小时间,被称为写恢复时间,其作用是保证地址在 $\overline{WE}$ 无效后再改变,以免发生误写;t_{WC} 是从地址有效到地址失效所需的最短时间,这段时间就是写周期时间,它是两次连续的写操作所需间隔的最小时间,$t_{WC} = t_{AW} + t_W + t_{WR}$,如果 $\overline{CS}$、$\overline{WE}$ 及需写入的数据在时间上配合不当,t_{WC} 就会被延长。

值得指出的是,无论读周期或写周期,都定义为从地址有效,到地址失效(即可以改变为其他地址)的时间。也就是说,地址必须在整个读或写周期中一直保持不变。

为了控制方便,一般取读周期=写周期,并统称为存储周期。

4.2.2 动态随机读写存储器

1. DRAM 基本单元电路

DRAM 与 SRAM 在存储信息的原理上是不同的。SRAM 基本单元电路用一个触发器的两个稳定状态来表示 1 位二进制信息,而 DRAM 基本单元电路则用一个电容的两种状态——充满电荷与不带电荷——来表示 1 位二进制信息。

图 4.7 所示为单管 DRAM 基本单元电路,它由一个 MOS 管 T_1 和一个电容 C 构成。C 充满电荷时,表示 1,不带电荷时,表示 0;T_1 在 C 与数据线 D 之间起开关作用。C_D 是数据

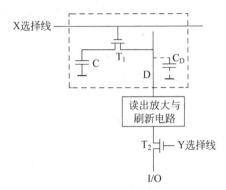

图 4.7　单管 DRAM 基本单元电路

线上的分布电容,通常要比 C 大。读出放大及刷新电路以及 T_2 都是基本单元的外围电路。DRAM 基本单元也采用 X 选择线和 Y 选择线进行交叉选择,即只有 X 和 Y 两条选择线都有效(高电平)的基本单元,才能被选中进行读/写操作。

对被选中的基本单元写入时,X 和 Y 选择线有效,T_1 和 T_2 导通,如数据 I/O 线上的写入数据为 1(高电平),则形成对电容 C 的充电,使基本单元存储 1;如数据 I/O 线上的写入数据为 0(低电平),则形成对电容 C 的放电,使基本单元存储 0。

对被选中的基本单元读出时,X 和 Y 选择线有效,T_1 和 T_2 导通,如电容 C 所存数据为 1(充满电荷),则电容 C 通过 T_1 向数据线 D 放电,形成放电电流,因为分布电容 C_D 的存在,数据线 D 上的电流十分微弱,因此需要一个灵敏度很高的读出放大器,对 D 线上的电流信号进行放大并转换为正常的高电平信号,再输出到数据 I/O 线上,表示读到 1;如电容 C 所存数据为 0(不带电荷),则数据线 D 上没有放电电流,I/O 线上得到低电平,表示读到 0。

对于存有 1 的基本单元,在执行读操作后,其电容 C 上所存的电荷会泄放掉,使存储的信息遭到破坏。因此,每次读操作之后,必须对所读的基本单元进行再生,使其存储的信息恢复原状。再生工作由刷新电路自动完成,如果读出放大器的输出为高电平,则刷新电路就会利用此高电平向电容 C 充电,使其恢复原来存储的 1。

2. DRAM 的定时刷新

如前所述,DRAM 的读操作对所存储的信息具有破坏性,因此,在对 DRAM 做读操作后,需要对其所存信息进行再生(或刷新)。实际上,即使不对 DRAM 做读操作,其基本单元电路中的电容 C 也会随着时间的推移和温度的升高而泄漏电荷,因此,DRAM 面对的不是一个基本单元的刷新,而是整个存储器的刷新,而且,这种刷新必须按一定的周期重复进行下去,这个周期称为刷新周期。典型的刷新周期是 2ms,即必须每 2ms 就对整个 DRAM 存储器全面刷新一遍,这样才能确保存储器存储的信息不会丢失。这种按刷新周期进行的规律性刷新操作,称为定时刷新。定时刷新与读操作后伴随的刷新是有区别的,读操作伴随

的刷新是随机的、局部的，而定时刷新是规律性的、全面的；读操作时有数据被读出，但定时刷新是 DRAM 自身的维护，与读/写操作无关，不能伴随数据的读出或写入。

在一个刷新周期内，如何完成对整个 DRAM 存储器的刷新呢？先看单个 DRAM 芯片的刷新方法。与 SRAM 相似，DRAM 芯片内集成的大量基本单元电路也是排列成存储阵列的，采用双译码方式，由行(X)地址译码器和列(Y)地址译码器产生行(X)选择线和列(Y)选择线，对所需读/写的基本单元进行交叉选择，其中，一根行选择线只选择存储阵列的一行，一根列选择线则可以选择存储阵列的多列，此外，存储阵列的一列共用一套读出放大和刷新电路。在做读操作时，某根行选择线有效(高电平)，这将使对应的一整行基本单元电路中的 T_1 管都导通，即这一行上每个基本单元电路中的电容 C，都会将自己所存的信息传输到所在列的读出放大和刷新电路，由刷新电路对其实施刷新。可见，在对 DRAM 芯片刷新时，是对其存储阵列按行刷新的，即需要在一个刷新周期内，对存储阵列逐行刷新一遍。这种逐行刷新，使用一个刷新计数器自动顺序产生刷新行号，并作为行地址输入行地址译码器，使对应的行选择线有效，从而选中并刷新存储阵列的一行。

一个 DRAM 存储器通常由多个 DRAM 芯片组成，为了减少刷新操作所用的时间，采取所有芯片统一刷新的方式。即用一个统一的刷新计数器，将产生的刷新行号送到每个芯片，使每个芯片同时刷新各自的存储阵列的同一行。这就使得刷新整个 DRAM 存储器的时间等同于刷新一个 DRAM 芯片的时间。

刷新一行要用多少时间？一个刷新周期内，又如何安排对存储阵列各行的刷新呢？一次刷新操作的过程，其实就是将电容 C 存储的信息读出，经读出放大电路放大后，再由刷新电路写回的过程，这个过程与一次读操作的过程相比，只是没有数据被读出到数据 I/O 线而已。所以，刷新一行所用的时间，就是一次读操作的时间，即一个读周期时间。对整个存储阵列的刷新，主要有两种方式：

（1）集中刷新方式。这种方式在一个刷新周期内，集中一段时间(如刷新周期开始后或结束前的一段时间)逐行刷新整个存储阵列。由于刷新期间不能对存储器进行读/写操作，因此，这段集中刷新时间被称为"死时间"。由于"死时间"比较长，造成 CPU 有较长时间不能正常工作，这可能会使系统中的一些突发紧急事件得不到及时处理，引起系统出错。

（2）分散刷新方式。这种方式将对存储阵列各行的刷新操作均匀地分散在整个刷新周期内进行，相邻两行的刷新间隔时间为：刷新周期÷存储阵列行数。两行之间的刷新间隔时间里，CPU 可以正常地访问存储器，因此，不会形成较长的"死时间"，对整个系统的可靠运行有利。

【例 4.1】 设某 DRAM 存储器芯片的存储阵列为 256×256，刷新周期为 2ms，读周期为 $0.1\mu s$，整个存储器由 16 个芯片组成。试计算在一个刷新周期内，用于存储器刷新的总时间和可供 CPU 访问存储器的总时间各是多少？如采用分散刷新方式，相邻两行的刷新间隔时间是多少？

解：读周期时间就是一次刷新操作(刷新一行)的时间，且刷新整个存储器的时间等于刷新一个芯片的时间，所以，用于刷新存储器的总时间是

$$0.1 \times 256 = 25.6(\mu s) = 0.0256(ms)$$

因此，一个刷新周期内可供 CPU 访问存储器的总时间是

$$2 - 0.0256 = 1.9744(ms)$$

分散刷新方式相邻两行的刷新间隔时间是

$$2 \div 256 \approx 0.007\ 81(\text{ms}) = 7.81(\mu\text{s})$$

分散刷新方式是实际使用最多的一种刷新方式,它使用一个刷新定时器,以相邻两行的刷新间隔时间为周期,产生连续的定时脉冲,每个脉冲启动一次刷新操作,刷新存储阵列的一行。

为了在定时刷新期间阻止数据的读出和写入,刷新操作时,不允许列地址译码器工作,只允许行地址译码器工作,并接收刷新行号作为行地址。这样只会有行选择线有效,而不会有列选择线有效,所有数据 I/O 线上的 T_2 管都截止,故不会有数据的读出和写入。

3. DRAM 芯片的外部引脚和内部结构

DRAM 芯片上也同样有地址引脚、数据引脚、控制引脚和电源引脚。与 SRAM 芯片相比,DRAM 芯片的容量要大得多,芯片所需的地址位数也多得多。为了减少芯片上的引脚数,若芯片需要 n 位地址,则芯片上只设置 $\lceil n/2 \rceil$ 个地址引脚,全部地址需要分两次传送,先传送的部分地址作为行地址,后传送的部分地址作为列地址。为了控制两部分地址的接收,芯片上设置了两个控制引脚:$\overline{\text{RAS}}$(行地址选通)和 $\overline{\text{CAS}}$(列地址选通)。$\overline{\text{RAS}}$ 控制行地址的接收和锁存,$\overline{\text{CAS}}$ 控制列地址的接收和锁存,显然,$\overline{\text{RAS}}$ 要先于 $\overline{\text{CAS}}$ 有效(均为下降沿有效)。DRAM 芯片一般不设置片选引脚,而是以 $\overline{\text{RAS}}$ 和 $\overline{\text{CAS}}$ 来替代片选,因为,只有 $\overline{\text{RAS}}$ 和 $\overline{\text{CAS}}$ 都有效,芯片才能获得完整的地址,并进行读/写操作。

图 4.8 所示,是容量为 $16\text{K} \times 1$ 的 2118 DRAM 芯片结构框图。由于芯片内集成的存储字数为 $16\text{K}(2^{14})$,因此芯片内共需要 14 位地址,而芯片上则只设置 7 位地址引脚。先送入的 7 位地址(高 7 位),被先有效的 $\overline{\text{RAS}}$ 存入行地址锁存器,而后送入的 7 位地址(低7 位),则被后有效的 $\overline{\text{CAS}}$ 存入列地址锁存器。

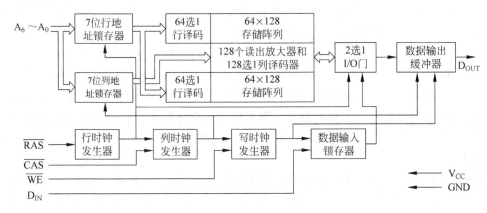

图 4.8　2118 DRAM 芯片结构框图

$\overline{\text{CAS}}$ 还控制着写时钟发生器和数据输出缓冲器,因此,只有 $\overline{\text{CAS}}$ 有效,才允许数据输入或输出芯片。$\overline{\text{WE}}$ 是读/写控制命令,$\overline{\text{WE}}=0$,控制写操作;$\overline{\text{WE}}=1$,控制读操作。当 $\overline{\text{WE}}=0$ 时,允许输入数据 D_{IN} 存入数据输入锁存器,再经 I/O 门写入存储阵列;同时,$\overline{\text{WE}}=0$ 也阻止了数据输出缓冲器将数据输出,即写操作时,禁止数据被读出。当 $\overline{\text{WE}}=1$ 时,不产生写时钟,禁止输入数据 D_{IN} 存入数据输入锁存器,同时,开放数据输出缓冲器,允许读出数据。

2118 芯片的存储阵列为 128 行×128 列,128 根行选择线由两个 64 选 1 译码器产生。因为 64 选 1 译码器只需 6 位地址输入,所以,7 位行地址中,最高位不参加译码,其余 6 位被同时作为两个 64 选 1 译码器的输入。按照这种做法,一个行地址会在两个行译码器上各产生一个有效输出,同时选中存储阵列的两行,在某根列选择线有效时,就会同时有两个基本单元被选中,因此,还要根据行地址最高位的状态(0 或 1),控制 2 选 1 I/O 门,选择其中一个基本单元进行读/写。这种做法最大的好处是,刷新时,一次可以刷新两行,使刷新操作占用的时间减少了 50%,提高了存储器的工作效率。

2118 芯片内没有刷新操作所需的刷新计数器、刷新定时器等电路,需要由芯片外的辅助电路提供。刷新时,$\overline{RAS}$有效,将刷新计数器产生的刷新行号作为行地址锁存,而$\overline{CAS}$无效,禁止了数据的读出和写入。更为先进,且容量更大的 DRAM 芯片中,通常集成了刷新定时器和刷新计数器,这样就简化了 DRAM 存储器的外围电路。

4. DRAM 的读/写时序

先说明$\overline{RAS}$,$\overline{CAS}$以及地址之间的时序关系。如图 4.9 所示,$\overline{RAS}$先于$\overline{CAS}$有效,行地址和列地址分别由$\overline{RAS}$和$\overline{CAS}$的下降沿存入行地址锁存器和列地址锁存器。t_1 和 t_2 分别是行地址和列地址在$\overline{RAS}$和$\overline{CAS}$的下降沿到来之前所需的建立时间,t_3 和 t_4 则分别是行地址和列地址在$\overline{RAS}$和$\overline{CAS}$的下降沿到来之后的保持时间。从$\overline{RAS}$有效到$\overline{CAS}$有效,有一个最小延迟时间和最大延迟时间,之间的差值为$\overline{CAS}$的时间窗。$\overline{RAS}$和$\overline{CAS}$的高、低电平宽度均有最小时间的规定,$\overline{CAS}$的上升沿可以在$\overline{RAS}$的低电平或高电平期间出现。

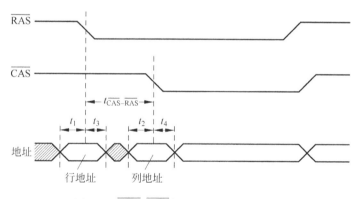

图 4.9 $\overline{RAS}$,$\overline{CAS}$与地址之间的时序关系

图 4.10(a)所示为 DRAM 的读工作时序(地址省略)。读工作周期 t_{RDC} 是指 DRAM 完成一次“读”所需的最短时间,也是$\overline{RAS}$的一个周期时间。为了确保数据的正常读出,读命令$\overline{WE}=1$ 应在列地址送入前(即$\overline{CAS}$下降沿到来前)建立,并保持到$\overline{CAS}$的上升沿之后再撤销。在$\overline{RAS}$和$\overline{CAS}$均有效后,经一段时间的延时,数据被读出,并一直保持到读命令撤销之后才撤销。

图 4.10(b)所示为 DRAM 的写工作时序(地址省略)。对写工作方式,$\overline{RAS}$的一个周期时间 t_{WRC},就是写工作周期。为了保证数据的可靠写入,写命令$\overline{WE}=0$ 和需要写入的数据 D_{IN},都必须在$\overline{CAS}$下降沿到来前建立,且都必须在$\overline{CAS}$有效后保持一段时间。

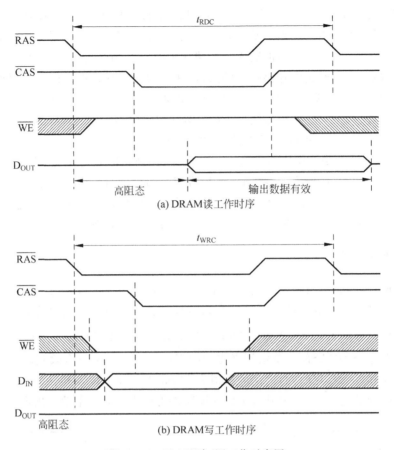

图 4.10　DRAM 读/写工作时序图

读、写工作周期中的各种时间，是 DRAM 芯片的重要参数，可从芯片技术资料中查到，应用时需要特别注意。

5. DRAM 与 SRAM 的比较

DRAM 基本单元电路简单，所以其芯片容量大，功耗低，位价格低；但由于其为动态元件，所以读写速度较慢，且由于其需要刷新，外围电路也较为复杂。

SRAM 基本单元电路较复杂，芯片容量较小，功耗较高，位价格也较高；但 SRAM 的读写速度较快，且不用刷新，因此，工作效率高。

计算机中，利用 DRAM 容量大、价格低的特点，用其作为构造主存的主要器件；同时，利用 SRAM 读写速度快的特点，用其构造容量较小的高速缓冲存储器（cache）。

6. DRAM 技术的发展

为了提高 DRAM 的读写速度，DRAM 芯片技术也在不断地发展，陆续推出了多种高性能的 DRAM 芯片，如带 cache 的 DRAM（CDRAM）、扩展数据输出 DRAM（EDO DRAM）、同步 DRAM（SDRAM）、双倍数据速率同步 DRAM（DDR SDRAM）等。下面仅简单介绍目前主流的 SDRAM 技术。

普通的 DRAM 与 CPU 之间是按异步方式工作的,即 CPU 将地址和控制信号(写操作时还有数据信号)送到存储器后,就由存储器执行内部操作(即按地址进行数据的读出或写入),而在这段时间内,CPU 处于等待状态,因此影响了系统性能。之所以会这样,是因为 CPU 是按系统时钟的节拍工作的,而普通 DRAM 的内部操作是不按系统时钟节拍进行的。

相比之下,SDRAM 能够与 CPU 一样按系统时钟的节拍工作,两者之间是同步的。在系统时钟的统一控制下,CPU 将地址和控制信号(写操作时还有数据信号)送到 SDRAM,而 SDRAM 将这些信号锁存,然后执行其内部操作。由于 SDRAM 也采用系统时钟控制,其内部操作所需的时钟周期数是确定的,因此,在此期间,CPU 不用等待 SDRAM,而可以去执行其他操作,待规定数量的时钟周期过后,CPU 再对 SDRAM 做出响应(如将 SDRAM 读出的数据取回)。

此外,SDRAM 还支持猝发访问模式。所谓猝发访问,是指快速连续访问存储芯片中行地址相同,而列地址连续变化的一组存储单元。在这种模式下,CPU 只需发出第一个数据的地址和连续访问的数据个数,在第一个数据被读出后,每过一个时钟周期就可以读出下一个数据。

SDRAM 芯片内部有两个存储体(存储阵列),可以并行操作,并交替地与外部交换数据。

在 SDRAM 基础上发展而来的双倍数据速率 SDRAM(DDR SDRAM),可以在一个时钟周期的上升沿和下降沿各做一次访问(即一个时钟周期做两次访问),即使系统时钟的频率不变,也能使存储器的访问速率提高一倍。继 DDR 之后又推出了 DDR2,在外部时钟频率提高一倍的前提下,DDR2 的访问速率是 DDR 的两倍。

4.2.3 只读存储器

只读存储器(ROM)中所存的信息是在特殊环境和条件下存入的,在正常的工作状态下,只能将其所存的信息读出使用,但不能存入新的内容,也不能对其原有内容进行修改。只读存储器保存信息不需要电源支持,属非易失性存储器。

半导体只读存储器分为掩膜 ROM 和可编程 ROM 两大类。

1. 掩膜 ROM

掩膜 ROM 芯片中所存的信息,是在芯片生产过程中制作进去的。一旦制成后,其内容固定,不可改变。

图 4.11 所示为一个 4×4 掩膜 ROM 的原理图。图中,以一个 MOS 管作为一个基本单元,16 个基本单元排成 4×4 的阵列。由于只有 4 个字,字地址只需 2 位,因此采用单译码方式,用一个"2 入 4 出"的字译码器产生 4 根字选择线,每根字选择线选择一个 4 位的字。当某根字线有效(高电平)时,该字的 4 位数据分别从 4 根位线输出。若某位上 MOS 管的栅极与字线相连,则对应的位线上输出 0,否则输出 1。如 $A_1 A_0 = 00$ 时,W_0 有效,读出的 4 位字是 0110;$A_1 A_0 = 10$ 时,W_2 有效,读出的 4 位字是 1001。

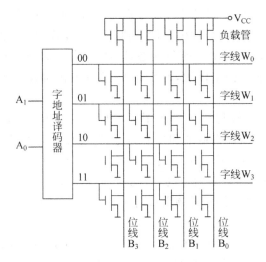

图 4.11　4×4 掩膜 ROM 原理图

2. 可编程 ROM

在特殊条件下向 ROM 写入数据的过程,称为对 ROM 编程。可编程 ROM 有 PROM,EPROM 和 EEPROM(E^2PROM)三种。

PROM 是一种只能进行一次编程的只读存储器,即写入 PROM 中的数据不能被擦除和重写。由于使用上不方便,现在已经很少使用这种器件了。

EPROM 是一种可擦除可编程只读存储器,其基本单元电路如图 4.12(a)所示。图中,FAMOS 是一个浮置栅雪崩注入型 MOS 管,它是构成 EPROM 基本单元电路的主要器件。从电路中可以看到,在字线有效时,若 FAMOS 管的栅极不带电,则 FAMOS 管截止,位线上输出为 1,若 FAMOS 管的栅极带电,则 FAMOS 管导通,位线上的电平被拉低,输出为 0。EPROM 器件出厂时,所有基本单元电路中的 FAMOS 管的浮置栅均不带电,因此,可以认为器件中存储的信息全部为 1。

图 4.12(b)是 FAMOS 管的结构图,如图所示,多晶硅栅浮置于 SiO_2 绝缘层中,与周围无电的接触,被称为浮置栅。在 N 型半导体基片上制作两个高浓度的 P 型区,分别引出源极 S 和漏极 D,源极和漏极是对称的,可以互换使用。当浮置栅不带电时,漏极和源极之间无法形成导电沟道,管子处于截止状态,相当于存储了二进制信息 1。如需存储二进制信息 0,就要使管子导通,方法是:在漏极和源极之间加上 25V 的高压(正常工作电压为 5V),使两极间产生足够强的电场,驱使电子穿过 SiO_2 绝缘层(称为"雪崩"),注入浮置栅中,在编程脉冲(宽度为 50ms)的控制下,浮置栅中注入了足够多的电子;当漏、源极间的高电压撤销后,由于 SiO_2 绝缘层的作用,浮置栅中的电子无法泄漏而被保存下来,使浮置栅带上负电。带负电的浮置栅吸引 N 型基片中的空穴(正电子)而排斥电子,于是,在漏极和源极的两个 P 型区之间形成空穴导电的 P 型沟道,使漏、源极之间导通,相当于管子存储了二进制信息 0。

在自然环境中,存入浮置栅中的电子可以保持很长时间(10 年以上),因此,可以认为写入 EPROM 中的数据是不会丢失的。如果要擦除 EPROM 中存储的数据,可以采用光子能

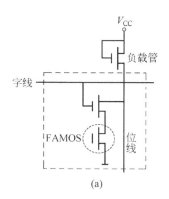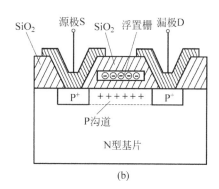

图 4.12　EPROM 基本单元电路及 P 沟道 FAMOS 管结构图

量较高的紫外线或 X 射线照射 FAMOS 管的浮置栅,就能使浮置栅中的电子获得光子的能量而突破 SiO_2 绝缘层,重新回到基片中,从而达到擦除数据的目的。为此,EPROM 芯片上设置了一个石英玻璃窗口,以便接受紫外线灯的照射。EPROM 只能整片擦除,擦除后的 EPROM 芯片可以重新编程;EPROM 的重复擦、写次数不受限制。EPROM 芯片上需要提供两种电压:正常工作电压(5V)和编程电压(25V)。

EEPROM(E^2PROM)是采用电擦除的可擦除可编程只读存储器。EEPROM 的基本单元电路采用一个 SAMOS 管作为主要器件。SAMOS 管在 FAMOS 管的基础上,又增加了一个控制栅,且浮置栅与漏极之间有一小块区域的 SiO_2 绝缘层很薄,可产生隧道效应。编程时,在漏极与源极之间加负电压造成雪崩(由于隧道效应,雪崩较易发生),同时,控制栅上加正电压,吸引电子加快注入浮置栅,完成写 0 操作;擦除时,源极加一个较大的正电压,而控制栅接地,在此电场的作用下,浮置栅中的电子穿过 SiO_2 绝缘层,通过源极释放掉,从而完成擦除操作。

EEPROM 由于采用了控制栅和隧道技术,使编程和擦除的速度加快,所用电压也较 EPROM 低,并可实现按字节编程和擦除(都只需 10ms);若按全片擦除,则需要 20ms。由于隧道处的 SiO_2 绝缘层很薄,容易受损,因此,EEPROM 的重复擦、写次数受到限制,一般在一万次左右。EEPROM 芯片上只需提供单一的 5V 电源,所需较高的编程和擦除电压由芯片内部的升压电路产生。

在计算机系统中,只读存储器用来存放一些固定不变,或很少需要改变的程序和数据(如微程序,基本输入输出系统(BIOS)程序包,键盘扫描码与 ASCII 码转换表等)。主存中通常将某块指定的存储空间划定为只读存储区,由只读存储器提供,存有 BIOS 等内容;一些较复杂的外设接口电路(如显示系统的接口,网络接口等)中,也使用只读存储器存放一些输入输出子程序等。存储在只读存储器中的程序或数据,只要系统一上电,就能使用,无须从磁盘等辅助存储器装入。

3. 闪速存储器

闪速存储器(Flash Memory)简称"闪存",是在 EPROM 和 EEPROM 的基础上发展出来的一种新型半导体存储器,其功能和价格介于 EPROM 和 EEPROM 之间。在基本单元的构造上,"闪存"与 EPROM 一样,存储一位信息只用一个晶体管,因此,芯片的存储容量大。在信息擦除方式上,"闪存"与 EEPROM 相似,也采用电擦除技术,可按片或按块擦除,但不能按字节擦除。"闪存"可以按字节读取和编程,速度快于 EEPROM,已接近 EDO DRAM(扩展数据输出动态存储器)的读写速度。"闪存"芯片采用单一电源(5V 或 3V)供电,擦除和编程所需的特殊电压由芯片内部产生,因此可以实现在系统擦除与编程。"闪存"也是典型的非易失性存储器,据测定,在正常使用情况下,其浮置栅中所存电子可以保存100 年而不丢失。

目前,"闪存"已广泛用于制作各种移动存储器,如 U 盘及数码相机/摄像机所用的存储卡等。由于成本原因,"闪存"尚不能完全取代硬磁盘存储器。

综上所述,"闪存"既具有 ROM 的非易失性优点,也具有 RAM 的随机读写特点,且集大容量、高速度、低价格于一体,因此,"闪存"是一种具有广阔应用前景的新一代存储器。

4.2.4　存储器与 CPU 的连接

1. 存储器容量的扩展

存储器是用多个存储芯片组成的,存储器的容量是组成存储器的所有存储芯片容量的总和。在用各种容量的存储芯片组成存储器时,需要用到下面的方法:

(1) 位扩展法。如果存储芯片的字数已达到存储器字数的要求,但芯片的字长不能满足存储器字长的要求时,可将多个芯片组合起来,即用各个芯片内地址编码相同的字,组合成一个符合存储器字长要求的字,这就是位扩展。用于位扩展的若干个芯片,构成一个存储芯片组。

位扩展只扩展字长,不扩展字数。即用多个芯片进行位扩展后,存储器的字数仍等于一个芯片的字数,但字长是各芯片字长之和。

如用 16K×4 的存储芯片组成 16K×16 的存储器时,存储芯片的字数(16K)与存储器的字数(16K)相同,但芯片的字长(4 位)达不到存储器字长(16 位)的要求,因此,采用位扩展法,用 4 个 16K×4 的芯片组合起来,使字长达到 16 位。

(2) 字扩展法。当存储芯片的字长已达到存储器字长的要求,但字数少于存储器的字数要求时,可用多个存储芯片叠加,来扩充存储器的字数,即将多个存储芯片的字数相加,来满足存储器字数的要求,这就是字扩展。显然,字扩展只扩充存储器字数,不改变字长。

如用 2K×8 的存储芯片组成 8K×8 的存储器时,存储芯片的字长(8 位)与存储器的字长(8 位)相同,但芯片的字数(2K)达不到存储器字数(8K)的要求,因此,采用字扩展法,用 4 个 2K×8 的芯片叠加起来,使字数达到 8K。

(3) 字、位扩展法。如果存储芯片在字长和字数上均不能满足存储器的要求,就要对字长、字数都做扩展。具体做法是:先进行位扩展,确定组成一个存储芯片组所需的芯片数,以及一个存储芯片组所能提供的存储字数(等于一个芯片的字数),然后,再以存储芯片组为单位,进行字扩展,确定整个存储器所需的芯片组数。

如用 16K×4 的存储芯片组成 64K×16 的存储器,先进行位扩展,以 4 个芯片为一组,一组存储芯片的容量是 16K×16,然后,用 4 组存储芯片叠加,使存储器容量达到64K×16。

2．SRAM 与 CPU 的连接

存储器与 CPU 连接时,涉及地址线、数据线以及控制线的连接。对 SRAM 芯片来说,其地址引脚、数据引脚及读/写控制引脚均可直接与 CPU 上的对应引脚相连,十分方便。

【例 4.2】 用 1K×4 的 SRAM 芯片组成 1K×8 的存储器,并完成与 CPU 的连接。

解： 本例中,存储芯片的字数等于存储器的字数,芯片的字长小于存储器的字长,所以要做位扩展,即用两个存储芯片组成一个存储芯片组。因为 1K(2^{10})字需要 10 位地址编码,所以存储芯片上有 10 个地址引脚。同一组存储芯片的地址、片选及读/写控制引脚都必须统一连接,数据引脚按位扩展方式连接。该存储器的组成及其与 CPU 的连接如图 4.13 所示。

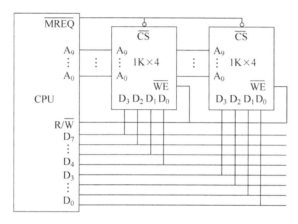

图 4.13 例 4.2 的存储器组成及其与 CPU 的连接图

图 4.13 中,两个存储芯片的数据引脚分别与 8 位数据总线的高 4 位($D_7 \sim D_4$)和低 4 位($D_3 \sim D_0$)相连,拼接成 8 位的宽度,体现了位扩展的特点；两个存储芯片的片选($\overline{CS}$)引脚、地址引脚和读/写控制($\overline{WE}$)引脚均统一连接,体现了同一个存储芯片组的各个芯片采取统一操作的特点,即同时被选中,同时按相同的地址进行相同的读/写操作。这样连接的目的,是为了使 CPU 能够按存储器的字长进行访问。此外,$\overline{MREQ}$ 是 CPU 发出的存储器访问请求信号,在 CPU 需要访存时有效,用它作为两个存储芯片的片选信号,目的是使存储芯片只有在 CPU 要求访问存储器时,才能被选中工作。

【例 4.3】 用 16K×8 的 SRAM 芯片组成 64K×8 的存储器,并完成与 CPU 的连接。

解： 显然,这是一个字扩展的问题。一个存储芯片可提供 16K 字的存储容量,因此,需要用 4 个存储芯片叠加,来满足存储器总共 64K 字的要求。下面从地址分析入手,来弄清存储器的组成方法。

由于该存储器的总容量为 64K(2^{16})字,因此,该存储器需要 16 位二进制地址,且其地址的范围是

$$0000000000000000 \sim 1111111111111111$$

又因为 64K 字的存储器是由 4 个 16K(2^{14})字的存储芯片组合而成的,因此,划分到各存储芯片上的地址范围分别是

　　芯片 0：**00**000000000000000～**00**11111111111111
　　芯片 1：**01**00000000000000～**01**11111111111111
　　芯片 2：**10**00000000000000～**10**11111111111111
　　芯片 3：**11**00000000000000～**11**11111111111111

　　从以上 4 组地址可以看到：①相邻的组之间地址是连续的；②同一组地址中的最高两位是不变的,只有低 14 位从全 0 一直编码到全 1,这是因为芯片内只有 16K(2^{14})字,芯片上只需要 14 位地址；③各组地址的最高两位是互不相同的。

　　由此可见,存储器的 16 位地址可以分成两部分：低 14 位作为芯片内部存储字的地址；高 2 位用于芯片的识别和选择。该存储器的组成及其与 CPU 的连接如图 4.14 所示。

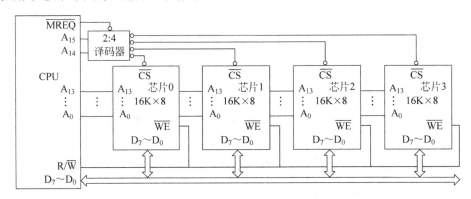

图 4.14　例 4.3 的存储器组成及其与 CPU 的连接图

　　图 4.14 中,用一个 2：4(2 入 4 出)译码器,对存储器的最高两位地址 A_{15} 和 A_{14} 进行译码,产生 4 个存储芯片的片选信号；$\overline{\text{MREQ}}$ 作为译码器的使能控制,即只有在 $\overline{\text{MREQ}}$ 有效(即 CPU 发出存储器访问请求)时,才允许译码器工作。此外,虽然 CPU 的地址、数据和读/写控制引脚统一连接到 4 个存储芯片上,但并不会造成 4 个存储芯片同时按地址进行读/写,因为每次访问存储器时,译码器只能产生一个有效输出,只能选中一个芯片执行读/写操作。

　　【例 4.4】　用 1K×4 的 SRAM 芯片组成 4K×8 的存储器,并完成与 CPU 的连接。

　　解：这是一个典型的字、位扩展问题。首先进行位扩展,用两个存储芯片构成一个存储芯片组,其存储容量为 1K×8(即 1K 字)。然后,以存储芯片组为单位,进行字扩展,显然,整个存储器需要用 4 个存储芯片组组成。

　　下面进行地址分析。整个存储器为 4K(2^{12})字,因此,该存储器需要 12 位二进制地址,且其地址的范围是

$$000000000000～111111111111$$

　　又因为 4K 字的存储器是由 4 个 1K 字的存储芯片组组成的,因此,划分到各存储芯片组上的地址范围分别是

　　　　组 0：**00**0000000000～**00**1111111111
　　　　组 1：**01**0000000000～**01**1111111111
　　　　组 2：**10**0000000000～**10**1111111111
　　　　组 3：**11**0000000000～**11**1111111111

可见,存储器的 12 位地址分成两部分:低 10 位作为存储芯片组内部存储字的地址,统一连接到组内每个芯片上;高 2 位作为存储芯片组的识别和选择。组内各芯片的数据引脚与数据总线的连接方法跟位扩展法相同。该存储器的组成及其与 CPU 的连接如图 4.15 所示。

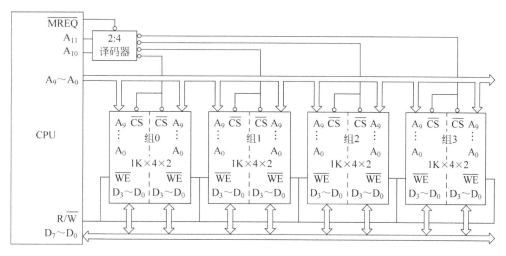

图 4.15 例 4.4 的存储器组成及其与 CPU 的连接图

需要注意的是,译码器的一个输出必须同时选择一个存储芯片组内的所有芯片。

例 4.3 和例 4.4 中,都是将存储器地址的低位部分作为存储芯片内部存储字的地址,而将存储器地址的高位部分用于选择所需访问的存储芯片(或存储芯片组),这种方式是计算机主存的主要组织方式。

【例 4.5】 CPU 的地址总线 16 根($A_{15} \sim A_0$,A_0 为低位),双向数据总线 8 根($D_7 \sim D_0$),控制总线中与主存有关的信号有 $\overline{MREQ}$(访存请求,低电平有效),$R/\overline{W}$(高电平为读命令,低电平为写命令)。

主存地址空间分配如下:0～8191 为系统程序区,由只读存储芯片组成;8192～32767 为用户程序区;最后(地址最高端)2K 地址空间为系统程序工作区。上述地址为十进制表示,按字节编址。现有以下存储芯片可供选用:容量为 8K×8 的 EPROM 芯片(与访存有关的控制引脚仅有 $\overline{CS}$);容量为 16K×1,2K×8,4K×8 和 8K×8 的 SRAM 芯片。试从以上存储芯片中选择适当的芯片设计该计算机主存储器,画出主存储器与 CPU 的连接图。

解:(1)选择存储芯片。系统程序区的存储单元数为

$$8191 - 0 + 1 = 8192 = 8K$$

所以,只需一个 8K×8 的 EPROM 芯片即可。用户程序区的存储单元数为

$$32767 - 8192 + 1 = 24576 = 24K$$

用户程序区要求能随机读写,因此需要用 SRAM 组成,最好的方案是用三个 8K×8 的 SRAM 芯片组成(该方案无须位扩展,且使用存储芯片数量最少,电路连接方便)。系统程序工作区为 2K,涉及数据的读/写,因此选用一个 2K×8 的 SRAM 芯片即可。

(2)地址分析。按题中给出的主存地址空间安排可知,主存最低 8K 地址空间为系统程

序区,紧接着的 24K 地址空间为用户程序区,最高端的 2K 地址空间为系统程序工作区。此外,$8K \times 8$ 的 EPROM 和 SRAM 芯片上都需要 13 位地址($8K = 2^{13}$),$2K \times 8$ 的 SRAM 芯片需要 11 位地址($2K = 2^{11}$)。表 4.1 中按 16 位二进制地址形式,给出了每个存储芯片的地址范围。

表 4.1　例 4.5 存储芯片地址范围表

存 储 芯 片		地址范围																
		A_{15}	A_{14}	A_{13}	A_{12}	A_{11}	A_{10}	A_9	A_8	A_7	A_6	A_5	A_4	A_3	A_2	A_1	A_0
EPROM	起:	**0**	**0**	**0**	0	0	0	0	0	0	0	0	0	0	0	0	0
$8K \times 8$	止:	**0**	**0**	**0**	1	1	1	1	1	1	1	1	1	1	1	1	1
SRAM0	起:	**0**	**0**	**1**	0	0	0	0	0	0	0	0	0	0	0	0	0
$8K \times 8$	止:	**0**	**0**	**1**	1	1	1	1	1	1	1	1	1	1	1	1	1
SRAM1	起:	**0**	**1**	**0**	0	0	0	0	0	0	0	0	0	0	0	0	0
$8K \times 8$	止:	**0**	**1**	**0**	1	1	1	1	1	1	1	1	1	1	1	1	1
SRAM2	起:	**0**	**1**	**1**	0	0	0	0	0	0	0	0	0	0	0	0	0
$8K \times 8$	止:	**0**	**1**	**1**	1	1	1	1	1	1	1	1	1	1	1	1	1
SRAM3	起:	**1**	**1**	**1**	**1**	**1**	0	0	0	0	0	0	0	0	0	0	0
$2K \times 8$	止:	**1**	**1**	**1**	**1**	**1**	1	1	1	1	1	1	1	1	1	1	1

显然,5 个存储芯片地址的最高 3 位($A_{15} \sim A_{13}$)互不相同,可用来对芯片进行识别和选择;此外,SRAM3 的高位地址除 $A_{15} \sim A_{13}$ 外,还有 A_{12} 和 A_{11},因此,对 SRAM3,A_{12} 和 A_{11} 也要参与芯片选择,即 $A_{15} \sim A_{11}$ 均为 1 时,才能选中 SRAM3。由于采用 3 位地址进行芯片选择,所以可用一个 3∶8(3 入 8 出)译码器,本例选择 74138 译码器。主存储器的组成及其与 CPU 的连接如图 4.16 所示。

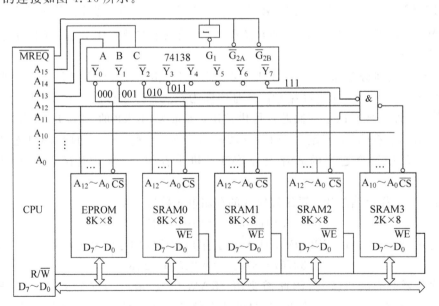

图 4.16　例 4.5 的存储器组成及其与 CPU 的连接图

74138 译码器的 3 位编码输入由高位到低位分别是 C、B、A，分别与主存地址的最高 3 位 A_{15}、A_{14}、A_{13} 相连；译码器的 8 个输出 $\overline{Y_0} \sim \overline{Y_7}$ 分别对应 3 位编码输入 000～111。G_1、$\overline{G_{2A}}$ 和 $\overline{G_{2B}}$ 是 74138 的三个使能控制引脚，只有这三个引脚均输入有效信号时，译码器才能产生有效输出；按本例的连接方式，只有在 CPU 发出访存请求时（即 $\overline{\text{MREQ}} = 0$ 时），才允许译码器工作。

本例的难点在 SRAM3 芯片的片选电路设计上。图中采用一个"与非"门来输出 SRAM3 的片选信号，显然，要使"与非"门输出低电平有效的片选信号，主存地址的 $A_{15} \sim A_{11}$ 必须全为 1 才行；这与地址分析的结果是一致的。

以上几个例子中，存储器的字长均为 8 位，即 1 个字节，这是存储器的基本编址单位，也是 CPU 访问存储器时一次读/写的最小单位。现在的计算机中，CPU 的数据引脚数通常达到 16、32、64、128，甚至更多，相应地，存储器的字长也总是与 CPU 的数据引脚数相匹配。因此，在存储器组成及与 CPU 的连接上，需要解决以下两个问题：

（1）存储器是以字节（8 位）为单位编址的，如何能够使 CPU 一次完成一个多字节数据（如 16 位、32 位、64 位等）的读/写？

（2）根据实际的数据处理需要，CPU 需要按不同的字长访问存储器。如对存储器字长为 32 位的 80386，需要 CPU 能对存储器按 8 位、16 位或 32 位字长进行访问，而不是只按存储器字长来访问。如何实现这种不同字长的存储器访问控制？

一个多字节数在存储器中占用地址连续的若干个字节。如果存储器字长为 8 位，则 CPU 需要经过多次访存，才能完成一个多字节数的读/写。如果存储器字长达到多个字节长度，则 CPU 就有可能一次完成一个多字节数的读/写。设存储器按字节编址，存储器字长为 32 位（4 个字节），则 CPU 最多可以一次完成一个 4 字节数的读/写。但是，并非存储器中的任意一个 4 字节数都能在一次访存中就完成读/写的。下面结合图 4.17 进行说明。

图 4.17(a)中，用 4 个字长为 8 位的存储芯片组成一个存储芯片组进行位扩展，使存储器字长达到 32 位。按图中各存储芯片的数据引脚与 32 位数据总线的连接方式，组成一个 32 位数据的 4 个字节由低到高分别由芯片 0、芯片 1、芯片 2 和芯片 3 提供。也就是说，一个 32 位数据的最低字节只要在芯片 0 中，这个 32 位数据就能通过 32 位数据总线一次读/写完毕。图 4.17(b)示出了存储器地址（按字节编址）在各存储芯片中的分布。可见，一个 32 位的数据，其最低字节只有在 0、4、8、12、16 等以 4 的倍数为地址的存储单元中，才能通过数据总线一次完成读/写，否则需要做两次读/写，增加 1 倍的时间。

图 4.17(a)中，4 个存储芯片的片选引脚被连在一起进行统一控制，这是位扩展的一般做法，但是，这样做使得每次存储器访问都必须同时访问 4 个存储芯片，也就是说，只能对这个存储器按单一的 32 位字长进行访问。这是不能满足实际的数据处理要求的。

在实际应用中，对字长为 32 位的存储器，CPU 既需要以 32 位字长来访问，也需要以 16 位或 8 位字长来访问。如果把 32 位数据称为字，则可以把 16 位数据称为半字。从图 4.17(b)可知，当一个字从地址为 4 的倍数的单元开始存放，或者一个半字从地址为 2 的倍数（即偶数）的单元开始存放，则可以保证对这个字或者半字的读/写操作只需访问一次存储器即可完成。因此，把偶数地址称为半字地址，而把能够被 4 整除的地址称为字地址。当用二进制表示时，半字地址的最低位为 0，而字地址的最低两位为 00。

对图 4.17(a)中的存储器，如果只访问一个字节，仅需对其中 1 个存储芯片进行读/写，

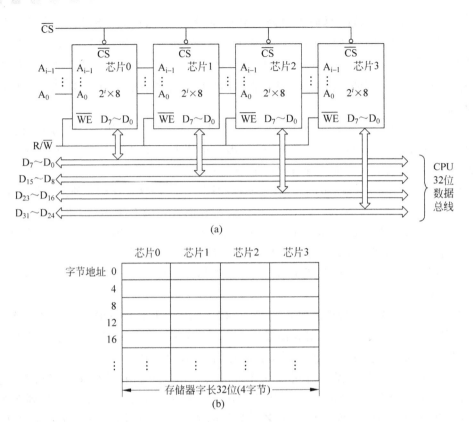

图 4.17　按字节编址的 32 位字长存储器的组成及地址分布

如果要访问一个半字,则需要对其中 2 个存储芯片(芯片 0 与芯片 1,或者芯片 2 与芯片 3)进行读/写,只有在访问一个字时,才需要对全部 4 个存储芯片进行读/写。因此,对 4 个存储芯片的选择控制,除了图中的片选信号$\overline{\text{CS}}$外,还需要单独选择不同芯片的控制信号,这种信号称为字节允许($\overline{\text{BE}}$)信号,即控制访问一个字节的信号。对字长为 32 位(4 字节)的存储器来说,需要有 4 个$\overline{\text{BE}}$信号:$\overline{\text{BE}}_0$、$\overline{\text{BE}}_1$、$\overline{\text{BE}}_2$ 和 $\overline{\text{BE}}_3$,分别用于控制 4 个字节的访问。加入$\overline{\text{BE}}$信号后的存储器组成,如图 4.18 所示。

访问存储器时,$\overline{\text{CS}}$线送来有效的片选信号,但还需要 BE 信号有效,才能选中具体的存储芯片进行读/写。如果访问单个字节,则根据地址的最低 2 位,使对应的$\overline{\text{BE}}$信号有效(当地址最低 2 位为 00、01、10、11 时,分别使$\overline{\text{BE}}_0$、$\overline{\text{BE}}_1$、$\overline{\text{BE}}_2$、$\overline{\text{BE}}_3$ 有效),选中 1 个存储芯片进行读/写;如果一个半字按半字地址存放,则在访问时,根据其第一个字节(即低位字节)地址的最低 2 位,使第一个$\overline{\text{BE}}$信号有效(即地址最低 2 位为 00 或 10 时,分别使$\overline{\text{BE}}_0$ 或 $\overline{\text{BE}}_2$ 有效),并同时使其下一个$\overline{\text{BE}}$信号也有效(如第一个为$\overline{\text{BE}}_0$,则下一个为$\overline{\text{BE}}_1$;第一个为$\overline{\text{BE}}_2$,则下一个为$\overline{\text{BE}}_3$),这样就能选中两个存储芯片,也就能够进行一个半字的读/写;如果一个字按字地址存放,则在访问时,使$\overline{\text{BE}}_0$、$\overline{\text{BE}}_1$、$\overline{\text{BE}}_2$、$\overline{\text{BE}}_3$ 同时有效,这样就能同时选中 4 个存储芯片,也就能够进行一个字的读/写。

如前所述,决定哪个$\overline{\text{BE}}$信号有效的,是地址的最低 2 位,也就是说,地址的最低 2 位(A_1、A_0)要用来选择 BE 信号,不能直接连接到存储器上。因此,图 4.18 中,存储器上所用

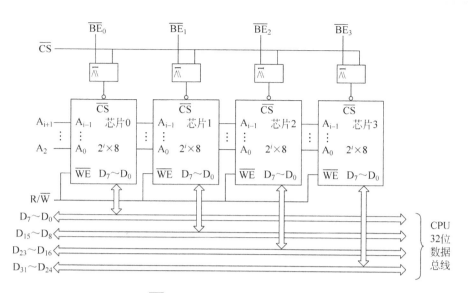

图 4.18 采用$\overline{BE}$信号控制不同字长访问的存储器组成原理图

的地址为 $A_{i+1} \sim A_2$。

$\overline{BE}$信号是由 CPU 根据所要读/写的数据字长及数据存放的地址发出的,凡是需要按多种字长访问存储器的 CPU,都要输出$\overline{BE}$信号,且输出$\overline{BE}$信号的个数取决于最大字长对应的字节数。如 16 位字长对应 2 个字节,需要 2 个$\overline{BE}$信号;64 位字长对应 8 个字节,则需要 8 个$\overline{BE}$信号。输出$\overline{BE}$信号需要用到地址最低的若干位,即输出 2 个$\overline{BE}$信号,要用到 1 位最低地址 A_0;输出 4 个$\overline{BE}$信号,要用到 2 位最低地址 A_1 和 A_0;输出 8 个$\overline{BE}$信号,则要用到 3 位最低地址 A_2、A_1 和 A_0,以此类推。这部分用于输出$\overline{BE}$信号的低位地址,在 CPU 内部使用,不作为 CPU 的地址信号输出,因此,CPU 输出的地址,是不包含这部分低位地址在内的地址高位部分。

【例 4.6】 设存储器字长为 16 位,按字节编址。CPU 可按 8 位和 16 位两种字长访存。试用 $16K \times 8$ 的 SRAM 芯片构造 $64K \times 16$ 的存储器,并实现与 CPU 的连接。

解:由于 16 位字长相当于 2 个字节,所以,CPU 以最低 1 位地址 A_0 在内部控制输出两个字节允许信号$\overline{BE_0}$和$\overline{BE_1}$,用于控制访问存储器的字长,输出到存储器的地址为 $A_{14} \sim A_1$。存储器的组成及与 CPU 的连接如图 4.19 所示。

3. DRAM 与 CPU 的连接

DRAM 存储器由于需要定时刷新,加之地址信息要分两次送入,其控制要比 SRAM 复杂得多,需要由专门的 DRAM 控制器来实现这些控制功能。

DRAM 控制器是 CPU 与 DRAM 存储器之间的接口电路。图 4.20 所示为 DRAM 控制器的逻辑框图。

刷新定时器按固定的周期产生刷新操作信号,每次刷新操作刷新存储阵列的一行。若刷新操作信号与 CPU 的存储器读/写信号同时发出,则由仲裁电路进行裁决,通常是刷新操作优先于读/写操作。CPU 访存时,总是将完整的地址一次性发出,但 DRAM 存储芯片

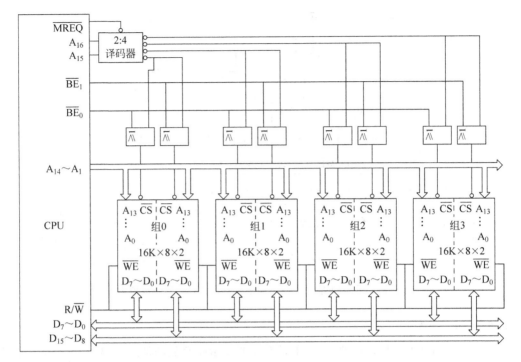

图 4.19　例 4.6 的存储器组成及其与 CPU 的连接图

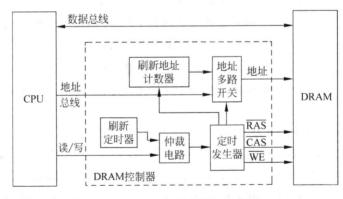

图 4.20　DRAM 控制器逻辑框图

需要分两次接收地址,因此需要地址多路开关将地址分两部分送到存储器。每次刷新操作时,由刷新地址计数器形成刷新地址(行号),并经地址多路开关送到存储器。定时发生器产生访存所需的$\overline{RAS}$、$\overline{CAS}$及$\overline{WE}$信号(刷新时只产生有效的$\overline{RAS}$信号,而$\overline{CAS}$无效),并控制刷新地址计数器的加 1 计数和地址多路开关的选通。

实际的 DRAM 控制器通常需要产生多个$\overline{RAS}$信号,每个$\overline{RAS}$信号控制一个存储芯片组(用于实现位扩展)。正常访存时,每次只有一个$\overline{RAS}$信号有效;而在刷新操作时,所有$\overline{RAS}$信号均有效(而$\overline{CAS}$均无效),使所有存储芯片同时进行刷新。如果需要对存储器按多种字长进行读/写,则 CPU 还要将$\overline{BE}$信号送到 DRAM 控制器,再由 DRAM 控制器对应每个$\overline{BE}$信号生成一个$\overline{CAS}$信号,控制一个字节的读/写。例如,存储器字长为 32 位,需要 4 个

BE信号$\overline{BE_0}$、$\overline{BE_1}$、$\overline{BE_2}$和$\overline{BE_3}$,则对应的$\overline{CAS}$信号也有$\overline{CAS_0}$、$\overline{CAS_1}$、$\overline{CAS_2}$和$\overline{CAS_3}$。

为了满足不同规格的 DRAM 存储器的需要,人们设计了一系列的 DRAM 控制器芯片。通过 DRAM 控制器芯片,可以简化 CPU 与 DRAM 存储器的连接。

此外,还有一种集成 DRAM(IRAM)芯片,它将上述 DRAM 控制器部分也集成到了 DRAM 芯片中,使得 IRAM 芯片能像 SRAM 芯片一样方便地与 CPU 连接。

4.2.5　可并行访问的存储器

CPU 在执行程序的过程中,无论是取指令,还是读/写数据,都要访问存储器。而存储器的存取速度大大低于 CPU 的工作速度,因此,对存储器的频繁访问,成了制约计算机系统性能提高的瓶颈。

可并行访问的存储器,能够在一个存储周期实现两次,甚至两次以上的访问,故可在一定程度上提高 CPU 访存的效率。

1. 双端口存储器

双端口存储器具有两套地址、数据和读/写控制线路,其左、右两个端口可独立并行操作。

当送到两个端口的地址不相同时,对存储器的访问不会发生冲突,两个端口可并行读写。

当两个端口同时访问同一存储单元时,就会发生读写冲突。所谓"同时",只是在一定的时间分辨率下的判断结果,此时,双端口存储器的时间判断逻辑可以提高时间的分辨率,进一步分辨两个端口操作的先后,以决定其中一个端口先进行读写操作,而另一个端口的访问则被延迟。为此,两个端口各设置了一个$\overline{BUSY}$标志,被延迟访问的端口的$\overline{BUSY}$标志被置为低电平,暂时不能进行访问;当优先访问的端口完成读写操作后,被延迟端口的$\overline{BUSY}$标志被恢复为高电平,使该端口可进行读写操作。

2. 多体交叉存储器

一般的存储器只有一套读写控制电路、地址寄存器(MAR)和数据寄存器(MDR),所以只能采用顺序工作方式,每个存储周期只能做一次存储器读写操作。现在,大容量的存储器都是由多个存储体组成的,称为多体存储器。一个存储体就是具有一定容量,且满足存储器字长要求的一个存储模块;每个存储体都有自己独立的读写控制电路、地址寄存器和数据寄存器,均可以独立工作。

多体存储器有高位交叉和低位交叉两种组织方式。高位交叉组织方式,用地址码的低位部分作为存储体的体内地址,地址码的高位部分则被用来作为存储体号,经译码后,产生存储体的选择信号。一个具有 4 个存储体、采用高位交叉组织方式的存储器如图 4.21 所示。

由于各存储体都是高位地址不变,低位地址连续变化,所以,采用高位交叉组织方式的多体存储器,其各个存储体的体内地址是连续的。这种存储器组织方式,是构造主存的主要方式。

由于各存储体可以独立工作,实际上,采用高位交叉组织方式的多体存储器,已经具备

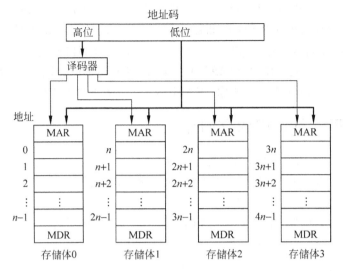

图 4.21 高位交叉组织方式的 4 体存储器

了并行工作的条件。例如,可以同时启动 4 个存储体,并行进行地址为 1、$n+1$、$2n+1$、$3n+1$ 这 4 个字的访问。但是,由于程序的连续性和局部性,在程序执行过程中所访问的指令序列和数据,绝大多数都分布在地址连续的存储区域内,也就是说,分布在同一个存储体内的可能性很大,因此,绝大多数情况下,总是一个存储体在不停地工作,而其他存储体则处在空闲状态,难以实现并行工作。

可见,为了使多个存储体并行工作起来,需要将连续的地址分配到不同的存储体中,这就需要采用低位交叉组织方式。与高位交叉组织方式相反,低位交叉组织方式用地址码的高位部分作为存储体的体内地址,地址码的低位部分用来作为存储体号,经译码后,产生存储体的选择信号。具有 4 个存储体、采用低位交叉组织方式的存储器如图 4.22 所示。

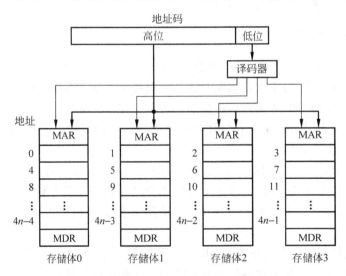

图 4.22 低位交叉组织方式的 4 体存储器

　　由于各存储体都是低位地址不变,高位地址连续变化,所以,采用低位交叉组织方式的多体存储器,其各个存储体的体内地址是不连续的,而连续的地址被均匀地分配在不同的存储体内。显然,这种存储器在程序运行的过程中,其各个存储体有很多并行工作的机会。

　　并行工作不一定要求各项工作同时启动,只要各项工作之间有一定的时间重叠,就可认为是并行工作的。因此,并行工作方式可以有两种实现方法,一种是多个功能模块同时启动工作;另一种是多个功能模块按一定的时间间隔依次启动,但各功能模块在工作时间上有一定的时间重叠。后者也称为流水式并行方式。

　　设图 4.22 中的存储器采用多个存储体同时启动的并行工作方式。若为读操作,则一个存储周期可以读出 4 个数据字。但是,由于数据总线宽度仅为一个字长,因此,需要设置一个 4 个字长的缓冲寄存器来暂存读出的 4 个字,然后再将各个数据字分时传送给 CPU。对写操作,也需要 CPU 先分时将 4 个数据字存入 4 字长的数据缓冲寄存器,然后再同时启动 4 个存储体,完成 4 个字的写操作。因为程序运行期间,并非每次访存都需要同时读写 4 个字,因此增加了控制的复杂性。

　　如果多个存储体采用流水式并行工作方式,则每次仍只启动一个存储体,无须增设多字长的缓冲寄存器,也不存在一次读出的多个字中不全有用的问题,因此,硬件代价小,控制较简单。流水式并行工作方式的一个问题是如何确定相邻存储体的启动间隔时间。设存储体数为 m,存储体的存储周期为 T,相邻存储体的启动间隔时间为 τ,则一般取 $\tau=T/m$,当然,τ 不能小于总线的传输延迟时间。4 个存储体流水式并行工作的时间关系如图 4.23 所示。

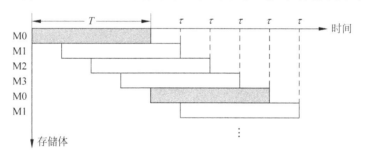

图 4.23　4 个存储体流水式并行工作示意图

　　图中,$m=4$,$\tau=T/4$,各存储体以 τ 为间隔时间,依次轮流启动;同一存储体相邻两次启动的间隔时间正好等于存储周期 T。相邻两个存储体有 $3T/4$ 的工作时间是重叠的,体现了并行工作的特点。虽然,缩短启动间隔时间 τ 可以提高存储体间的时间重叠程度,但是,若 $\tau<T/m$,则同一存储体相邻两次启动的间隔时间就会小于存储周期 T,这是不允许的,因此,最佳启动间隔时间就是 $\tau=T/m$。从图中可以看到,依次从 M0、M1、M2、M3 中读取一个字所需的总时间是 $T+3\tau=1.75T$,明显少于对同一存储体连续做 4 次读操作的时间 $4T$。

　　设程序运行时,对地址连续的存储单元的访问次数为 n,则在流水式并行存储器上访问的总时间 T_n 为

$$T_n = T+(n-1)\tau$$

而在非并行存储器上访问的总时间 T_o 为

$$T_o = nT$$

若设 $S=T_o/T_n$,则

$$S = \frac{T_o}{T_n} = \frac{nT}{T+(n-1)\tau} = \frac{nT}{T+(n-1)\frac{T}{m}} = \frac{nm}{m+(n-1)}$$

S 称为流水式并行存储器相对于非并行存储器的加速比,当 n 充分大时,$S_{max}=m$。也就是说,有 m 个存储体的流水式并行存储器的访问速度最大可为非并行存储器的 m 倍。但是,存储体数 m 也不是越大越好,因为存储器的加速比并不是随着存储体个数的增加而线性提高的,实际的加速比会因各种因素(如访问的存储单元地址不一定连续,程序运行中碰到转移指令等)的影响而下降。

流水式并行存储器的速度可用其吞吐量来表示,吞吐量定义为单位时间内存储器的信息存取量。设 P 表示吞吐量,则流水式并行存储器的吞吐量为

$$P = \frac{n}{T_n} = \frac{n}{T+(n-1)\tau} = \frac{n}{T+(n-1)\frac{T}{m}} = \frac{nm}{mT+(n-1)T}$$

当 n 充分大时,$P_{max}=m/T$。也就是说,在理想状态下,有 m 个存储体的流水式并行存储器,其存取速度最大可达每存储周期 m 个字,相当于 m 个存储体同时启动的并行工作方式。当然,实际的最大吞吐量要小于 m/T。

4.3　高速缓冲存储器

前面介绍的并行存储器,在提高存储器带宽上起到了一定的作用,但也存在明显的局限性。如双端口存储器存在着容量小、价格高的缺点,流水式并行存储器依赖于访存时的地址连续性等。以上这些因素,使得上述并行存储器不能完全适应程序运行过程中大量的、多变的存储器访问要求。

相比之下,高速缓冲存储器(cache)技术可以在任何情况下,稳定地提高 CPU 访存的平均速度,是当今计算机系统提高存储器性能普遍采用的一项重要技术。

4.3.1　cache 的工作原理

cache 是一种高速缓冲存储器,由高速 SRAM 器件构成,其存取速度比用 DRAM 构成的主存快得多。

计算机中使用 cache 的目的,就是要利用它的高速度来提高存储器的带宽。但是,cache 容量小、价格高,不适合独立作为计算机的主存。那么,如何发挥 cache 的速度优势呢?

由于程序指令在主存中是顺序存放的,所以,程序运行时,在一个较小的时间间隔内,CPU 通常是在主存的一个局部区域内取指令执行的。即使遇到转移指令,也因循环控制类的转移居多,程序执行主要还是局限于主存的局部区域内。虽然,数据在主存中的存放不如指令有规律,但各种结构型的数据(如数组,记录,文件等)仍具有很强的簇聚性,对它们的访问仍有很明显的局部性特征。程序运行时访问主存的这种局部性特征,称为程序访问的局部性原理。

根据局部性原理,如果此次访问了主存地址为 i 的单元,则可以预测下次甚至以后多次

的访问,极可能集中在包含 i 单元在内的一个局部存储区域内。根据这个预测,可以将此存储区域内的信息预取到 cache 中,这样,下次甚至以后多次的访存操作都极有可能在 cache 中完成。这种做法,可以有效减少 CPU 对主存的直接访问,只有在 cache 中的访问失败时,才会访问主存,而且每次访问主存,都会对 cache 实施一次预取操作,为后续若干次在 cache 中的成功访问做好准备。因此,cache 的速度优势得以有效发挥,从而提高了 CPU 访存的平均速度。

根据以上分析,cache 实际上是用来配合主存工作的一个辅助装置,它与主存相结合,构成了一个 cache-主存系统,以此提高 CPU 访存的速度。CPU 与 cache-主存系统的关系,如图 4.24 所示。

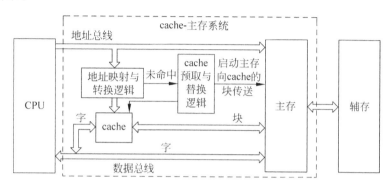

图 4.24　CPU 与 cache-主存系统的关系

为了加快主存与 cache 之间的信息传送速度,主存与 cache 之间建有专用数据通路,以块为单位传送信息。一个块包含若干个存储字,相当于存储器的一个局部区域;块所含字数通常是构成主存的存储体数,如各存储体采用流水式并行工作方式,则可以在一个存储周期内完成一个块的传送。CPU 同主存之间有数据总线相连,同 cache 之间也有直接通路连接,信息传送以字为单位进行。

由于在 cache-主存系统中,cache 只是起高速缓冲的作用,没有扩充存储容量的作用,因此,cache 的容量不计入 cache-主存系统的容量,即 cache-主存系统的容量仍是主存的容量。为了 cache-主存系统的高速运转,其所有管理与控制功能均由硬件实现,程序员是感觉不到 cache 的存在的。也就是说,无论是主存与 cache 之间的数据块传送,还是 cache 与 CPU 之间的数据字读写,均由硬件自动完成。因此,cache 对程序员来说是"透明"的。因为 cache 的透明性,程序员在编程时只是面对主存编程,程序中使用的是主存地址。然而,访问 cache 要用 cache 地址,因此,需要一个地址转换逻辑来将主存地址转换成 cache 地址。地址转换方法依赖于地址映射方式。地址映射方式是指主存数据块映射到 cache 中的方式。地址转换逻辑如果能成功实现地址转换,表明此次对 cache 的访问成功,称为 cache"命中",否则为"不命中(或失效)"。如果 cache 不命中,则直接用主存地址访问主存,通过数据总线进行一个字的传送,同时,启动主存向 cache 的块传送,将一个数据块映射到 cache 中。

由于 cache 的容量远小于主存,在主存数据块向 cache 映射时,如果 cache 空间已用完,或在某种映射方式下,指定的 cache 块位置已有其他数据块占据,则新的数据块将替换掉一个旧的数据块。至于被替换掉的块是直接放弃掉,还是要写回它在主存中的原来位置,要看这个块在 cache 中是否被修改过,这涉及 cache 的写操作策略,将在后面做进一步的分析。

对有些映射方式,在发生替换时,需要按一定的策略(或算法)去选择被替换的旧数据块,以保持 cache 的高命中率,这种策略(或算法)被称为替换策略(或替换算法)。涉及替换的操作控制由 cache 的替换逻辑自动完成。

cache-主存系统的设计以提高 CPU 访存的平均速度为目标,其主要性能指标有:

(1) cache 的命中率 h。cache 的命中率是指访存操作在 cache 中实现的比例。若设 N_c 为在 cache 中实现访问的次数,N_m 为直接访问主存的次数,则

$$h = \frac{N_c}{N_c + N_m} \tag{4.1}$$

cache 的命中率受到诸多因素的影响,如 cache 的容量、块的大小、映射方式、替换策略等。

(2) cache-主存系统的平均访问时间 t_a。若设 t_c 为 cache 的存储周期,t_m 为主存的存储周期,h 是 cache 的命中率,则

$$t_a = h t_c + (1-h) t_m \tag{4.2}$$

t_a 就是 cache-主存系统每次访问所需时间的算术平均值。t_a 越接近 t_c 越好。

(3) cache 的访问效率 e。定义 $e = t_c / t_a$,则

$$e = \frac{t_c}{t_a} = \frac{t_c}{h t_c + (1-h) t_m} = \frac{1}{h + (1-h)\frac{t_m}{t_c}} = \frac{1}{h + (1-h)r} \tag{4.3}$$

式(4.3)中,$r = t_m / t_c$,表示 cache 的访问速度相对于主存访问速度的倍数。由式(4.3)可知,要提高 e 的值,就要减小其分母,也就是说,要尽量提高命中率 h,同时,r 的值不能太大,通常,r 的取值为 5~10 比较合适。

cache 的访问效率体现了 cache 所起作用的大小。

【例 4.7】 设执行某程序时,在 cache 中完成访问的次数为 3500 次,直接访问主存的次数为 100 次。若 cache 的存储周期为 40ns,主存的存储周期为 200ns,求 cache 的命中率、访问效率及 cache-主存系统的平均访问时间。

解:由式(4.1),有

$$h = \frac{N_c}{N_c + N_m} = \frac{3500}{3500 + 100} \approx 0.972$$

由式(4.2),有

$$t_a = h t_c + (1-h) t_m = 0.972 \times 40 + (1 - 0.972) \times 200 = 44.48 \text{ns}$$

由式(4.3),有

$$e = \frac{t_c}{t_a} = \frac{40}{44.48} = 89.9\%$$

4.3.2　地址映射与地址转换

由于主存与 cache 之间是以块为单位传送信息的,因此,在 cache-主存系统中,无论是主存还是 cache,均以块为单位进行划分,每个块又包含若干个字(字数必须是 2 的幂)。

主存中的块称为主存块,cache 中的块称为 cache 块;主存块和 cache 块的编号(均从 0 号开始),分别称为主存块号和 cache 块号。

地址映射就是指把主存地址空间映射到 cache 地址空间,具体而言,就是把主存块按某

种规则装入 cache 中,并建立起主存地址与 cache 地址的对应关系。不同的地址映射方式对主存块装入 cache 的块位置有不同的规定,这直接影响到主存地址向 cache 地址的转换。当然,地址映射与地址转换是由相应的硬件逻辑自动完成的,对程序员透明。

地址映射方式有全相联映射方式、直接映射方式和组相联映射方式三种(以下内容中涉及的 cache 访问,均以 cache 读操作为例)。

1. 全相联映射方式

全相联映射方式仅要求主存和 cache 均按块划分,其映射规则是:主存任意一个块可以映射到 cache 任意一个空闲的块位置。

由于主存块与 cache 块位置之间没有严格的映射关系,因此,每个 cache 块都要附设一个标记(tag)字段,用于记录存放于其中的主存块的块号,这样就建立起了主存块与 cache 块之间的映射关系。此外,cache 每个块还需要一个称为"有效位"的标记位,用于确认对应的 cache 块与主存块之间的映射关系是否有效,如有效位为 1,则表示映射关系有效,否则为无效。图 4.25 所示,为全相联映射方式下,主存块与 cache 块之间的映射关系,其中,M_b 表示主存块数;C_b 表示 cache 块数。

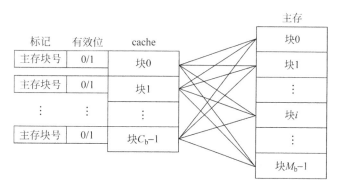

图 4.25　全相联映射方式

全相联映射方式下的主存地址格式、cache 地址格式,以及主存地址向 cache 地址转换的方法,如图 4.26 所示。由于主存和 cache 均按块划分,因此,要指定一个字的存放地址,应先指定其所在块的块号(即块地址),再指定其在块内的相对字号(即块内字地址)。所以,无论是主存地址,还是 cache 地址,其格式均由高位的块号和低位的块内字号组成;块号的位数和块内字号的位数,决定了存储器可划分的块数和每块所包含的字数。以主存地址为例,设主存块号为 20 位,块内字号为 4 位(均为二进制位数),则说明主存划分为 2^{20} 个块,每个块包含 2^4 个字。如一个主存地址中,主存块号为 1000,块内字号为 12(均为十进制表示),则该地址所指向的主存字为第 1000 块中的第 12 个字,其线性字地址为

$$2^4 \times 1000 + 12 = 16012 = (00000000000111111010001100)_2$$

如果将块号 1000 和块内字号 12 分别用 20 位二进制数和 4 位二进制数表示,并按高、低位关系拼接起来,可得

$$00000000000111111010001100$$

可见,按主存块号和块内字号格式表示的主存地址,实际上就是主存的线性地址,只是按每

块规定的字数,用线性地址的若干低位作为块内字号,而其余的高位部分则作为主存块号而已。cache 地址的情况也是如此。

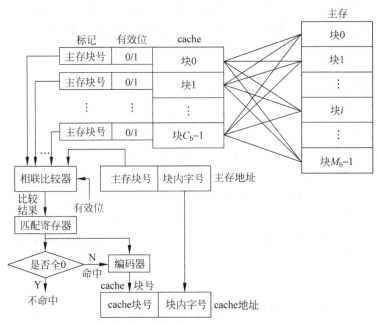

图 4.26　全相联映射方式的地址格式及地址转换

一个主存块在装入 cache 某个块位置时,要同时将该主存块的块号存入 cache 块的标记字段,还要将此 cache 块的有效位设置为 1。当 CPU 执行访存操作时,其输出的主存地址被传送到 cache 的地址转换逻辑,由相联比较器将所有 cache 块的标记字段同时与主存地址中的主存块号进行比较,各 cache 块的有效位也参与比较控制;比较器的输出为一个多位二进制序列,其位数与 cache 块数相等,位序号与 cache 块号对应,只有某 cache 块的标记字段与主存地址中的主存块号匹配,且其有效位为 1,比较结果的对应位才为 1,否则均为 0。比较结果被送入匹配寄存器,如果其各位为全 0,说明所需访问的主存块尚未装入 cache 中(cache 不命中),此时需要用主存地址直接访问主存,在取得所需的数据字的同时,将包含该字的主存块装入 cache 的某个空闲的块位置(如 cache 已满,则引起一次块替换),并对该cache 块的标记及有效位做相应处理。如果匹配寄存器不为全 0(只可能有一位为 1),说明cache 命中,此时将比较结果送入一个编码器,由编码器产生为 1 的位所在的位序号,该位序号就是对应的 cache 块号,将所得的 cache 块号与主存地址中的"块内字号"拼接起来,即得到 cache 地址,以此访问 cache 即可。

全相联映射方式的优点是:cache 空间利用率高,只有在所有 cache 块均被占用后,才会发生替换,因此 cache 命中率也高。缺点是:相联比较器需要将主存块号与所有 cache 块的标记同时比较,其代价高、实现困难,整个地址转换逻辑复杂、工作速度慢。

2. 直接映射方式

全相联映射方式由于不限制主存块在 cache 中的存放位置,造成地址转换困难、速度慢。直接映射方式则严格规定了每个主存块与 cache 块之间的映射关系,从而避免了在整个 cache 中查找一个主存块的问题,这样既大大简化了地址转换逻辑,也加快了地址转换的速度。

　　直接映射方式下,cache 与主存先以块为单位划分(设 cache 块数为 C_b,主存块数为 M_b),然后,主存再分区,一个区的容量与整个 cache 的容量相等;主存区的编号称为区号(从 0 号开始),区内各块的编号采用区内相对块号($0 \sim C_b - 1$)。直接映射的规则是:主存任一区内的第 k 块($k = 0, 1, \cdots, C_b - 1$)在装入 cache 时,只能装入 cache 的第 k 块位置。这种映射关系也可用下面的映射函数表示

$$j = i \mod C_b$$

式中,i 为主存的绝对块号($0 \sim M_b - 1$);j 为主存第 i 块指定装入的 cache 块号。

　　直接映射方式严格规定了每个主存块与 cache 块之间的映射关系,但这种映射关系是多对一的关系,因为,主存可划分为多个区,每个区内的第 k 块都要映射到 cache 的第 k 块。为了指明 cache 第 k 块中存的是主存哪一区的第 k 块内容,也需要为 cache 的每一块附设一个标记字段,用以记录存放于其中的主存块所在的区号。直接映射方式下的主存地址格式、cache 地址格式,以及主存地址向 cache 地址转换的方法,如图 4.27 所示。

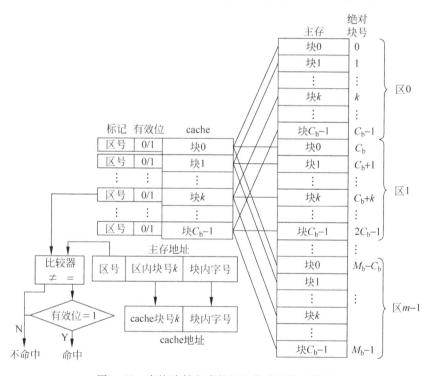

图 4.27　直接映射方式的地址格式及地址转换

　　根据主存空间的划分方式,要指定主存中某个字的存放位置,需要先指出该字所在的区号,然后再指出它在区内所处的块号,最后再指出它在块内是第几个字。因此,主存地址可以看作由"区号"、"区内块号"和"块内字号"三个部分组成,当然,这种格式的主存地址与主存的线性地址是完全一样的,只是根据三个部分各自需要的位数,将主存的线性地址看作由三个部分组成而已。cache 空间只是按块划分的,因此,cache 地址只包含"cache 块号"和"块内字号"两部分。

由直接映射的规则可知,主存地址中的区内块号与 cache 地址中的 cache 块号是一致的(图中示例为 k),而 cache 块是主存块的副本,主存地址中的块内字号与 cache 地址中的块内字号总是一致的,因此,将主存地址中的"区内块号"和"块内字号"两部分提取出来,就是 cache 地址。为了确认按该 cache 地址能否访问成功,还要将主存地址中的区号与对应的 cache 块(图中示例为第 k 块)的标记相比较,如果相同,并且有效位为 1,则说明 cache 命中,可用得到的 cache 地址访问 cache;否则为不命中,需要直接访问主存,并将所访问的主存块装入 cache 的指定块(图中示例为第 k 块)中,同时将区号存入其标记字段,并置其有效位为 1,若该 cache 块原来的有效位为 1,则还要发生一次替换。

直接映射方式虽然也要用一个比较器来比较主存区号和 cache 块的标记,但参与比较的标记只有一个,因此,比较器简单,工作速度快。但是,由于每个主存块在 cache 中的映射位置都是固定的,所以,这种映射方式很不灵活,不能充分利用 cache 的有限空间;而且,多个主存块固定映射到同一个 cache 块的做法,会增加块的冲突,造成较为频繁的块替换;这些因素使得直接映射方式的命中率较低。增大 cache 的容量,可以降低 cache 的块冲突率,提高 cache 的工作效率。

3. 组相联映射方式

前面两种映射方式都有比较突出的优点,但也有很明显的缺点,而且两种方式具有互补性。于是有了第三种映射方式——组相联映射方式,它将前两种映射方式有机结合起来,形成优势互补,成为一种比较平衡的映射方式。

组相联映射方式下,cache 先分块,然后再分组,每组包含若干块(块数必须为 2 的幂);主存也先分块,然后再分区,每个区所含的块数等于 cache 所分的组数。设 cache 被分为 c 个组,则组相联映射规则是:主存任一区内的第 $k(k=0,1,\cdots,c-1)$ 块只能固定映射到 cache 第 k 组(体现直接映射方式的特点);但一个主存块在 cache 的指定组范围内,可以映射到任何一个空闲的 cache 块位置(体现全相联映射方式的特点)。

虽然主存块与 cache 组之间是固定的、多对一的映射关系,但由于一个组内不止一块,所以,组内的块冲突率没有直接映射方式那么高,尽管 cache 在组内实施全相联映射,但由于组内块数少,所需的相联比较器还是比较容易实现的,工作速度也不会很慢。可见,组相联映射方式没有明显的缺点。而且,主存块与 cache 组之间的直接映射,可以加快地址转换的速度;cache 组内的全相联映射,可以保证 cache 获得较高的空间利用率和命中率。因此,组相联映射方式有效地结合了前两种映射方式的优点。由此可见,组相联映射方式是一种优点比较全面,缺点又不明显的比较平衡的映射方式,在实际应用中被广泛采用。

为了描述方便,设 cache 每组包含 2 个块,共分为 c 个组,主存被分为 m 个区,则组相联映射方式下的主存地址格式、cache 地址格式,以及主存地址向 cache 地址转换的方法,如图 4.28 所示。

根据映射规则,主存地址中的区内块号与 cache 地址中的组号是一致的,两个地址中的块内字号也是一致的,只有 cache 地址中的组内块号,需要在指定的 cache 组内按全相联方式转换得到。

cache 每组所含的块数,对组相联映射方式有很大的影响。组内块数越多,全相联映射的特点就越突出;组内块数越少,直接映射的特点就越突出。当整个 cache 仅划分为一组

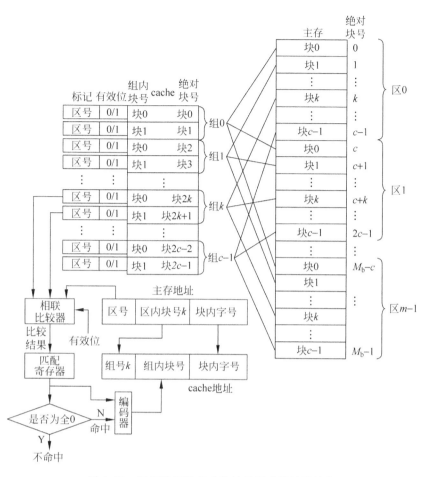

图 4.28 组相联映射方式的地址格式及地址转换

时,组相联映射方式就等同于全相联映射方式;当 cache 每组仅包含一块时,组相联映射方式就变成了直接映射方式。在实际的计算机系统中,考虑到 cache 的速度和实现的代价,cache 每组所含的块数一般都不多,典型值为 2、4、8、16,其中,选择每组 2 块者为最多,其次为每组 4 块。通常把每组包含 v 块的组相联 cache,称为 v 路组相联 cache。

【例 4.8】 设一个 cache-主存系统中,主存容量为 64MB,cache 容量为 64KB,采用 4 路组相联映射方式,每块容量为 4 个字,字长为 32 位。

(1) 设计主存地址格式和 cache 地址格式,并标出各字段的长度(均按字编址)。

(2) 主存第 8256 块(绝对块号)映射到 cache 中时,应映射到 cache 的第几组?

(3) 主存地址为 25 763 的字应映射到 cache 的第几组?

解:

(1) cache 地址格式应包含组号、组内块号和块内字号三个字段,各字段的位数计算如下:

由于每块字数为 $4 = 2^2$,所以,块内字号为 2 位;

由于采用 4 路组相联,cache 每组的块数为 $4 = 2^2$,所以,组内块号为 2 位;

由于 cache 每组的容量为

$$4 \text{ 字} \times 4 = 32 \text{ 位} \times 16 = 4 \text{ 字节} \times 16 = 64 \text{ 字节}$$

所以,cache 的组数为

$$\frac{64\text{K}}{64} = \frac{2^6 \times 2^{10}}{2^6} = 2^{10}$$

因此,cache 的组号为 10 位。

主存地址应包含区号、区内块号和块内字号三个字段,其中,块内字号和区内块号分别与 cache 地址中的块内字号和组号对应,分别为 2 位和 10 位。由于主存的区内块数等于 cache 的组数,所以,主存每个区内有 2^{10} 个块,故主存的区数为

$$\frac{64\text{M}}{2^{10} \times 16} = \frac{2^6 \times 2^{20}}{2^{10} \times 2^4} = 2^{12}$$

所以,主存区号为 12 位。两种地址格式及其各字段的长度,如图 4.29 所示。

10位	2位	2位
组号	组内块号	块内字号

(a) cache地址格式

12位	10位	2位
区号	区内块号	块内字号

(b) 主存地址格式

图 4.29   例 4.8 的地址格式示意图

如果主存和 cache 均按字节编址,则由于字长为 32 位,也就是 4 字节,所以,还要在地址格式的最低位上增加 2 位字内字节号(即字节地址),当然,也可以把 2 位块内字号和 2 位字内字节号合起来,形成一个 4 位的"块内地址"字段。

(2) 因为主存一个区的块数为 $2^{10} = 1024$,所以,主存第 8256 块所在的区号为

$$\left\lfloor \frac{8256}{1024} \right\rfloor = 8$$

且其在第 8 区内的相对块号为

$$8256 \bmod 1024 = 64$$

所以,主存第 8256 块应映射到 cache 的第 64 组。

(3) 由于每块包含 4 个字,所以,主存地址为 25 763 的字所在的主存块号(绝对块号)是

$$\left\lfloor \frac{25763}{4} \right\rfloor = 6440$$

因为主存第 6440 块所在的区号为

$$\left\lfloor \frac{6440}{1024} \right\rfloor = 6$$

且其在第 6 区内的相对块号为

$$6440 \bmod 1024 = 296$$

所以,主存地址为 25 763 的字应映射到 cache 的第 296 组。

4.3.3 cache 的块替换策略

如前所述,当一个新的主存块要装入 cache 时,如果 cache 空间已用完(对全相联映射,整个 cache 空间全用完,或者对组相联映射,指定映射的组内空间已用完),或指定映射的块位置已被占用(对直接映射),则会发生一次块替换。对直接映射,因为主存块与 cache 块之间有严格的映射关系,所以发生替换时,只能替换指定的 cache 块,没有选择余地,也无须考

虑替换策略。对全相联或组相联映射,需要在指定范围内(对全相联映射是整个 cache,对组相联映射是某个特定的组)对被替换块进行选择,以保证块替换后不降低 cache 的命中率。选择被替换块的策略,称为替换策略或替换算法。

好的替换算法需要充分体现程序访问的局部性原理。但由于替换算法也是用硬件电路实现的,所以,还要考虑硬件的代价及工作速度。实际上,这两者之间是有矛盾的,需要根据具体的性能设计要求加以考虑。下面介绍几种常用的替换算法及其实现方法。

1. 最不经常使用(LFU)算法

LFU 算法规定,当需要替换时,将一段时间内被访问次数最少的块替换出去。这里所说的"一段时间"是指从上一次替换到本次替换之间的间隔时间,并不是指程序访存的局部时间,所以,LFU 算法并不能很好地体现程序访问的局部性原理。

为了确定哪一块的访问次数最少,需要给每个 cache 块设置一个计数器,并且规定:①当一个新的主存块装入 cache 时,相应 cache 块的计数器清零;②当某个 cache 块被命中时,该块的计数器加 1。按这种计数规则,当发生替换时,指定范围内计数值最小的 cache 块,就是将被替换的 cache 块;③每发生一次替换后,就将 cache 指定范围内各个块的计数器均清零,以此进入下一个替换周期。

LFU 算法存在以下几方面的缺点:①不能很好地保护新装入 cache 的主存块。根据程序访问的局部性原理,新装入 cache 的主存块通常是程序在接下来的时间里要多次访问的块,但是新块的计数值小,很容易被替换出去,但可能很快又要被装入进来,从而造成"颠簸"现象,影响 cache 的命中率和工作效率。②如果某个 cache 块被命中的频率很高,那么,在计数器计到全 1 时,如果再被命中一次,计数器加 1 后就会回 0,此时一旦发生替换,该块极有可能被替换出去。③即使某个 cache 块的计数值很大,也不能说明该块在最近的局部时间内被经常访问。

要解决计数器回 0 的问题,可以增加计数器的位数,但这样会加大硬件的代价。要想较好地体现局部性原理,可以设置一个时钟信号,按一定的周期对所有计数器清零,这样,在发生替换时,就可以以一个时钟周期为局部时间段,来确定哪个块是这段时间里最少访问的块。这一方面较好地体现了局部性原理,另一方面也可以减少计数器的位数,降低硬件代价。

2. 近期最少使用(LRU)算法

LRU 算法规定,在需要替换时,将近期内最久未被访问过的 cache 块替换掉。这里所说的"近期",仍是指从上一次替换到本次替换之间的时间段。

为了确定哪一块是近期内最久未被访问过的块,一种做法是给每个 cache 块设置一个计数器,并且规定:①当一个新的主存块装入 cache 时,相应 cache 块的计数器清零,而指定范围内其他 cache 块的计数器均加 1;②当某个 cache 块被命中时,将指定范围内计数值小于该块的那些计数器加 1,然后将该块的计数器清零,而其余各块的计数值不变。当发生替换时,指定范围内计数值最大的 cache 块,就是将被替换的 cache 块。这种计数规则不会导致计数器回 0,还可以避免使用大计数器。

LRU 算法比较好地保护了新装入 cache 的块,而选择替换最久不用的块,充分考虑了程序访问的局部性原理,所以是一种较好的替换算法。

LRU 算法在用硬件电路实现时,其控制比较复杂。但是,对 2 路组相联的 cache 来说,实现 LRU 算法却非常容易,具体做法是:给每组设置一个状态位,当第 0 块命中(或有新的主存块装入)时,状态位置为 1,当第 1 块命中(或有新的主存块装入)时,状态位置为 0,一旦发生替换,状态位的当前值,就是将被替换的块号。

3. 先进先出(FIFO)算法

FIFO 算法规定,当需要替换时,总是选择替换 cache 指定范围内存在时间最长(即最早进入)的块。

在实际的系统中,cache 最初是没有有效信息的,主存块在装入 cache(或 cache 的某个组)时,总是按 cache 块号(或组内块号)依次装入各 cache 块的。因此,越早进入 cache 的块,其所在的块号就越小;发生替换时,只要按 cache 块号从小到大的顺序依次替换,就能满足 FIFO 算法的要求。为此,需要设置 cache 块号计数器,用以自动产生将被替换的 cache 块号。对全相联映射,整个 cache 只需设置一个计数器,对组相联映射,则要给每个 cache 组都设置一个计数器。计数器的位数与所控制的 cache 块数有关,设 cache(或一个 cache 组)的块数为 2^n,则计数器的位数为 n。计数器的初值为 0,表示第 0 块,也就是第一次将被装入(或替换)的块;每发生一次装入(或替换),计数器就加 1,形成下一次将被装入(或替换)的块号。计数器的值是在 0 到 2^n-1 之间循环变化的。

FIFO 算法的实现比较简单,速度也比较快。但是,FIFO 算法未遵循程序访问的局部性原理,因为,最先装入 cache 的块,很可能也是经常要访问的块。

4. 随机法

随机法是最简单的一种替换算法,它利用一个随机数发生器,在发生替换时,随机产生一个 cache 块号,并将该 cache 块替换出去。

随机法完全不考虑程序访问的局部性原理,是无法保证 cache 的命中率的。但是,随机法很容易实现,且随着 cache 容量的增大,其缺点会逐渐弱化,所以,也在一些计算机系统中得到应用。

4.3.4　cache 的写策略

在 cache-主存系统中,无论读、写操作,都与 cache 有关。由于 cache 中的内容是从主存复制过来的,所以,在 cache 中的读、写操作,实际上是对主存信息副本的读、写操作。因为读操作不会改变所读的内容,所以,读操作不会破坏主存信息正本与 cache 信息副本的一致性。但是,写操作会改变所写 cache 块的内容,这就会导致 cache 信息副本与主存信息正本的不一致。所以,需要对 cache 的写操作作专门的讨论。

根据写操作能否在 cache 中完成,cache 的写操作分为 cache 写命中和 cache 写不命中两种情况。所谓"cache 写命中",是指程序的写操作所涉及的主存块已映射到 cache 中,可在 cache 中进行写操作;而"cache 写不命中"则是指程序的写操作所涉及的主存块尚未映射到 cache 中,写操作必须在主存中进行。

cache 写命中时,有以下两种操作策略:

(1) 写回法(Write-back)。这种方法只写被命中的 cache 块,不写对应的主存块;只有在该 cache 块被替换出去时,才将其写回主存原来的块位置。

为了指出 cache 中一个块被替换出去时,是否要写回主存,需要给每个 cache 块设置一个"修改位";如果一个块在 cache 中被写(即修改)过,其修改位被置为 1,否则为 0。

写回法减少了对主存的访问,使写操作与读操作一样,能充分利用 cache 的高存取速度,对提高 CPU 的访存速度有利。但是,写回法会在一定的时间内,造成 cache 信息副本与主存信息正本之间的不一致。对单处理机系统,由于只有一个 cache,这种不一致不会造成程序运行的错误;对多处理机系统,由于每个处理机都有自己的 cache,主存的一个块可能在多个 cache 中都有副本,这时,保持副本与正本的一致性就显得十分重要。

(2) 全写法(Write-through)。全写法也称写直达法,这种方法同时对命中的 cache 块和其在主存中对应的主存块进行写操作。因此,全写法可以随时保持 cache 信息副本与主存信息正本的一致。

由于写 cache 的同时,也要写主存,因此,全写法在写操作上不能发挥 cache 的速度优势。

cache 写不命中时,也有两种操作策略:

(1) 按写分配法(Write Allocate)。这种方法在完成对主存的写操作后,会将写操作所涉及的主存块预取到 cache。这样做的目的,是为了遵循程序访问的局部性原理,充分发挥 cache 的作用。

(2) 不按写分配法(Write No Allocate)。这种方法在完成对主存的写操作后,不将写操作所涉及的主存块装入 cache。这样做的目的,是为了减少信息的副本,维护信息版本的一致性。

可见,无论 cache 写命中,还是 cache 写不命中,其操作策略都有两方面的考虑:一是尽可能发挥 cache 的高速存取作用;二是尽量维护信息版本的一致性。一个计算机系统在选择 cache 的写策略时,通常采用以下搭配方案:写回法搭配按写分配法;全写法搭配不按写分配法。前者主要用于单处理机系统,而多处理机系统一般都采用后者。

4.3.5 多 cache 结构

由于集成度的提高,如今的高性能处理器在芯片内也集成了一定容量的 cache,并与芯片外的 cache 组成一个两级 cache 存储器。其中,片内 cache 称为第一级(L1)cache;片外 cache 称为第二级(L2)cache。L1 的存储容量小于 L2,但存取速度高于 L2。L1 与 L2 之间建有专用数据通路,根据程序访问的局部性原理,将 L2 cache 中近期频繁访问的块,通过专用通路装入 L1 cache,从而进一步提高访存的平均速度。

高性能处理器一般都采用超标量流水线结构,经常需要在同一个周期内既取指令,又读/写数据。为了减少指令和数据在访问上的冲突,L1 cache 通常采用分立结构,分为指令 cache 和数据 cache 两个独立的部分,使取指令与读/写数据互不干扰,并行操作。

以 Intel 微处理器的演变过程来看,80386 以前的微处理器不含片内 L1 cache,80486 集成了一个 8KB 的单体 L1 cache,每个块包含 16B,采用 4 路组相联结构。进入 Pentium 系列后,处理器内均包含两个分立的 L1 cache,且 L1 数据 cache 为双端口,可读/写,而 L1 指令

cache 只可读,不可写。最初的 Pentium 处理器,其 L1 数据 cache 和 L1 指令 cache 均为 8KB,都采用 2 路组相联结构,每块为 32B;Pentium Pro 处理器的两个 L1 cache 的容量与 Pentium 处理器相同,但其 L1 指令 cache 采用 4 路组相联结构,且还将 L2 cache(采用 4 路组相联结构,每块 32B)与 CPU 封装在同一个处理器模块中,以 CPU 的时钟速率与 L1 cache 全速传送指令与数据;Pentium Ⅱ/Ⅲ 处理器将两个 L1 cache 的容量都增加到 16KB,L2 cache 同样与 CPU 封装在同一个处理器模块中,且根据其与 CPU 的连接方式不同,有半速与全速两种速率。

如果是单处理器系统,只要处理好 L1 cache、L2 cache 和主存之间的数据一致性即可。例如,可在 L1 和 L2 之间以及 L2 和主存之间均采用写回法,或者在 L1 和 L2 之间采用全写法,而在 L2 和主存之间采用写回法。

对多处理器系统,每个处理器都有自己的局部 cache,且可能是多级的局部 cache。cache 个数和级数的增加,也增加了主存数据的副本数量,从而在各 cache 与主存之间,以及各 cache 之间产生了数据一致性问题。下面对多处理器系统解决数据一致性问题的基本方法作简要的描述。

首先,各处理器的局部 cache 应该采用全写(即写直达)策略,以保证主存的数据正本能得到及时的更新。其次,各局部 cache 之间要使用一致性协议来维护数据的一致性。常用的一致性协议为监听协议,监听协议将维护 cache 一致性的任务分布到各局部 cache 控制器上。当 cache 写命中时,由 cache 控制器检查被命中的 cache 块是否是与其他局部 cache 共享的,如果不是,则只需按全写法同时修改该 cache 块及其在主存中的对应块;如果是,则必须通过广播的方式,将这一修改操作通知到所有其他的局部 cache。各局部 cache 控制器通过监听网络监听到这种修改操作后,再按某种方法,对各自的 cache 做出处理。

目前,监听协议在对各局部 cache 中的共享块进行处理时,常采用写-无效或写-更新两种方法。写-无效法是在 cache 控制器监听到某局部 cache 的写操作后,就将该局部 cache 中对应的共享块变为无效,从而使被修改的块成为所在的局部 cache 的专有块的,避免了多个数据副本的不一致。当其他处理器需要访问被修改的数据块时,由于其局部 cache 中原有的该数据块副本已被置为无效,因此要重新从主存装入修改后的最新数据,这样就达到了保持各局部 cache 数据一致性的目的。

写-更新法又称写-广播法,它将被修改的具体数据字的相关信息广播到所有其他局部 cache,使包含此共享块的各局部 cache 能同时进行修改,从而保持了各局部 cache 的数据一致性。

当然,为了使 cache 控制器能够检测到某个 cache 块是共享的,还是专有的,需要给每个 cache 块设置相应的状态位,以表示各 cache 块所处的状态。常用的基于写回法的 MESI 协议将 cache 块的状态分为:

(1) 修改态(Modified)。此 cache 块已被修改(已不同于主存正本),且仅在该局部 cache 中可用。可见,修改态的 cache 块在系统中是唯一的。

(2) 专有态(Exclusive)。此 cache 块与主存正本相同,但不出现在任何其他局部 cache 中。

(3) 共享态(Shared)。此 cache 块与主存正本相同,且可以出现在其他局部 cache 中。

(4) 无效态(Invalid)。此 cache 块不含有效数据。

每个 cache 块都标志为这 4 种状态之一。

在操作过程中，一个 cache 块的状态会根据需要发生转换。例如，当一个处理器的局部 cache 出现读未命中时，它将启动一个主存读操作去读取所需的块，同时，还要在总线上发布一个信号，通知所有其他局部 cache 控制器监听此操作。此时，如果另一个局部 cache 中包含该主存块的专有态副本，则将该副本块的状态转换为共享态，而启动主存读操作的处理器在从主存读出所需块并存入自己的局部 cache 后，将对应 cache 块的状态从无效态转换成共享态。又如，当某处理器的一个局部 cache 块被写命中时，如果此块当前为共享态，则处理器必须先得到此块的专有权。为此，该处理器先在总线上通告它所要做的操作，其他局部 cache 控制器若检测到自己的 cache 中有此块的共享态副本，就将其状态转换为无效态，然后，该处理器在自己的局部 cache 中完成写修改，并将被修改块的状态从共享态转换为修改态。

如果各处理器的局部 cache 级数为 2，即分为 L1 和 L2 两级，则还必须解决 L1 cache 的写操作所带来的数据不一致问题。由于 L1 cache 集成在 CPU 芯片内，不直接连到总线上，所以，它不能像 L2 cache 那样参与监听活动。也就是说，某个处理器对其 L1 cache 所做的修改，其他局部 cache 控制器是监听不到的。解决这个问题最简单的做法，就是在 L1 cache 使用全写（即写直达）策略，使写操作同时发生在 L2 cache 中（不是主存中），从而使其他局部 cache 控制器能够监听到这一写操作，并按上述方法对各自的局部 cache 做出处理。

4.4 虚拟存储器

4.4.1 虚拟存储器概述

虚拟存储器又称虚拟存储系统，简称虚存，它是把主存储器和联机工作的辅助存储器（目前主要是磁盘存储器）结合起来，形成的一个主存-辅存系统。主存-辅存系统也是按程序访问的局部性原理构建的，因此，这个系统具有接近主存的平均存取速度，同时拥有辅存的巨大容量和低价格。

实际的主存由于价格的原因，容量受到较大的限制，程序员在编程时，需要较多地考虑主存空间是否能够容下程序的代码及所处理的数据，是否要采用"覆盖"技术将程序设计为多个覆盖段分别装入主存等问题。特别是随着计算机应用的发展，多用户、多任务的应用要求与主存容量之间的矛盾更加突出。构建虚拟存储器的目的，就是大幅度扩大主存空间，满足越来越大、越来越多的程序对主存空间的需要。

虚拟存储器是利用巨大的磁盘空间来充当主存空间，从而达到扩大主存空间的目的的。因此，虚拟存储器营造的巨大主存空间，并不是实际的主存空间，而是一个虚拟的主存空间。通常，这个虚拟的主存空间被称为"虚空间"，而实际的主存空间则称为"实空间"；在虚空间中使用的地址称为"虚地址"（或逻辑地址），在实空间中使用的地址称为"实地址"（或物理地址）。

由于 CPU 在执行程序时，只能直接访问实空间，而不能直接访问虚空间，所以，处在虚空间中的程序必须装入实空间后，才能真正得以运行。程序从虚空间向实空间的映射，虚地址向实地址的转换，以及其他涉及虚拟存储器的管理工作，均由操作系统软件和专门的存储管理部件(MMU)共同完成。这些工作对系统软件程序员是不透明的,但对应用软件程序员是透明的。因此,在应用软件程序员的眼中看来,只有一个巨大的主存空间,它能够满足任何程序的运行需要,程序的设计及运行都在这个空间中进行。由于程序在虚拟存储环境中设计,所以,程序中使用的是虚地址(即逻辑地址)。

　　从工作原理上看,主存-辅存系统与cache-主存系统是相似的,它们都以程序访问的局部性原理为基础,都有地址映射与地址转换的问题,都要处理数据替换的问题。但相比之下,主存比cache慢10倍左右,而辅存要比主存慢1000倍以上。所以,对主存-辅存系统而言,主存访问不命中所造成的系统性能损失,要远大于cache访问不命中所造成的损失。因此,主存-辅存系统要求有极高的主存命中率,所用的替换算法通常是命中率最高的LRU算法,并由操作系统以软件的方式实现该算法。

　　按虚拟存储器的管理模式不同,有页式虚拟存储器、段式虚拟存储器和段页式虚拟存储器三种。

4.4.2　页式虚拟存储器

　　页是固定大小的数据传送与存储单位,其长度一般为1KB~16KB,且必须为2的整数幂。

　　页式虚拟存储器对虚空间和实空间均按页划分;虚空间中划分的页称为虚页(逻辑页),实空间中划分的页称为实页(物理页);虚页的编号称为虚页号(逻辑页号),实页的编号称为实页号(物理页号)。由于分页的原因,一个用户程序在虚空间中被划分成若干页来存放,每个用户程序在虚空间中都占用连续的若干页存储空间。当需要将程序装入实空间时,也是每次从虚空间传送一个虚页,存入实空间中某个实页的位置。虚页到实页的映射采用全相联映射方式。

　　可见,虚空间是按用户程序来划分管理的,每个用户程序都有自己的存放空间,互不交叉和重叠;但实空间则向所有用户程序开放,并不为各个用户程序划定专门的存放区域,各用户程序的页在实空间中是交织、混杂地存放在一起的。图4.30所示的虚地址和实地址的格式,就是根据页式虚拟存储器对虚空间和实空间的管理方式而确定的。

|　(a) 虚地址格式　|　　(b) 实地址格式　|

图4.30　页式虚拟存储器的地址格式

　　无论虚地址,还是实地址,实际上都是各自存储空间的线性地址,只是根据各个划分单位的层次和规定的数量,将地址分成多段看待而已。例如,虚地址为30位,其中,系统最多允许16(2^4)道用户程序同时运行,则基号(即用户号)为4位;每个用户程序最多可包含4096(2^{12})页,则虚页号为12位;每页的长度为16K(2^{14})字节,则页内地址为14位。

　　为了在有限的实空间中装入多个用户程序,并同时运行,显然不能把每个用户程序都完整地装入实空间。页式虚拟存储器使用的是请求分页方式,即仅当一个用户程序在运行中需要访问某个尚未装入实空间的新页时,才会触发一次页失效,请求操作系统将该页从虚空间装入实空间。这种页调度方式可以充分利用有限的实空间来运行多个用户程序,但一个用户程序的各页在实空间中的存放位置是分散的、无规律的。为了把程序中使用的虚地址转换成访问实空间的实地址,必须知道程序的每一个虚页究竟存放在实空间的哪个实页位置。为此,由操作系统为每个用户程序建立并维护一张称为"页表"的信息表,用于存放虚页号与实页号的对应关系,以及各页的有关状态和标志信息。典型地,页表的每一行包含以下信息字段:

虚页号	实页号	装入位	修改位	访问方式

其中,虚页号与实页号指出了虚页与实页的映射关系;装入位指出一个虚页是否已装入实空间(为 1 表示已装入,为 0 表示未装入),若未装入,则此次访问将触发一次页失效;修改位指出一个虚页的内容在装入实空间后,是否被修改过(1 表示修改过,0 表示未修改过),如被修改过,则该页被替换出去时,必须写回虚空间中其原来所在的位置;访问方式指出该页可按何种方式访问,如可读写、只能读、只可执行等。

页表的行数就是一个用户程序所能包含的最大虚页数,由虚地址中虚页号的位数决定。为了方便查表,规定页表的行号与程序的虚页号一一对应,即查表时,只需根据虚地址中的虚页号访问页表中对应的那一行,无须在整个页表中搜索。因此,页表中不必包含"虚页号"字段。程序运行过程中的每次访存,都要通过访问页表来确认所访问的页是否在实空间中,以及在哪个实页中。因此,页表具有很高的访问频率,通常需要常驻在主存中。

对于多用户多任务系统,同时有多个用户程序处于运行状态,也就有多个页表驻留在主存中,因此,还需要知道各用户程序的页表存于主存中的何处。为此,CPU 中还要设置一组页表基址寄存器,用于存放各用户程序的页表在主存中的基址(即起始地址);页表基址寄存器按基号访问。图 4.31 所示为页式虚拟存储器的地址转换过程。

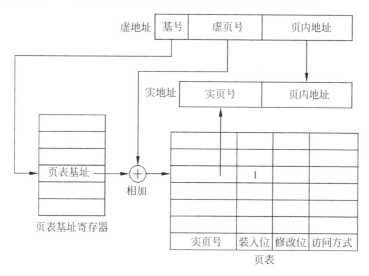

图 4.31　页式虚拟存储器的地址转换过程

首先,按基号访问页表基址寄存器,取得页表基址并与虚页号相加,得到页表的行地址,按页表行地址访问页表的相应行,若装入位为 1,则取出实页号并与虚地址中的页内地址拼接,得到对应的实地址,以该实地址访问主存,即可完成一次访存操作;若访问页表时检测到装入位为 0,则触发一次页失效,请求操作系统将该页从虚存装入主存,并同时填写页表指定行的各项信息,然后继续完成地址转换及访存操作。如果在将虚页装入主存时,主存空间已用完,则还将按已定的替换算法实施一次页的替换。

页表除了上述作用外,还对用户程序的保护具有一定的作用。对用户程序的保护分为两类,一是访问方式保护;二是存储区域保护。访问方式保护是指,如果对某页的访问操作与页表中为该页设定的访问方式不同,就会引起一次访问方式错误中断,请求操作系统的处理。存储区域保护有两层含义,一是指限制各用户程序只能访问分配给自己的主存区域,以避免对其他程序的破坏;二是指对同一个用户程序的不同部分实施不同级别的保护。页表中的访问方式字段指定了页的访问方式,对页的访问起到了保护作用;而由于每个用户程序只能访问自己的页表,即使虚地址中的虚页号或页内地址发生错误,也只错在本程序内部,不会影响到其他程序,从而起到了存储区域保护的作用。当然,页表无法实现对同一个程序的不同部分实施不同级别的保护,也无法解决地址转换过程中出现的错误所引起的存储区域保护问题。

页式虚拟存储器的主要优点有:

(1) 主存空间利用率高,主存命中率高。由于采用全相联映射方式,实空间中的所有实页位置能被完全使用;仅有的空间浪费来自于每个用户程序的最后一页,因为这一页可能不是满页。

(2) 地址转换的速度较快,所需硬件简单。主存的实地址是由从页表中取得的实页号与虚地址中的页内地址拼接而成的,不需要任何运算,所以速度较快。

(3) 用户程序的运行对实空间的要求低。一个用户程序只要有一页装入主存,就可以运行起来,即使代码的存储量大于实空间的用户程序,也能顺利地得到运行。

页式虚拟存储器的主要缺点是:

(1) 不利于程序的保护与共享。页是人为规定的长度固定的划分单位,而程序的自然划分单位是模块,模块的长度是不固定的,因此,一个模块可能被划分为多页,一页也可能包含多个模块的内容。而程序的保护与共享都是以模块为单位进行的,每个模块所需的保护方式,以及是否可被共享,都不一定相同。如程序中的数据模块通常可读可写,但不能执行,而子程序(或过程)模块一般只允许执行,而不可修改等。页式虚拟存储器难以很好地满足这种保护与共享的要求。

(2) 页表本身很长,需要占用较多的主存空间。由于页的长度较小,分配给每个用户程序的页数很多,而每个虚页在页表中就有对应的一行,因此,页表的行数很多,会占用较多的主存空间。

4.4.3　段式虚拟存储器

段是指程序的模块。段式虚拟存储器就是对用户程序按段管理和分配主存空间的虚拟存储器。

段式虚拟存储器对虚空间中的用户程序按段管理。在将虚空间中的一个程序段向实空间映射时,不限制所映射到的实空间位置,但要求实空间中有足以容下此段的连续存储区域,才能映射成功。如果实空间中没有满足条件的存储区域,就会引起一次段的替换。由于段的长度不固定,实空间不能预先按段划分,所以,实地址就直接按线性地址看待。虚地址的格式如图 4.32 所示。

基号	段号	段内地址

图 4.32　段式虚拟存储器的虚地址格式

段号位数决定了一个用户程序可以包含的最大段数,段内地址位数则决定了一个段的最大容量。

为了将虚地址转换为实地址,并实现正确的访问,必须知道一个段究竟存在实空间的何处,并且要明确该段在实空间中所占存储区域的范围。为此,由操作系统为每个用户程序建立并维护一张段表,以提供地址转换及数据访问所需的必要信息。段表每行所含的主要信息有:

段　号	段基址	段　长	装入位	修改位	访问方式

其中,段号与段基址指出用户程序的某段与它在实空间中存放的起始地址之间的对应关系;段长指出一个段的实际大小(长度),与段基址一起,确定一个段在实空间中的存储区域;装入位、修改位及访问方式的作用与页表中的一致。由于规定段表的行号与程序中的段号对应,因此,段表中实际上不需要"段号"字段。

对于多用户多任务系统,CPU 中也要设置一组段表基址寄存器,用于存放各用户程序的段表在主存中的基址;段表基址寄存器按基号访问。图 4.33 所示为段式虚拟存储器的地址转换过程。

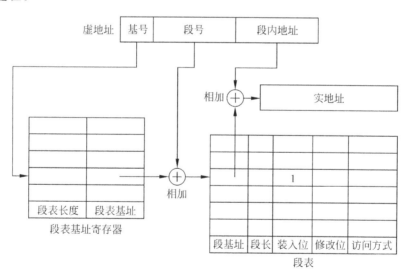

图 4.33　段式虚拟存储器的地址转换过程

段表基址寄存器中的段表长度字段给出段表的实际行数(即用户程序的实际段数),这样,段表就不必按最大行数建立,可以减少段表本身占用的主存空间。段式虚拟存储器的地址转换过程及相关情况的处理,与页式虚拟存储器相似,只是实地址是由段表提供的段基址与虚地址中的段内地址相加而求得的。

段表所具有的程序保护作用与页表相似。此外,还利用段长字段,防止对段的访问超出段的边界,具体而言,当段内地址≥段长时,发生越界访问错误,引起越界中断,由操作系统进行中断处理。

段式虚拟存储器的主要优点有:

(1)便于用户程序的保护与共享。段(或模块)本身就是程序中实施保护与共享的基本单位,所以,对用户程序按段实施保护与共享十分方便。如果一个用户程序需要加入一个共享的段,只需将该共享段的基址、段长、访问方式等信息填入自己的段表即可。

(2)段表行数相对较少,占用主存空间较少。段的容量比页大,甚至大很多,所以,程序划分的段数较少,段表行数也少。

段式虚拟存储器的主要缺点是:

(1)对主存空间的管理较复杂,空间利用能力较差,容易造成空间浪费,进而影响主存命中率和系统的整体性能。因为段在从虚空间装入实空间时,要求一次性完整装入主存一个连续的存储区域,这就降低了主存对段的满足率,较易造成段的替换,且主存空间中会产生较多难以利用的零碎空闲存储区,造成较大的空间浪费。

(2)地址变换速度较慢,且需要增加硬件支持。实地址是由段基址与段内地址相加而得的,需要增加一个地址加法器,增加较多的延时。

4.4.4　段页式虚拟存储器

页式和段式虚拟存储器在优缺点方面有明显的互补性,二者相结合就形成了段页式虚拟存储器,段页式虚拟存储器具有更为全面和平衡的优点。

段页式虚拟存储器对存放于虚空间中的用户程序按段实施管理,但在将程序段从虚空间映射到实空间时,则以页为单位进行映射。为此,段页式虚拟存储器要对用户程序的每个段再按页划分。与页式虚拟存储器不同的是,这种分页是在各个段的内部进行的,不是在整个用户程序范围内进行的,因此,不会发生一页内含有多个段内容的问题,但每个段的最后一页可能会产生一些空间浪费。由于是以页为单位的映射,实空间当然也需要按页划分。图4.34所示为段页式虚拟存储器的虚地址和实地址的格式。

（a）虚地址格式　　　　　　　　（b）实地址格式

图4.34　段页式虚拟存储器的地址格式

按段管理体现的是段式虚拟存储器的特点;按页映射则体现的是页式虚拟存储器的特点,因此,操作系统要为每个用户程序建立一个段表,实现按段的管理与控制,并且还要为每个段建立一个页表,描述虚页到实页的映射关系。段表负责对各个段的页表实施管理,段表每行所含的主要字段有:

页表基址	页表长度	装入位	访问方式

段表的行号对应程序的段号,所以段表中不需要包含段号字段。页表基址给出一个段的页表在主存中的起始地址;页表长度则指出一个段所划分的页数(也就是页表的行数);访问方式字段置于段表中,体现了以段为单位的访问方式保护。由于地址映射和替换操作均以页为单位进行,所以,段表中不必设置修改位,可在页表中设置修改位。页表每行所含的主

要字段有：

实页号	装入位	修改位	访问方式

段内页号与页表行号对应，不必设置。

图 4.35 所示为段页式虚拟存储器的地址转换过程。

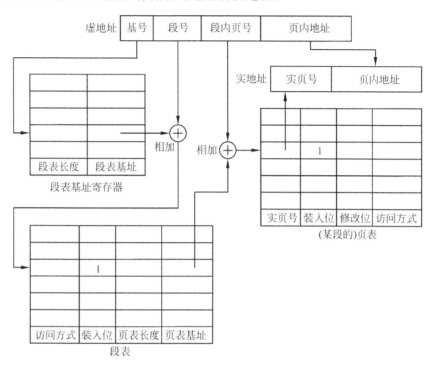

图 4.35 段页式虚拟存储器的地址转换过程

查段表的过程与段式虚拟存储器类似。通过查段表获得指定段的页表基址，将其与虚地址中的段内页号相加，即得到访问该段所对应页表的行地址，将从页表获得的实页号与虚地址中的页内地址拼接，即得到用于访存的实地址。

段页式虚拟存储器兼具段式和页式虚拟存储器的优点，既可实现按段保护与共享，又有较高的主存空间利用率。但是，段页式虚拟存储器也存在查表次数多，地址转换速度慢等缺点。

【例 4.9】 设一个段页式虚拟存储器按字节编址，最多允许 16 个用户程序同时运行，每个用户程序最多可有 512 段，每段最多包含 1024 页，每页 8KB。主存容量为 128MB。

(1) 写出虚地址的格式，标出其中各字段的位数，并指出虚空间的大小。

(2) 写出实地址的格式，并标出其中各字段的位数。

解：

(1) 因为最多允许 16(2^4)个用户程序同时运行，所以，基号为 4 位；

因为每个用户程序最多有 512(2^9)段，所以，段号为 9 位；

因为每段最多包含 1024(2^{10})页，所以，段内页号为 10 位；

因为每页长度为 8KB(2^{13}字节），所以，页内地址为 13 位。由此可得虚地址的格式及各字段位数如下：

4 位	9 位	10 位	13 位
基号	段号	段内页号	页内地址

因为虚地址的总位数为

$$4+9+10+13=36$$

所以,虚空间的大小为 2^{36} 字节＝64GB。

(2) 实空间所划分的页数为

$$\frac{128\text{MB}}{8\text{KB}}=\frac{128\times2^{20}}{8\times2^{10}}=\frac{2^{27}}{2^{13}}=2^{14}\text{页}$$

所以,实页号为 14 位。页内地址的位数与虚地址中的相同,为 13 位。因此,实地址的格式及各字段位数如下:

14 位	13 位
实页号	页内地址

4.4.5　快表技术

在虚拟存储环境中运行的程序,每次访存操作之前都要进行地址转换,每次地址转换都要访问段表或页表,而段表和页表均驻留在主存,这就大大增加了对主存的访问次数。如在主存命中的前提下,对段式或页式虚拟存储器,每次地址转换都需要访问一次段表或页表,而对段页式虚拟存储器,则需访问段表和页表各一次;在得到实地址后,还要再用该地址访存,才能完成一次程序的访存操作。可见,由于查表,使程序一次访存操作的时间增加了1 至 2 倍,这严重影响了虚拟存储器的实用性。因此,如何提高查表速度,是虚拟存储器必须解决的问题。

根据程序访问的局部性原理,在局部时间范围内,程序对页表的访问一般只局限在页表的少数几行内。仿照 cache 存储器的做法,将这少数几行页表信息存入一个小容量高速存储器中,就可以加快查表的平均速度。这个小容量高速存储器中所存的信息是主页表的一个子集,称为快表,也称为转换后援缓冲器(Translation Lookaside Buffer,TLB)。相对而言,驻留于主存的主页表则称为慢表。快表最多只有几十个字(或行),可以集成在 CPU 内部,按相联方式访问,并以 CPU 的全速进行工作。如果快表命中,则查表时间如同读一次CPU 内部寄存器的时间,程序通过快表完成一次访存操作的时间,相当于直接面对主存,按寄存器间接寻址方式访问一次主存的时间。

实际上,快表和慢表构成了一个类似于 cache 存储器的存储系统。为了充分利用快表空间,慢表与快表之间采用全相联映射方式,写策略可采用写回法和按写分配法。当快表装满时,也会发生替换,常用的替换算法是 LRU 算法。

图 4.36 所示为采用快表技术的页式虚拟存储器的地址转换过程。

这里,慢表(即主页表)为所有用户程序共用,以基号和虚页号的组合作为访问慢表的行地址,所以,每个用户程序在慢表中占用地址连续的若干行,相当于慢表被等分为若干段,每个用户程序使用其中的一段。快表为所有用户程序共享,以基号和虚页号的组合作为关键字,用相联比较的方式实施查表。为了节省时间,每次地址转换时,用基号和虚页号的组合同时去查快表和慢表。由于快表的访问速度比慢表快得多,如果快表命中,则从快表中取得实页号,与虚地址中的页内地址拼接形成实地址,并同时中止慢表的查表过程;如果快表未命中,则继续慢表的查表过程。经过一个主存存储周期后,如果慢表查表成功(即对应行的装入位为1),则从慢表中获取实页号并形成实地址,同时,根据程序访问的局部性原理,还要将这一行的内容从慢表映射到快表中。如果此时快表已满,还要按照替换算法,对快表实施一次行替换。如果慢表查表失败,就会触发一次页失效,请求操作系统将该页从虚空间装入实空间,并将有关信息填入慢表对应的行中,由于采用按写分配法,慢表中这一行的内容同时会由硬件写入快表。

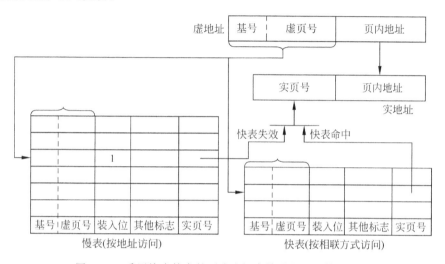

图 4.36　采用快表技术的页式虚拟存储器的地址转换过程

　　类似地,段式虚拟存储器和段页式虚拟存储器也均可采用快表技术来提高查表速度。只有加快了查表速度,虚拟存储器才具有实用价值。

　　虚拟存储器与 cache 存储器是计算机存储系统中的两个重要的存储子系统,它们的工作是联系在一起的。虚拟存储器将用户程序的活跃部分从辅存装入主存,cache 存储器再从主存中将近期最活跃的程序部分装入 cache。程序运行过程中的每次访存操作,都是先将虚地址转换成实地址,再将实地址转换成 cache 地址;然后,先以 cache 地址访问 cache,如cache 未命中,再用主存地址访问主存,如仍未命中,再请求操作系统访问辅存。访问辅存后,又会引起一系列的装入动作:首先,将所需访问的程序页或段从辅存装入主存,程序在主存中满足本次访存操作后,根据程序访问的局部性原理,还要将本次访存所涉及的主存块装入 cache,这一系列的装入过程可能还会引起替换操作。可见,整个存储系统的工作过程是很复杂的,需要硬件、软件的精确配合,才能完成这些复杂的控制。

　　【例 4.10】　设一个程序共分为 5 页,用 P0~P4 表示。程序执行过程中的页地址流(即程序执行中依次用到的页)如下:

$$P0,P1,P0,P4,P3,P0,P2,P3,P1,P3$$

假设只分配给这个程序三个实页的主存空间。

　　(1)分别采用 FIFO 和 LRU 替换算法,分析两种替换算法下的页命中率。

　　(2)如果在程序执行过程中,每访问一个页,平均要对该页内的存储单元进行 100 次访问,分别求出两种替换算法下的存储单元命中率。

（3）程序执行过程中,可能获得的最高页命中率和存储单元命中率分别是多少?

解:

（1）可以采用列表的方法进行分析,分析过程如图 4.37 所示。

时间 t	1	2	3	4	5	6	7	8	9	10	页命中率
页地址流	P0	P1	P0	P4	P3	P0	P2	P3	P1	P3	
FIFO 算法	0	0	0♯	0*	3	3	3*	3♯ *	1	1	2/10=20%
		1	1	1	1*	0	0	0	0*	3	
				4	4	4*	2	2	2	2*	
	装入	装入	命中	装入	替换	替换	替换	命中	替换	替换	
LRU 算法	0	0	0♯	0	0*	0♯	0	0*	1	1	4/10=40%
		1	1	1*	3	3	3*	3♯	3	3♯	
				4	4	4*	2	2	2*	2	
	装入	装入	命中	装入	替换	命中	替换	命中	替换	命中	

图 4.37 例 4.10 中两种替换算法的页命中率分析

图中,带 * 号标记的程序页号是下一次将被替换的程序页号;带 ♯ 号标记的程序页号是被命中的程序页号。FIFO 算法的主要问题是,即使某页刚被命中,但由于它是最先装入主存的,下一次仍然要替换它。这不符合程序访问的局部性原理,所以,FIFO 算法的命中率较低。对 LRU 算法,即使某页已被标记为下一次替换的页,但只要被命中,就会立刻改变其状态,并按近期最久未用的原则,重新确定下次将要替换的页。这种算法充分体现了程序访问的局部性原理,因此具有较高的命中率。

（2）首先,10 次页的访问总共对页内的存储单元访问了

$$100×10=1000 \text{ 次}$$

对 FIFO 算法,有 8 次页的访问未命中,即访问这 8 页内的第 1 个存储单元时未命中,在将页装入或通过替换的方式装入主存后,对页内其他存储单元的访问都能直接在主存命中了。所以,FIFO 算法的存储单元命中率为

$$\frac{1000-8}{1000}=99.2\%$$

类似地,LRU 算法有 6 次页的访问未命中,所以其存储单元命中率为

$$\frac{1000-6}{1000}=99.4\%$$

（3）程序执行过程中,如果有足够的主存空间,不发生任何页的"颠簸"现象,则可以达到最高的页命中率。所谓"颠簸",是指一个页被替换出去后,又要重新装入主存的现象。当然,获得最高页命中率最简单的做法,就是为程序分配的实页数大于等于程序的实际页数。对本例而言,如为程序分配 5 个实页,则不会发生任何页的替换,程序的各页仅在第一次访问时失效,以后的访问均命中。因此,页的命中次数最大可达到 10−5=5 次,故最高页命中率为 5/10=50%,最高存储单元命中率为

$$\frac{1000-5}{1000}=99.5\%$$

习题

1. 计算机的存储系统为什么要采用层次结构？各个层次的存储器在整个存储系统中的主要作用是什么？构造存储系统的层次结构依据的是什么原理？

2. 试分析 SRAM 和 DRAM 的优缺点，并进行相应的比较。说明这两种存储器在计算机中的主要应用。

3. DRAM 为什么需要定时刷新？有哪两种常用的刷新方式，各自的优缺点是什么？刷新操作对存储器性能会产生什么影响？

4. 存储芯片内部为什么要用双译码方式进行存储单元的选择？如果采用单译码方式，会对 DRAM 的刷新产生什么影响？

5. 某机存储器字长为 64 位，按字节编址，地址码位数为 32 位，其主存由 $4M \times 8$ 的 DRAM 芯片组成，并采用内存条的形式扩充主存空间。

（1）该机所允许的最大主存空间是多大？

（2）如果一个内存条的容量为 $16M \times 64$，需要多少个内存条，才能使主存空间达到最大？

（3）每个内存条要用多少 DRAM 芯片？整个主存需要多少 DRAM 芯片？

（4）CPU 访存时，如何进行内存条的选择？

6. 某 8 位微机的地址码位数为 20 位，与访存有关的控制信号有 $R/\overline{W}$（读/写控制）和 $\overline{MREQ}$（访存请求）。现使用 $16K \times 4$ 的 SRAM 芯片为其构造一个 $128K \times 8$ 的存储器，试设计该存储器，并画出与 CPU 的连接图。

7. 设某 8 位微机有 16 位地址码，与访存有关的控制信号有 $R/\overline{W}$（读/写控制）和 $\overline{MREQ}$（访存请求）。现要为该机构造存储器，要求：

（1）地址最低的 32KB 空间作为用户程序区，可读写。

（2）地址最高的 4KB 空间作为系统程序区，只可读；与其相邻的 2KB 空间是系统程序的工作区，可读写。

（3）设计详细的片选逻辑，并画出存储器与 CPU 的连接图。

可供选择的器件有：

EPROM 芯片（数量不限）：$2K \times 8$，$4K \times 4$，$8K \times 8$。

SRAM 芯片（数量不限）：$1K \times 4$，$2K \times 8$，$4K \times 8$，$16K \times 4$。

译码器芯片（限用 1 片）：74138（3 入 8 出译码器）。

其他门电路自定。

8. 某机字长为 32 位，地址码为 24 位，按字节编址。CPU 上与访存有关的控制信号有：$R/\overline{W}$（读/写控制）、$\overline{MREQ}$（访存请求）和 $\overline{BE_0} \sim \overline{BE_3}$（字节允许）。现用 $16K \times 8$ 的 SRAM 芯片，为该机构造 $64K \times 32$ 的存储器，并要求能按 8 位，16 位和 32 位三种字长访存。试设计该存储器，并画出与 CPU 的连接图。

9. 设存储器字长为 64 位，存储模块数 $m=8$，存储周期 $T=100ns$，总线的传输延迟 $\tau=25ns$。若分别采用高位交叉方式和低位交叉方式组织该存储器，试分别计算两种组织方式下的存储器带宽。

10. 已知 cache-主存系统中,主存的存储周期为 180ns,cache-主存系统的平均访问时间为 40ns,cache-主存系统的效率为 88%。求 cache 的命中率。

11. cache 存储器有哪几种地址映射方式? 各有什么优缺点?

12. 你认为有哪些因素影响着 cache 的命中率,是如何影响的?

13. 某机字长为 16 位,采用 4 路组相联 cache,并使用 LRU 替换算法。已知主存容量为 32K 字,cache 容量为 4K 字,每个块包含 64 个字,问:

(1) 主存地址和 cache 地址各是什么格式? 各字段的位数是多少?(均按字编址。)

(2) 设 cache 起始为空,CPU 从主存单元 0,1,…,4351 中依次取数,并按此顺序重复取数 9 遍,求 cache 的命中率。若 cache 的速度是主存的 10 倍,问采用 cache 后,CPU 的访存速度是采用 cache 前的多少倍?

14. 虚拟存储器有哪几种模式? 各有什么特点?

15. 试说明虚拟存储器与 cache 存储器之间的区别与联系。

16. 试说明快表(TLB)技术对虚拟存储器的重要意义。

17. 一个页式虚拟存储器按字节编址,其虚地址格式如下:

6 位	18 位	12 位
基号	页　号	页内地址

问:系统最多允许多少道用户程序同时运行? 每个用户程序最多可包含多少页? 每页的大小是多少? 每个用户程序最大为多少字节? 整个虚空间的大小是多少?

18. 设一个页式虚拟存储器的虚空间包含 8 个页,实空间包含 4 个页,每页的大小为 1K 字,页表当前的状态如表 4.2 所示。问:

(1) 哪些虚地址会引起页失效?

(2) 求以下虚地址对应的实地址(均以十进制表示):
10,6478,3071,1024,7820,4095

表 4.2　第 18 题页表

虚页号(即页表行号)	实 页 号	装 入 位
0	2	1
1		0
2	3	1
3	0	1
4		0
5		0
6	1	1
7		0

19. 在页式虚拟存储器中,一个程序由 5 个虚页组成,程序执行过程中依次访问的页地址流如下:

P3,P4,P2,P1,P4,P0,P2,P1,P2,P4,P0,P2

假设系统仅分配给该程序三个实页,并采用 LRU 替换算法。

（1）用列表法求该程序执行过程中的页命中率。

（2）如果在程序执行过程中，每访问一个页，平均要对该页内的存储单元进行 1024 次访问，求存储单元命中率。

（3）该程序执行过程中可能获得的最高页命中率是多少？至少要分配给该程序多少个实页，才能获得最高的页命中率？

20．某机的存储系统由 cache、主存和用于虚拟存储的磁盘组成。如所访问的字在 cache 中，则需 20ns 的访问时间。如所需访问的字在主存中而不在 cache 中，则需用 60ns 将其装入 cache，然后在 cache 中访问。如果该字也不在主存中，则需先用 12ms 将其从磁盘装入主存，然后再用 60ns 将其复制到 cache，最后在 cache 中完成访问。设 cache 命中率为 0.92，主存命中率为 0.95，求该系统访问一个字的平均时间。

21．设某机采用页式虚拟存储器，页表驻留在主存中，主存的存储周期为 200ns。

（1）如果主存命中，则程序完成一次访存需用多少时间？

（2）现采用快表技术，且快表的命中率为 0.8，并忽略快表的查表时间，则在主存命中的前提下，程序完成一次访存的平均时间是多少？

第5章

指令系统

指令系统是计算机硬件和软件的主要分界面。指令系统的设计直接影响到计算机硬件系统和软件系统的设计。本章重点讲解指令功能及指令格式的设计，并对 CISC 系统和 RISC 系统作简要介绍。

5.1 指令系统概述

计算机可以执行各种复杂的任务，但是，无论什么任务，都要分解为一系列基本操作来一步一步完成。一条机器指令（简称指令），就是给计算机下达的一个基本操作命令。操作类型不同，操作对象不同，就要有不同的指令；一台计算机中所有指令的集合，称为这台计算机的指令系统。

指令系统是计算机系统的重要组成部分，是计算机硬件设计人员和软件设计人员共同关注的焦点，也是他们之间互相沟通的一座桥梁。硬件设计人员采用各种手段实现指令系统，而软件设计人员则使用指令系统中的指令来编制各种各样的系统软件和应用软件，达到使用计算机的目的。指令系统的设计，必须由硬件设计人员和软件设计人员共同来完成。

计算机指令系统的发展，是与计算机硬件技术的发展、应用领域的扩大和应用要求的提高密切相关的。应用的发展提高了对指令种类和指令功能的要求，而指令是由硬件实现的，因此，硬件的复杂程度和成本也要增加。电子计算机出现初期，其应用领域狭窄，硬件成本高昂，指令种类和数量也少。随着集成电路技术的发展，硬件成本不断下降，于是，计算机的指令系统有了发展的硬件基础，指令的种类和数量不断增加，指令功能也越来越复杂，当然，计算机的应用领域也得以不断地扩大。

对于计算机的用户而言，为了用好计算机，必须投入大量的时间和费用来开发适合自己使用的应用软件。因此，计算机用户既希望自己所用的计算机在功能和性能上不断增强和提高，又希望已经开发出来的各种应用软件都能直接在新的机器上顺利运行，而不必重复开发。这就是软件的兼容性要求。为此，在 20 世纪 60 年代，IBM 公司首次推出了 IBM 370 系列计算机。

所谓系列计算机，是指基本指令系统相同，基本系统结构相同的一系列计算机。同一个系列的机器中，后推出的型号可以采用更新的器件和更先进的计算机组成和实现技术，来提高其性能，也可以在硬件系统中增加新的模块，或在指令系统中增加新的指令，来增加其功能；但是，新型号机器不能削减和改变旧型号机器的指令系统和系统结构。只有这样，才能保证同一系列中的新机器与旧机器之间具有软件兼容性；这种兼容称为向后兼容，这是系列机必须做到的。实际上，生产系列机只是计算机公司的一种商业上的战略，并不利于计算机系统结构的发展。

从指令系统的发展过程来看，从第一台电子计算机诞生，到20世纪70年代末的三十多年里，指令系统是沿着不断增大、不断复杂化的单一方向发展的。当时，一些典型计算机的指令系统所包含的指令种类，都在两百种以上。指令系统复杂化也使其功能得以强化，由此带来了一些好处，如便于程序设计，利于编译程序的工作，利于操作系统的管理等。但是，指令系统复杂化也同样造成计算机系统结构的复杂化，许多功能复杂的指令难以直接用硬连线的方式实现，而不得不采用微程序的方式，从而形成了系统性能的瓶颈。1975年，由IBM公司率先开始研究指令系统的合理性问题，由此开辟了指令系统发展的一个新的方向——精简指令系统方向。采用精简指令系统的计算机，称为精简指令系统计算机(RISC)，相对而言，采用复杂指令系统的计算机则称为复杂指令系统计算机(CISC)。

5.2　指令格式及其设计

5.2.1　指令的基本格式

一条指令由操作码和地址码两部分组成，其基本格式如下：

操作码(OPC)	地址码(A)

操作码本质上就是指令的编号，用于标识不同的指令。在指令系统的设计者将某种操作功能与某个指令编号建立联系后，这个编号就代表了某种操作功能，被看作表示某种操作功能的编码。操作码由控制器中的指令译码器进行识别，根据识别的结果，由控制电路发出指令执行所需的各种操作控制信号，控制相关部件完成指令的操作功能。

不同计算机的指令系统的设计者，在建立指令功能与指令编号的联系时是不同的，因此，不同的计算机在机器指令层次上是不兼容的。

地址码用于指出指令的操作数据所存放的位置(包括原始数据的存放位置和处理结果的存放位置)。指令的操作数据可以存放在存储器中，也可以存放在CPU内部的寄存器中，甚至可以在输入输出设备的I/O端口中。因此，地址码可以是存储单元地址，可以是寄存器编号，也可以是I/O端口地址。由于各种存储装置的容量不同，所以，地址码的位数也不同；存储器容量大，其地址位数也多，CPU内的寄存器数量很少，所以寄存器的编号也很短，I/O端口地址的长度则在此两者之间。

一条指令的操作往往需要涉及多个数据，因此，指令中的地址码可能会有多个。目前的计算机系统中，指令的地址码个数通常不超过三个；按指令中地址码个数的不同，可把指令格式分为三地址指令、二地址指令、一地址指令和零地址指令4类，如图5.1所示。

三地址指令中，有两个源操作数的地址和一个目标操作数的地址。这种指令在执行后，两个源操作数不会被破坏。

二地址指令中，有一个源操作数的地址和一个目标操作数的地址。如果是运算类的指

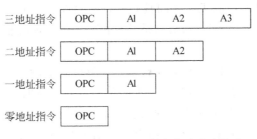

图 5.1　对应不同地址码个数的指令基本格式

令,则先按两个地址码取出两个操作数,经运算后,再将结果写入目标地址。这样会覆盖掉原来存放在目标地址中的操作数。

一地址指令只有一个地址码,这个地址码通常既是源地址,也是目标地址,即对该地址中的数据处理后,结果仍写入该地址中。但是,一地址指令并不都是单操作数指令。例如,有些运算类的指令,会对其中一个操作数采用默认的方式在内部指定,所以只需在指令中显式指定另一个操作数即可,此时,被显式指定的操作数通常是源操作数。

零地址指令中没有地址码,这种指令不做数据处理,如空操作指令(没有任何操作功能的指令)和停机指令(使 CPU 暂停工作,进入待机状态的指令)等。

一条指令的长度是指这条指令的二进制编码的位数,它是这条指令的操作码以及全部地址码的位数之和。由于现在的计算机存储器多按字节编址,为了方便指令的存取,指令的长度都取字节长度的整数倍。虽然指令的长度与机器字长没有本质的联系,但通常把长度等于机器字长的指令称为单字长指令,把长度等于两倍机器字长的指令称为双字长指令,而把长度等于机器字长一半的指令称为半字长指令等。指令长度小于或等于机器字长的指令,一般只需一个存储周期就可完成取指令操作,除非这条指令在存储时横跨了两个存储字。RISC 的指令通常都是单字长指令,而 CISC 的指令长度一般变化较多。指令长度的变化,主要与地址码的个数和寻址方式有关。

5.2.2　指令的操作数类型和操作类型

1. 操作数类型

指令所能处理的一切信息,都可以看作指令的操作数。

按操作数的性质来分类,操作数可分为:地址、数值、字符和逻辑数据 4 类;按数据格式来分类,操作数又可分为定点格式和浮点格式两类,其中,定点数、BCD 码、地址(可看作定点整数)、字符(可看作定点整数)、逻辑数据(可看作定点整数)等,都属于定点格式,浮点格式则只表示浮点数。

对不同类型的数据,其操作方式是不一样的,需要设计不同的指令来完成不同的操作。例如,对数值,需要设计数值的加、减、乘、除等运算指令;对逻辑数据,需要设计"与"、"或"、"非"、"异或"等逻辑运算指令;对地址,需要设计地址传送、地址修改等指令;对字符,可设计字符传送、字符比较、字符修改、字符串处理等指令。即使同为数值,由于数据格式不同,也需要分别设计定点数操作指令和浮点数操作指令;即使是同为定点数或同为浮点数,也因数据位数(或精度、范围)的不同,而需要设计不同的指令来操作。可见,操作数类型对指令系统的设计有很大的影响。

2. 操作类型

对各种计算机而言,其指令的操作种类都大同小异,一般都包含以下一些基本的操作类型:

(1) 数据传送类操作。这类操作进行存储单元之间、寄存器之间、存储单元与寄存器之间的数据传送。实现这类操作的指令多数是二地址指令,两个地址码中,一个是源操作数地址(数据的来源地),另一个是目标操作数地址(数据的目的地)。对与堆栈有关的数据传送指令(包括进栈、出栈指令),由于堆栈有栈顶指针自动操作,这类指令只需指出另一个操作数的地址,所以通常采用一地址指令格式。

(2) 算术类操作。这类操作有双目操作和单目操作之分;双目操作包括加、减、乘、除等,单目操作则有求绝对值、求相反数、加1、减1等。双目操作指令通常是二地址指令或三地址指令,但也有采用一地址指令格式的(如前所述)。

(3) 逻辑类操作。逻辑类操作包括逻辑运算、按位测试、移位操作等。除逻辑"非"为单目操作,采用一地址指令格式之外,其余均为双目操作,采用二地址指令格式。

(4) 控制转移类操作。这类操作控制程序执行路线的转移(改变),包括无条件转移、条件转移、子程序调用与返回、中断调用与返回等。无条件转移指令包含一个地址码,给出转移的目标指令地址。条件转移有一般条件转移和复合条件转移两种操作方式。一般条件转移先用一条比较指令产生判断条件,然后再用一条判断转移指令进行条件判断,并根据判断结果控制程序的执行路线,这种转移指令只包含一个目标指令地址码;复合条件转移则把产生判断条件和判断转移两个操作合在一条指令中,形成一条三地址指令,其中,有两个地址码是参与比较的两个操作数的地址,另一个地址码则是转移成功时的目标指令地址。子程序调用指令与中断调用指令相似,均为一地址指令,地址码为子程序或中断服务程序的入口地址;子程序返回指令与中断返回指令从堆栈中获取返回地址。

(5) 输入输出类操作。这类操作进行处理器与I/O设备之间的数据传送。I/O设备通过I/O接口与计算机主机相连;处理器与I/O设备之间的信息传送,通过I/O接口中的各类端口(或寄存器,包括数据端口、控制端口和状态端口等)进行。对于将I/O端口与主存单元统一编址的计算机而言,没有专门的输入输出指令(I/O指令),输入输出操作采用与主存读写操作相同的指令。对于将I/O端口独立编址的计算机,需要设计专门的I/O指令,用于在处理器内部的通用寄存器与I/O端口之间进行数据传送。这种I/O指令都是二地址指令,其中一个地址码是通用寄存器编号,另一个地址码则是某个I/O端口地址。

(6) 系统控制类操作。这类操作用于系统资源的分配与管理,包括切换系统状态(管态和目态),检测用户的访问权限,建立和维护虚拟存储器的段表和页表,进行任务的创建和切换等。完成这类操作的指令被称为特权指令,只能用在操作系统或其他系统软件中,用户程序不能使用。

(7) 处理器控制类操作。这类操作对处理器本身的工作状态和工作方式进行控制或修改,所用指令通常是零地址指令,如停机指令、空操作指令、开中断和关中断指令、条件码的置位或复位指令等。

5.2.3　寻址方式

在计算机中,等待执行的指令存放在存储器中,指令执行过程中所需的操作数存放在存储器、寄存器或 I/O 端口中。程序执行时,必须准确取出所需执行的指令,准确取出所需处理的数据,并将处理结果准确地存入指定的地方。无论指令的读取,还是数据的读写,都要提供相应的地址。产生指令地址的方式称为指令寻址方式,产生操作数地址的方式称为数据寻址方式。

程序中的指令,是按指令的排列顺序,依次存放在地址连续的存储单元中的,指令地址由程序计数器(PC)产生。PC 是控制器内部的一个计数器,在程序执行之前,由系统将程序的入口地址(即程序第一条指令的地址)装入 PC,控制器按 PC 提供的指令地址,从存储器中读取指令执行;每读取一条指令后,控制器就会向 PC 发出计数控制信号,使 PC 加 1,产生下一条指令的地址。如果程序是顺序执行(即按照指令排列的先后顺序执行指令)的,则依靠 PC 的自动加 1,就能不断产生所需执行的各条指令的地址,这称为指令的顺序寻址。如果程序需要改变执行的顺序,则要通过控制转移类指令来实现;这些指令可以(条件转移指令是在转移条件成立时)将转移目标处的指令地址装入 PC,使控制器下次所取的指令为转移目标指令,从而达到改变程序执行顺序的目的,这称为指令的跳跃寻址。

程序执行时对数据的访问情况要复杂得多。首先,程序有可能按照操作数的存放顺序进行处理,但也有可能不按顺序处理;其次,操作数存放的地方也是多变的,有存储器、寄存器、I/O 端口等。因此,数据的寻址方式比较多,也比较复杂。按照某种寻址方式产生的操作数地址,称为操作数的有效地址(EA)。下面介绍几种在计算机中广泛使用的数据寻址方式。

1. 直接寻址

这是一种产生存储器操作数地址的寻址方式,它将操作数在存储器中的存放地址直接作为地址码,置于指令的地址码部分,指令执行时,直接按此地址即可进行操作数的访问。

直接寻址的优点是提供存储器操作数地址的速度最快,实现一个存储器操作数的访问只需一次访存;缺点是地址码较长,会大大增加指令的长度。

2. 间接寻址

该寻址方式用于产生存储器操作数的地址。与直接寻址类似的是,间接寻址也将一个存储器地址置于指令的地址码部分,但是,该地址不是操作数的地址,按该地址访存所读取的信息字才是操作数的地址,再用所得的操作数地址,才可完成对操作数的访问。因此,指令中给出的地址码被称为间接地址。间接寻址的过程如图 5.2 所示。

采用间接寻址方式的计算机中,通常将存储器地址最低的一小块存储区域用作操作数地址存储区,这样,指令中的间接地址的位数就可以减少,相当于用一个较短的地址换来一个较长的地址。例如,存储器字长为 32 位,将地址最低的 1KB 空间作为操作数地址存储区,每个操作数地址为 32 位,这样,指令中的间接地址只需 10 位,就可访问 1KB 的操作数地址存储区,并取得一个 32 位的操作数地址。间接寻址方式的最大缺点,就是要对存储器进行两次访问,才能完成一个操作数的读/写。

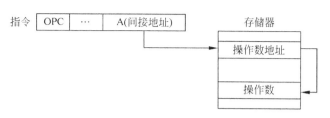

图 5.2 间接寻址过程

3. 寄存器寻址

如果操作数存于寄存器中,则采用该寻址方式,在指令的地址码部分给出相应的寄存器编号(亦即寄存器地址),即可对该寄存器中的操作数进行访问。

由于寄存器的存取速度很快,所以,寄存器寻址方式能以很快的速度完成操作数的访问。此外,寄存器的数量少,其编号的位数也少,能够有效地减少指令中地址码的长度。

4. 寄存器间接寻址

该寻址方式将存储器操作数的地址置于一个寄存器中,并在指令的地址码部分给出该寄存器的编号。与寄存器寻址方式不同的是,寄存器中存的不是操作数本身,而是操作数在存储器中的地址。因此,该寻址方式也是用于产生存储器操作数地址的。图 5.3 所示为寄存器间接寻址过程。

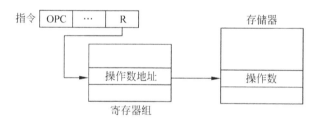

图 5.3 寄存器间接寻址过程

指令中的 R 字段为寄存器编号,以该编号访问寄存器组,对应的寄存器的内容就是操作数的地址,按此地址访存,即可完成操作数的访问。

寄存器间接寻址从寄存器中取得操作数地址,这比间接寻址从存储器中获取操作数地址要快得多。如果使用加 1 或减 1 指令对寄存器中的操作数地址进行修改,可以方便地通过循环控制,对在存储器中连续存放的一组数据(数组或矩阵)依次进行处理。此外,寄存器的长度通常等于机器字长,可以存放一个较长的存储器地址,而寄存器编号则短得多,因此,寄存器间接寻址也是缩短指令中地址码长度的有效手段。

5. 变址寻址

该寻址方式用于访问存储器操作数。变址寻址需要用到一种变址寄存器;在不同的计算机中,有的采用专门的寄存器作为变址寄存器,有的则用通用寄存器兼作变址寄存器。变址寄存器中存放用于改变存储器地址的正偏移量(即地址增量),而基础的存储器地址在指令的地址码字段中给出。用于访存的操作数地址是基础地址与变址寄存器中的偏移量之和,寻址过程如图 5.4 所示。

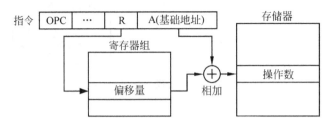

图 5.4　变址寻址过程

指令中的 R 为变址寄存器编号,A 为基础地址。

变址寻址也适合于对在存储器中连续存放的一组数据依次进行处理。此时,以 A 表示这组数据在存储器中的首地址(即基础地址),寄存器 R 的初值为 0,每处理完一个数据,就用加 1 指令将 R 加 1,并用循环控制这一处理过程。如果 R 的初值是这组数据中最后一个数据的偏移量,则只需用减 1 指令每次对 R 减 1 即可。变址寻址的主要缺点,就是需要设置专门的地址加法器来计算操作数的地址。

6. 基址寻址

基址寻址与变址寻址在产生操作数地址的方法上极为相似。基址寻址所用的寄存器称为基址寄存器,用于存放存储器某个区域的首地址(即基础地址),指令中另外设置一个地址码字段,用来表示一个无符号偏移量,并以两者之和作为操作数的地址,如图 5.5 所示。

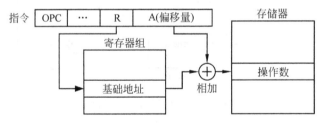

图 5.5　基址寻址过程

可见,基址寻址与变址寻址在对寄存器内容和地址码字段的解释上相反,因此,它们的使用场合是不同的。在对程序实施分段管理的计算机中,基址寄存器也称为段基址寄存器,用于存放一个段的首地址,其内容是由系统程序设置的,而偏移量则根据所需访问的地址与段的首地址之间的距离来确定,是一个无符号数。当然,也有一些计算机,把上述使用段基址寄存器的基址寻址方式,称为段寻址方式,而对基址寻址和变址寻址,则只规定用不同的寄存器,此外并无其他区别。

7. 相对寻址

相对寻址与基址寻址类似,但寄存器默认使用程序计数器(PC),且不用在指令中表示出来。PC 所存为将要执行的下一条指令的地址,因此,相对寻址是以下条指令的地址为基础地址,再加上一个偏移量来产生操作数地址的。相对寻址中的偏移量是一个带符号的数,用补码表示。因此,相对寻址可以在基础地址前后一定的范围内寻址。这种寻址方式特别适用于转移指令,用以产生转移目标指令的地址,也适用于浮动程序的设计。

变址寻址、基址寻址和相对寻址有着相似的地址产生过程,通常被统称为偏移寻址方式。

8. 隐含寻址

如果指令中某个操作数的地址码是默认的,则不必在指令中表示出来,该操作数的寻址方式就称为隐含寻址方式。如 Intel 系列的微处理器,其乘法和除法指令中,被乘数和被除数就是采用隐含寻址方式的。

采用隐含寻址可以在指令中减少一个地址码,有利于缩短指令的长度。但隐含寻址也降低了指令使用的灵活性。

9. 堆栈寻址

堆栈是存储器中的一块连续的存储区域,对该存储区域进行数据的存取操作时,必须严格按照后进先出的原则进行。也就是说,无论是数据进栈,还是数据出栈,都是在堆栈当前的顶部进行的。为此,计算机中为堆栈设置了一个栈顶指针(也是一个寄存器),指出当前的栈顶地址,并自动随着数据的进栈和出栈而上下浮动。进栈和出栈指令将直接利用栈顶指针获取操作数的地址,不需在指令中表示这个地址。所以,堆栈寻址也是一种隐含寻址。

10. 立即寻址

以上各种寻址方式都是通过产生操作数地址来访问操作数的。立即寻址方式则将操作数直接放在指令的地址码字段,当控制器从存储器读入这条指令时,该操作数也同时被读取进来,不需要再访问存储器或寄存器了。这种操作数被称为立即数;立即数的表示范围,受到地址码字段长度的限制。需要注意的是,立即数只能作为源操作数,不能作为目标操作数。

立即寻址能够加快操作数的读取,但只能用于常数类型的操作数。

表 5.1 中归纳了以上各种寻址方式之下的操作数有效地址形成方法。

表 5.1　各种寻址方式下的操作数有效地址形成方法

寻 址 方 式	有 效 地 址	说　　明
直接寻址	EA＝A	A 为地址码部分给出的存储器直接地址
间接寻址	EA＝(A)	A 为地址码给出的地址,该地址对应的存储字的内容为操作数地址
寄存器寻址	EA＝R	R 为寄存器,操作数就存于 R 中
寄存器间接寻址	EA＝(R)	R 为寄存器,R 的内容为操作数在存储器中的地址
变址寻址	EA＝(R)＋A	R 为变址寄存器,A 为基础地址,R 的内容加上 A 得操作数的地址
基址寻址	EA＝(R)＋A	R 为基址寄存器,A 为偏移量,R 的内容加上 A 得操作数的地址
相对寻址	EA＝(PC)＋A	PC 为程序计数器,A 为偏移量,PC 的内容加上 A 得操作数的地址
隐含寻址	EA＝指定寄存器	指定寄存器是默认的,不用在地址码中表示
堆栈寻址	EA＝(SP)	SP 是堆栈的栈顶指针,其内容即为栈顶处的存储单元地址
立即寻址	操作数＝A	A 为立即数,置于地址码部分

5.2.4 指令操作码的设计

对操作码的设计,主要有两方面的要求:一是节省程序的存储空间(即提高空间效率);二是降低硬件译码的复杂程度,加快指令的处理速度(即提高时间效率)。实际上,空间效率与时间效率通常是一对矛盾,需要根据实际情况进行权衡。

操作码的设计方法有三种:固定长度操作码、Huffman 编码法和扩展编码法。

1. 固定长度操作码

这是一种最简单的操作码设计方法,它将指令系统中所有指令的操作码都设计成相同的长度。其操作码长度(位数)k 与指令数量 n 之间的关系是

$$k \geqslant \lceil \log_2 n \rceil \tag{5.1}$$

例如,指令数 $n=112$,则操作码长度 k 至少需要 7 位。

固定长度操作码非常规整,便于硬件译码(译码器只需识别一种长度的编码),是 RISC 系统普遍采用的操作码设计方法。但是,这种编码方法的操作码平均长度大,空间效率差。

2. Huffman 编码法

Huffman 编码法根据一个指令系统中各种指令使用概率的不同,为指令设计不同长度的操作码,其中,使用概率越高的指令,其操作码越短,反之则越长。Huffman 编码法是实际可用的操作码设计方法中操作码平均长度最短(即空间效率最高)的编码方法。

使用 Huffman 编码法,首先要确定各种指令的使用概率,这需要通过对已有的典型程序进行统计、分析才能得到。设指令系统有 $n(n \geqslant 1)$ 种指令,第 $i(i=1,2,\cdots,n)$ 种指令的使用概率为 p_i,操作码长度为 l_i,则按 Huffman 编码法所得到的操作码的平均长度为

$$H = \sum_{i=1}^{n} p_i \times l_i \tag{5.2}$$

【例 5.1】 设某模型机共有 7 种不同的指令 I1～I7,其使用概率依次为 0.45,0.30,0.15,0.05,0.03,0.01,0.01。用 Huffman 编码法为这 7 种指令设计操作码,计算操作码的平均长度,并与固定长度操作码做比较。

解: Huffman 编码法的基础是 Huffman 树,也称最优二叉树。Huffman 树的各终端节点分别对应着需要编码的各条指令,且使用概率越高的指令,距离树根节点就越近。在 Huffman 树的各条边上,按左 0 右 1(或左 1 右 0)的规律标记上二进制数码,则从树根节点到各终端节点的路径所经过的各条边上的二进制数码构成的序列,就是对应指令的操作码。有关构造 Huffman 树的方法,在离散数学及数据结构课程中均有详细描述,此处不再说明。图 5.6 所示,即为本例的 Huffman 树。

按图中各条边上的二进制数码,可以求得各条指令的操作码如表 5.2 所示。

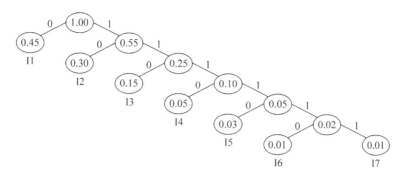

图 5.6 例 5.1 的 Huffman 树

表 5.2 例 5.1 中各条指令的操作码(Huffman 编码法)

指 令	使 用 概 率	操 作 码	操作码长度
I1	0.45	0	1 位
I2	0.30	1 0	2 位
I3	0.15	1 1 0	3 位
I4	0.05	1 1 1 0	4 位
I5	0.03	1 1 1 1 0	5 位
I6	0.01	1 1 1 1 1 0	6 位
I7	0.01	1 1 1 1 1 1	6 位

由式(5.2),可得操作码的平均长度为

$$H = \sum_{i=1}^{7} p_i \times l_i$$

$$= 0.45 \times 1 + 0.30 \times 2 + 0.15 \times 3 + 0.05 \times 4 + 0.03 \times 5 + 0.01 \times 6 + 0.01 \times 6$$

$$= 1.97(位)$$

如采用固定长度操作码,由式(5.1)可知,操作码长度 k 至少取 3 位,平均长度也是 3 位。与 Huffman 编码法相比,其操作码的冗余量为

$$R = \frac{3 - 1.97}{3} \approx 34.3\%$$

Huffman 编码法的主要问题,就是操作码长度变化太多,极不规整,不利于硬件的译码。因为,在对这种不等长操作码进行译码时,总是先按最短的操作码来识别的,如果没有匹配,再按次短的操作码来识别,以此类推。因此,译码器的实现和控制都比较复杂,工作速度也慢。此外,极不规整的操作码也很难与地址码配合,形成有规则长度的指令编码。由于上述原因,Huffman 编码法一般不用于实际的指令操作码设计。

3. 扩展编码法

扩展编码法也以 Huffman 编码法的思想为基础,按指令使用概率的不同,设计不同长度的操作码。但是,扩展编码法减少了操作码长度的变化,并限制了可用的几种长度值,使操作码变得较为规整,以降低硬件译码的难度。

扩展编码法有等长扩展编码法和不等长扩展编码法两种实现方法。等长扩展编码是指编码的长度按固定的增量扩展,如以 4 位为增量,操作码长度分别为 4 位、8 位和 12 位的扩展编码法,可记为 4-8-12 扩展法;不等长扩展编码则指操作码的长度增量不相等,如 4-6-10 扩展法。相比之下,等长扩展编码法更利于实现硬件的分级译码;但不等长扩展编码法则更为灵活,可获得更小的操作码平均长度。

由于硬件译码时是按短码优先原则进行的,所以,在使用扩展编码法时,不能使所设计的较短操作码成为较长操作码的前缀(如 2 位编码 10,就是 4 位编码 1001 的前缀),因为,这会使该较长操作码无法被正确识别。

表 5.3 中所列,是对例 5.1 中的 7 条指令,分别按 1-2-3-5 不等长扩展编码法和 2-4 等长扩展编码法所设计的操作码。

表 5.3　例 5.1 指令操作码的扩展编码法

指　　令	使 用 概 率	1-2-3-5 不等长扩展编码	2-4 等长扩展编码
I1	0.45	0	0 0
I2	0.30	1 0	0 1
I3	0.15	1 1 0	1 0
I4	0.05	1 1 1 0 0	1 1 0 0
I5	0.03	1 1 1 0 1	1 1 0 1
I6	0.01	1 1 1 1 0	1 1 1 0
I7	0.01	1 1 1 1 1	1 1 1 1

其中,采用 1-2-3-5 不等长扩展编码法的操作码平均长度为

$$H = \sum_{i=1}^{7} p_i \times l_i$$
$$= 0.45 \times 1 + 0.30 \times 2 + 0.15 \times 3 + (0.05 + 0.03 + 0.01 + 0.01) \times 5$$
$$= 2.00(位)$$

采用 2-4 等长扩展编码法的操作码平均长度为

$$H = \sum_{i=1}^{7} p_i \times l_i$$
$$= (0.45 + 0.30 + 0.15) \times 2 + (0.05 + 0.03 + 0.01 + 0.01) \times 4$$
$$= 2.20(位)$$

为了避免出现前缀问题,不能将短编码用尽,必须保留若干个编码用于长编码的扩展。例如,表 5.3 中,对 1-2-3-5 不等长扩展编码法来说,长度为 1 位、2 位和 3 位的操作码都只能设计 1 个,而保留另一个用于后面的扩展;对 2-4 等长扩展编码法来说,长度为 2 位的操作码最多只能设计 3 个,至少保留一个用于扩展。究竟需要保留多少个编码用于后面的扩展,要根据需扩展的编码数量来决定。

【例 5.2】　设某机的指令系统有 72 条指令,试采用 4-8 等长扩展编码法为其设计操作码。

解:首先,根据指令使用概率的高低,将指令分成两组,使用概率较高的一组采用 4 位操作码,另一组则用 8 位操作码。但是,每组究竟包含多少条指令,要结合所采用的编码法来确定;总的原则是使操作码的平均长度尽可能短。

4 位编码最多只有 16 种,而且,为了扩展编码,还必须保留若干个编码用于扩展,因此,4 位的操作码必须少于 16 种,也就是说,8 位操作码的数量要多于 56 种。由于扩展增量为 4 位,所以,每保留一个 4 位编码,就能扩展 16 个 8 位编码;根据 8 位操作码的数量,至少需要保留 4 个 4 位操作码,才能满足扩展编码的需要(共可扩展 $16 \times 4 = 64$ 个 8 位操作码)。因此,4 位操作码只能设计 12 种,而 8 位操作码共需设计 60 种。

【例 5.3】 设某机的指令系统有 72 条指令,试采用 4-8-12 等长扩展编码法为其设计操作码。

解:设计方案有很多,总的设计原则始终是使操作码的平均长度尽可能短。表 5.4 中列出了几种设计方案。

表 5.4 例 5.3 指令操作码的 4-8-12 等长扩展编码法

4 位操作码数量	8 位操作码数量	12 位操作码数量
15(保留 1 个编码)	13(保留 3 个编码)	44
14(保留 2 个编码)	30(保留 2 个编码)	28
13(保留 3 个编码)	47(保留 1 个编码)	12
…	…	…

无论是 Huffman 编码法,还是扩展编码法,其设计的操作码的平均长度都小于固定长度操作码。但是,操作码长度不固定,使得硬件译码的难度增大、速度降低,也使得指令结构变得不规整,不利于软件的编译。

5.2.5 指令地址码的设计

地址码的设计主要涉及地址码个数的选择和寻址方式的设计。

一条指令中设置几个地址码,首先与指令的操作类型有关,其次与寻址方式有关。不同操作类型对指令中地址码个数的要求,已在介绍操作类型时做了说明。寻址方式对地址码个数的影响,主要是隐含寻址和堆栈寻址,它们采用默认的方式指定一个操作数的地址码,而不用在指令中显式地表示出来,从而使指令中减少了一个地址码。

寻址方式设计是指令格式设计的重要内容。一条指令中的每个操作数,都涉及寻址方式的选择,每个操作数都可以采用多种不同的寻址方式。因此,必须在指令中明确表示每个操作数的寻址方式。

一种做法是,在指令操作码中包含操作数的寻址方式信息。也就是说,即使是同一种操作,只要操作数的寻址方式不同,就要使用不同的操作码。如果某种操作涉及两个操作数,每个操作数均可选择 6 种不同的寻址方式,则两个操作数可以产生 36 种不同的寻址方式组合,这就需要为这种操作设计 36 种不同的操作码,相当于设计了 36 条不同的指令。可见,这样做会使指令系统所包含的指令数大量增加,从而使系统结构变得非常复杂。不过,对那些操作数寻址方式种类少,或采用隐含寻址的指令,这种方法还是很有效的。

另一种做法,是在指令的地址码部分表示操作数的寻址方式。具体做法是,在地址码部分为每个操作数设置一个寻址方式字段,用以指出所采用的寻址方式。寻址方式字段实际上就是寻址方式的编号,如 3 位的寻址方式字段可以表示 8 种不同的寻址方式。这种方法可以减少指令操作码的种类,但也会使指令格式复杂化,且在指令处理过程中,需要增加对寻址方式的识别,使得指令处理过程更加复杂。为了更清楚地描述地址码设计与寻址方式的关系,下面的讨论将在这种方法的基础上进行。

对不同的寻址方式,其操作数地址的产生方法不同,操作数地址的组成成分也不同。因此,地址码部分除了要设置寻址方式字段外,还要安排好不同寻址方式所需用到的各种产生操作数地址的成分。按照这个思路,一个操作数地址码的典型组成成分有:

寻址方式 M	寄存器 R	变址寄存器 X	基址寄存器 B	偏移量 D	立即数 I

其中,"寄存器 R"表示一个通用寄存器编号,用于寄存器寻址或寄存器间接寻址;"变址寄存器 X"是一个变址寄存器编号,用于变址寻址;"基址寄存器 B"是一个基址寄存器编号,用于基址寻址;"偏移量 D"在偏移寻址(包括变址、基址或相对寻址)时,作为偏移量使用,在直接寻址或间接寻址时,作为直接地址或间接地址使用;"立即数 I"在立即寻址时表示立即数。此外,相对寻址所用的程序计数器(PC),在系统中仅有一个,是默认的,不必表示出来。如果变址寄存器或基址寄存器是专用寄存器,而且是唯一的,则可以采用默认的方式,不用表示出来;如果用通用寄存器兼作变址或基址寄存器,则变址或基址寄存器也不用单独表示,统一用寄存器 R 表示即可。偏移量 D 和立即数 I 也可以合二为一,在偏移寻址时,作为偏移量,而在立即寻址时,作为立即数。

有些计算机把上述地址码的成分做成组合式的,不同的寻址方式将组合不同的成分来产生操作数的地址,不需要的成分则不出现在地址码中。例如,对寄存器寻址,只要寻址方式 M 和寄存器 R 两部分;对变址寻址,则只保留寻址方式 M、变址寄存器 X 和偏移量 D 三部分。这种方式使得指令格式多样化,指令长度也是多变的。也有些计算机采用固定格式的地址码,对当前寻址方式不使用的成分看作无效即可。这样可以减少指令格式和长度的变化。

【例 5.4】　某机字长为 32 位,有 32 个通用寄存器(可兼作变址寄存器和基址寄存器),指令系统包含 160 条指令,采用固定长度操作码。试设计其单字长一地址指令格式,要求具有直接寻址、间接寻址、寄存器寻址、寄存器间接寻址、变址寻址、基址寻址等 6 种寻址方式。

解:由于是单字长指令,所以指令长度为 32 位;指令数为 160 条,由式(5.1)可得操作码 OPC 为 8 位;有 32(2^5)个通用寄存器,所以寄存器号 R 需 5 位;通用寄存器可兼作变址寄存器和基址寄存器,所以不必设置变址寄存器号和基址寄存器号,统一使用寄存器号 R 即可;寻址方式有 6 种,寻址方式 M 需 3 位;剩余 16 位作为偏移量 D。指令格式如图 5.7 所示。

图 5.7　例 5.4 单字长一地址指令格式

【例 5.5】　某机字长为 32 位,有 16 个通用寄存器(可兼作变址寄存器和基址寄存器),指令系统包含 130 条指令,采用固定长度操作码。试设计其单字长二地址指令格式,要求源操作数具有寄存器寻址和寄存器间接寻址两种寻址方式,目标操作数具有直接寻址、间接寻址、寄存器寻址、寄存器间接寻址、变址寻址、基址寻址 6 种寻址方式。

解：由于是单字长指令，所以指令长度为 32 位；指令数为 130 条，由式(5.1)可得操作码 OPC 为 8 位；有 $16(2^4)$ 个通用寄存器，所以寄存器号 R 需 4 位。源操作数有 2 种寻址方式，其寻址方式 Ms 为 1 位，还需要一个寄存器 Rs；目标操作数寻址方式有 6 种，其寻址方式 Md 需 3 位，还要一个寄存器 Rd，剩余 12 位作为偏移量 D。指令格式如图 5.8 所示。

图 5.8　例 5.5 单字长二地址指令格式

以上两例中的指令格式都属于固定格式。可以根据实际需要，对地址码的各种成分进行组合使用的可变指令格式，在下面的指令格式举例中介绍。

将寻址方式信息设置在指令的地址码部分，可以避免为同一种操作设计多条指令，从而可以减少指令数量。但是，增加寻址方式字段后，指令结构变得更加复杂，而且，在指令译码后，还需进一步对寻址方式进行译码，也增加了指令处理过程的复杂性。实际的计算机中，一般总有部分指令在操作码中体现寻址方式，而另一部分指令则在地址码中描述寻址方式。

5.2.6　指令格式举例

指令的长度有固定长度和可变长度两种。如果一个指令系统中，所有指令的长度都等于一个固定的长度值，则称该指令系统中的指令是固定长度的；如果一个指令系统中，各种指令由于操作数类型、操作类型、寻址方式等不同，其长度也不同，则该指令系统中的指令是可变长度的。固定长度的指令一般只在某些 RISC 系统中使用，而多数计算机系统的指令是可变长度的。

目前，绝大多数计算机的指令长度都是字节长度(8 位)的整数倍，对可变长度的指令来说，其指令长度的变化也必须是 8 的整数倍。

图 5.9 所示为 IBM 370 系列计算机的 5 种主要指令格式。

	8位	4位	4位		
RR 型	OPC	R1	R2		

	8位	4位	4位	4位	12位
RX 型	OPC	R2	X2	B2	D2

	8位	4位	4位	4位	12位
RS 型	OPC	R1	R3	B	D

	8位	8位	4位	12位
SI 型	OPC	I2	B1	D1

	8位	8位	4位	12位	4位	12位
SS 型	OPC	L	B1	D1	B2	D2

图 5.9　IBM 370 系列计算机的指令格式

IBM 370 系列计算机的字长为 32 位，有 16 个通用寄存器，可兼作变址寄存器和基址寄存器使用。指令长度有 16 位、32 位和 48 位等几种，所有指令的操作码长度固定为 8 位，属于固定长度操作码的可变长度指令结构；指令的寻址方式信息包含在操作码中，即以不同的操作码来表示不同的寻址方式。

图 5.9 中，除 RS 型格式为三地址指令格式外，其余均为二地址指令格式，其中，R 表示寄存器、X 表示变址寄存器、B 表示基址寄存器、D 表示偏移量、I 表示立即数、L 表示数据块长度（字节数）。RR 型指令的两个操作数均采用寄存器寻址方式，属于寄存器-寄存器型指令。RX 型指令的两个操作数，一个采用寄存器寻址方式，另一个采用基址变址寻址方式：EA＝(B2)＋(X2)＋D2，即以基址寄存器内容、变址寄存器内容及偏移量三者之和作为操作数地址，属于寄存器-存储器型指令。RS 型指令是三地址指令，其目标操作数 R1 采用寄存器寻址方式，两个源操作数中，R3 用寄存器寻址方式，另一个采用基址寻址方式，属于寄存器-存储器型指令。SI 型指令的源操作数为立即数，目标操作数采用基址寻址方式。SS 型指令的两个操作数都采用基址寻址方式，数据块长度 L 指出需连续处理的字节数；这种指令用于进行字符串处理和十进制运算，也可进行存储器中数据块的传送（长度不超过 256 字节），属于存储器-存储器型指令。

小型计算机 PDP-11 的字长为 16 位，有 8 个 16 位通用寄存器，可兼作变址寄存器使用，其中，R7 作为程序计数器，R6 作为堆栈指针。PDP-11 使用了 13 种不同的指令格式，包括了零地址、一地址和二地址指令类型，其指令长度和操作码长度都是可变的；指令长度有 16 位、32 位和 48 位 3 种，操作码长度有 4 位、7 位、8 位、10 位、12 位、13 位和 16 位 7 种。寻址方式有 8 种，寻址方式字段为 3 位，设置在地址码部分。

PDP-11 的指令格式如图 5.10 所示。其指令的长度通常为一个字（16 位），其中有几种指令可根据寻址方式的需要，增加一个字长（16 位）的存储器地址，使源或目标操作数采用变址寻址方式；只有一种指令可以增加两个 16 位的存储器地址，使源和目标操作数都采用变址寻址方式。指令格式中，"源"和"目标"各为 6 位，其中包含 3 位寻址方式信息和一个 3 位的寄存器编号，表示操作数可以采用寄存器间接寻址方式和变址寻址方式等；R 是一个通用寄存器编号，表示操作数采用寄存器寻址方式；FP 是浮点寄存器编号，可以指定 4 个浮点寄存器之一；"位移"是转移指令的相对位移量（带符号）；CC 是条件码字段。

IBM 370 的指令，由于将寻址方式信息包含在操作码中，因此，每种指令格式中，各个操作数的寻址方式都是确定的，地址码的各种组成成分都是确定的、有效的，不存在可以选择的成分。PDP-11 的各种指令格式中，其地址码的主要组成成分都是确定的，只是部分指令可以选择增加一到两个字的存储器地址成分。下面介绍的 Pentium 指令格式中，除了操作码是必不可少的，地址码的所有成分都做成组合式的，都是可选的；这样组成的指令格式变化多端，非常灵活，指令长度的变化也很大。图 5.11 所示为 Pentium 机的指令格式。

前缀部分是可选的，每种前缀信息占 1 个字节。"指令前缀"有 LOCK（总线锁定）前缀和重复前缀两种。LOCK 前缀用于在多处理器环境中，确保对共享存储器的排他性访问；重复前缀用于字符串操作指令，使指令能够按规定的次数或某种条件重复执行若干次，这种方式比一般的软件循环快得多。"段取代"前缀显式地指定一个段寄存器，用于取代机器以默认方式为该指令指定的段寄存器。"操作数长度取代"用于改变指令对操作数长度的默认设置；操作数长度的默认值有 16 位和 32 位两种，该前缀在 16 位与 32 位之间进行切换。"地址长度取代"用于改变地址长度的默认设置；地址长度的默认值有 16 位和 32 位两种，它决定了指令格式中偏移量的长度和在有效地址计算中生成的位移量的长度，该前缀在

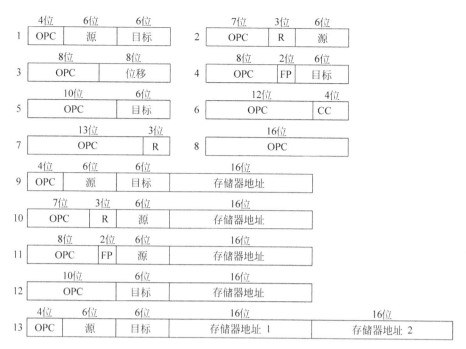

图 5.10　PDP-11 的指令格式

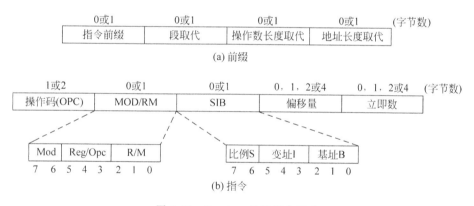

图 5.11　Pentium 机的指令格式

16 位地址和 32 位地址之间进行切换。

　　指令本身的长度可在 1~12 字节之间变化,最短的指令是只包含 1 个字节操作码的指令(如空操作指令 NOP,停机指令 HLT 等),最长的指令是包含格式中的所有字段,且各字段均取其最大长度的指令(对一般的整数指令而言,最大长度为 11 字节)。

　　MOD/RM 字节指出操作数是在寄存器中还是在存储器中,由 Mod(2 位)、Reg/Opc(3 位)和 R/M(3 位)三个字段组成。Reg/Opc 用于给出一个寄存器号(对寄存器寻址方式),或者作为操作码的 3 个附加位;R/M 可以用来指出一个操作数所在的寄存器(对寄存器寻址方式),或者与 Mod 组合,形成多种存储器操作数的寻址方式;Mod 用于单独或与 R/M 组合,形成各种寻址方式。

　　MOD/RM 字节的某些编码,需要包含 SIB 字节来完整描述寻址方式。SIB 字节由比例因子 S(2 位)、变址寄存器 I(3 位)和基址寄存器 B(3 位)三个字段组成。比例因子 S 是一个倍数值,其取值为 1、2、4 或 8,用于放大变址寄存器的内容;变址寄存器 I 用于指出一个变址寄存器号;基址寄存器 B 用于指出一个基址寄存器号。

偏移量字段在某些寻址方式需要时选用,可提供一个 8 位、16 位或 32 位的偏移量。

立即数字段在采用立即寻址时选用,可提供一个 8 位、16 位或 32 位操作数的数值。

Pentium 的指令格式中,只有一套完整的寻址方式信息,因此,一条指令中,只能有一个操作数采用存储器寻址方式,另一个操作数(如果有的话)只能通过操作码来说明寻址方式,且只能采用寄存器寻址方式或立即寻址方式。

Pentium 的指令格式允许使用多达 4 字节(32 位)的变址偏移量,这对于处理大数组或大堆栈是很有用的。虽然较长的偏移量导致指令长度增加,但也使指令具有了所需的灵活性。

【例 5.6】 某模型机字长为 16 位,共有 64 种操作,操作码长度固定,且具有以下特点:

(1) 采用一地址或二地址指令格式。

(2) 有寄存器寻址、直接寻址和相对寻址(偏移量为 −128～+127)三种寻址方式。

(3) 有 16 个通用寄存器,算术运算和逻辑运算的操作数均在寄存器中,结果也在寄存器中。

(4) 取数/存数指令在通用寄存器和存储器之间传送数据。

(5) 存储器容量为 1MB,按字节编址。

要求设计算术逻辑运算指令、取数/存数指令和相对转移指令的格式,并简述理由。

解: 首先,计算以下重要参数:采用固定长度操作码设计 64(2^6)种操作,操作码长度为 6 位;有三种寻址方式,寻址方式字段采用 2 位;有 16(2^4)个通用寄存器,寄存器编号为 4 位;相对偏移量为 −128～+127,采用 8 位补码表示;存储器容量为 1MB(2^{20} 字节),存储器操作数的有效地址为 20 位。

(1) 算术逻辑运算指令采用二地址指令格式;操作数均在寄存器中,所以采用寄存器寻址方式,在地址码部分给出源和目标寄存器编号。指令长度取单字长即可,指令格式如下:

6 位	2 位	4 位	4 位
OPC	M	Rs	Rd

其中,OPC 为操作码、M 为寻址方式字段、Rs 和 Rd 分别为源和目标寄存器编号。

(2) 取数/存数指令为二地址寄存器-存储器型指令;寄存器操作数采用寄存器寻址方式,给出寄存器编号,存储器操作数采用直接寻址方式,需要一个 20 位的直接地址。指令长度为双字长,其格式如下:

6 位	2 位	4 位	4 位
OPC	M	R	A(高 4 位)
A(低 16 位)			

其中,OPC 为操作码、M 为寻址方式字段、R 为寄存器编号(取数时为目标寄存器,存数时为源寄存器)、A 为 20 位直接地址(取数时为源操作数地址,存数时为目标操作数地址)。

（3）相对转移指令采用相对寻址方式产生转移目标指令的地址，相对寻址所需的程序计数器（PC）是默认的，不用在指令中显式表示，指令的地址码部分只需给出一个用补码表示的 8 位偏移量即可。指令长度取单字长，格式如下：

6 位	2 位	8 位
OPC	M	D

其中，OPC 为操作码、M 为寻址方式字段、D 为偏移量（用补码表示）。

5.3 精简指令系统计算机

5.3.1 从 CISC 到 RISC

前面介绍的 IBM 370 系列计算机、PDP-11 小型计算机和 Pentium 系列微型计算机，都是复杂指令系统计算机（CISC）。它们的共同特点是：

（1）指令系统庞大，指令数量多，有很多功能复杂的指令。

（2）指令格式变化多，操作码长度和指令长度通常都是可变的。

（3）寻址方式种类繁多，操作数通常可采用多种寻址方式，其中包含很多访问存储器的寻址方式；指令对存储器的访问频繁。

CISC 系统产生的原因，一方面是由于计算机产品的系列化，使得指令系统在指令数量、指令功能、指令长度和寻址方式等方面，都是只增不减的；另一方面，也是为了方便程序设计，支持编译程序的工作（通过增强机器指令的功能，减小机器语言与高级语言的语义差距来实现），以及利于操作系统的管理（通过设置各种用于系统管理与控制的特权指令来实现）等。

指令系统复杂化在带来一些益处的同时，也使得计算机系统结构越来越复杂，给计算机系统带来了研制周期长、投入大、错误隐患多、调试困难等问题。而且，大量复杂的指令功能难以直接用硬连线的方式实现，而不得不采用微程序的方式，从而形成了系统性能的瓶颈。

为了解决 CISC 系统出现的问题，1975 年，IBM 公司率先组织力量，开始研究指令系统的合理性问题。1979 年，美国加州大学伯克利分校的一个研究小组，在 David Patterson 的领导下，也开展了这方面的研究工作，并指出了 CISC 系统存在的三方面主要问题。

（1）20% 与 80% 的关系。研究表明，在 CISC 的指令系统中，大约只有 20% 的指令是经常使用的，它们在程序中所占的比例达到 80%。而且，这 20% 的指令都是一些功能简单的常规指令，如数据传送类指令、算术运算类指令、程序控制类指令等。也就是说，占指令系统 80% 的指令（其中包含那些功能比较复杂的指令），在实际程序中只占 20%，但它们却是造成上述 CISC 问题的主要原因。

（2）不适应 VLSI（超大规模集成电路）技术的发展。VLSI 技术可以将计算机的整个处理器电路集成到一个芯片内，从而缩短各部件之间的距离，减少信息传送的延迟。但是，VLSI 要求规整性，而 CISC 的处理器，为了实现大量的复杂指令，控制逻辑既复杂，又不规整，给设计 VLSI 处理器带来了很大的困难。而且，大量低使用率的电路占据了大部分宝贵的 VLSI 处理器芯片空间，也使更多高效率的电路不能集成到处理器芯片内，影响了系统的性能。

（3）软硬件功能分配不恰当。一个指令系统中，真正必不可少的指令实际上是不多的，而且，这些指令多数都是功能简单、执行速度快的简单指令，更多其他指令的功能其实可以用这些指令编程来实现。指令的功能是用硬件实现的，称为硬件功能；用指令编程所实现的功能，称为软件功能。

CISC 设计了大量复杂的指令，实际上就是把很多本来可用软件实现的功能，转而用硬件来实现。这种做法直接的好处，就是有利于软件的设计和编译。但是，为了实现复杂的指令，不仅增加了硬件的复杂程度，而且使指令的执行周期大大延长，从而有可能使整个程序的执行时间不减反增。所以，计算机系统的软硬件功能分配必须要恰当，也就是说，指令系统的功能设计必须考虑到软硬件功能的合理分配。

因此，解决 CISC 问题的关键，就是重新调整软硬件功能的分配，设计一个更为合理的指令系统——精简指令系统。

5.3.2 RISC 的主要特点

精简指令系统计算机（RISC）的主要特点有：

（1）大多数指令在一个机器周期（也称 CPU 周期）内执行完。机器周期被定义成从寄存器取两个操作数，完成一个 ALU 操作，然后再将结果写入寄存器所用的时间；也可将机器周期定义为 CPU 完成一次存储器访问所需的最短时间。由于 RISC 的指令系统中，大多数指令只完成一个简单的基本功能，因此，可以在一个机器周期内执行完。

（2）减少指令和寻址方式的种类。指令系统中只包含那些必不可少的指令，以及那些使用频率很高的简单指令；寻址方式少于 5 种，绝大部分指令采用寄存器寻址方式。这一特点简化了控制部件的结构，加快了指令的执行速度。

（3）简单的指令格式。采用固定长度操作码和固定长度指令（通常为单字长指令），尽量减少指令格式的种类。这一特点加快了指令读取和指令译码的速度。

（4）采用 LOAD/STORE 结构。因为访存操作的时间长，因此，RISC 只保留了 LOAD（取数）和 STORE（存数）两种必不可少的访存指令，其余指令的操作都是寄存器到寄存器的。这一特点加快了指令执行的速度，有助于使大多数指令在一个机器周期内执行完。

（5）采用面向寄存器的结构。为了使大多数指令的操作都在寄存器之间进行，CPU 内设置了相当多的通用寄存器。

（6）采用硬连线控制逻辑，不用或少用微程序控制。硬连线控制逻辑可以使大多数指令在一个机器周期内执行完。只有少数比较复杂的访存指令可以采用微程序控制方式。

（7）十分重视提高流水线的运行效率。RISC 的大多数指令在执行过程和执行时间上基本相同，特别适合在流水线上执行。要提高 RISC 处理器的速度，必须采用流水线，而且要尽可能提高流水线的运行效率。

（8）重视优化编译技术，采用优化编译器对高级语言源程序进行优化编译，使形成的目标程序能够在流水线上执行得更加流畅。这一特点说明，提高计算机的速度不仅仅依靠硬件，也要依靠软件。

一个程序在计算机上的执行时间可用下面的公式来计算

$$P = I \times CPI \times T \tag{5.3}$$

其中，P 为程序的执行时间；I 为执行的指令总数；CPI 是每条指令执行所需的平均周期数；T 是每个周期的时间长度。

相对 CISC 而言，RISC 的指令功能简单，因此，对同样功能的程序来说，RISC 程序的指令执行总数 I 要多于 CISC；但由于 CISC 的程序中也是以简单指令为主的，所以，RISC 程序的指令执行总数一般只比对应的 CISC 程序多 30%～40%。RISC 的周期长度 T 通常比 CISC 短 50% 左右。RISC 的最大优势体现在 CPI 上，RISC 的 CPI 要比 CISC 小得多（这是充分发挥流水线的作用所带来的结果）。由式(5.3)综合来看，RISC 的速度要比 CISC 快 3 倍左右。

从 1979 年 IBM 公司研制出世界上第一台采用 RISC 思想的计算机 IBM 801 以来，RISC 处理器的发展大致已经历了三代。第三代 RISC 采用 64 位处理器，运用超标量和超流水线技术来提高指令级并行度，每个时钟周期可以完成 2～3 条指令，已达到了很高的性能。

随着 RISC 的发展，人们逐渐认识到：在 RISC 的设计中包含一些 CISC 的特色会有好处，而在 CISC 的设计中融入某些 RISC 技术也会有益。因此，指令系统发展的现状是：CISC 和 RISC 并存，RISC 技术与 CISC 技术互相渗透、互相补充。

现在，一些著名的微处理器公司和计算机公司，如 Intel、Motorola、HP、IBM、Apple、Sun、MIPS、DEC 等，都在进行 RISC 系统的研制和开发，推出的 RISC 产品也很多，表 5.5 中列出了其中几种典型的产品及其主要特征。

表 5.5 典型 RISC 产品的主要特征

型 号	指 令 数	寻址方式种类	指令长度（字节数）	通用寄存器数
Sun SPARC	75	4	4	32
MIPS R4000	94	3	4	32
IBM Power PC	64	6	4	32
Motorola 88000	51	3	4	32

RISC 系统虽然有很高的性能，但由于历史的原因，CISC 产品占据了广大的终端用户市场，在其基础上开发的软件种类繁多，功能齐全，早已为广大用户所接受，而 RISC 又不能与 CISC 兼容，这使得 RISC 产品难以在短期内改变市场的格局。目前，RISC 产品主要应用于高端服务器和工作站领域。

习题

1. 什么是机器指令？什么是指令系统？指令系统与计算机硬件和软件的关系是什么？

2. 某指令系统的指令采用 16 位固定长度，每个地址码为 4 位。试为该指令系统设计 8 条三地址指令，16 条二地址指令和 100 条一地址指令。要求给出所设计的指令格式，标出各字段的长度，并指出各类指令的操作码范围。

3. 某模型机共有 10 条指令 I1～I10，各指令在程序中出现的概率依次为 0.25、0.20、0.15、0.10、0.08、0.08、0.05、0.04、0.03、0.02。试分别采用 2/8 扩展编码法和 3/7 扩展编码法设计这 10 条指令的操作码，并计算操作码的平均长度。

4. 某模型机有 7 条指令 I1~I7,各指令的使用频率分别为 0.35、0.25、0.20、0.10、0.05、0.03、0.02。此外,CPU 内有 8 个通用寄存器和 2 个变址寄存器。

(1) 若要求操作码的平均长度最短,请设计这 7 条指令的操作码,并计算操作码的平均长度。

(2) 设计长度为 8 位的 RR 型(寄存器-寄存器型)指令 3 条,长度为 16 位的 RS 型(寄存器-存储器型)变址寻址方式指令 4 条,变址范围不小于±127。请设计指令格式,并给出各字段的长度和操作码的编码。

5. 某机字长为 16 位,存储器按字编址,基址寄存器的当前值为 1290H,变址寄存器的当前值为 0F86H,指令地址码中的偏移量为 80H,当前正在执行的指令为一条单字长指令,指令地址为 2010H。现已知以下存储单元的地址及所存的内容:

地址	内容
0080H	1370H
0FC6H	0050H
1006H	0060H
1066H	0070H
1310H	0080H
1370H	0090H
2011H	1205H

问:

(1) 设当前执行的指令为取数指令,采用变址寻址方式访存,取得的数据存入累加器 AC(采用隐含寻址),则指令执行后,AC 的内容是什么?

(2) 设当前执行的指令为存数指令,采用基址寻址方式访存,将累加器 AC(采用隐含寻址)的数据存入存储器,若 AC 的内容为 0100H,则指令所访问的存储单元地址是什么,指令执行后,该单元的内容是什么?

(3) 设当前执行的指令为取数指令,采用间接寻址方式访存,取得的数据存入累加器 AC(采用隐含寻址),则指令执行后,AC 的内容是什么?

(4) 设当前执行的指令为相对转移指令,则指令转移成功时,转移到的目标指令地址是什么?

6. 某机字长为 32 位,CPU 内有 32 个 32 位的通用寄存器,指令系统包含 64 种操作,采用固定长度操作码的单字长指令格式。

(1) 如果二地址的 RS 型指令(寄存器-存储器型)只采用直接和间接两种寻址方式访存,可直接寻址的最大存储空间是多少? 画出指令格式,并说明各字段的长度及含义。

(2) 如果给上述 RS 型指令再增加一种基址寻址方式,且以通用寄存器兼作基址寄存器,画出新的 RS 型指令格式,并指出基址寻址可访问的最大存储空间。

7. 某机字长为 16 位,存储器按字编址,指令为固定长度操作码,其二地址指令格式如下:

OPC	Ms	Rs	Md	Rd
	源操作数		目标操作数	

(15　　　　10 9 8 7　　5 4 3 2　　0)

其中,OPC 为操作码、Ms 和 Md 分别为源和目标操作数的寻址方式字段、Rs 和 Rd 为通用寄存器编号。源和目标操作数可采用的寻址方式如表 5.6 所示。

表 5.6　第 7 题采用的寻址方式

Ms / Md	寻 址 方 式	汇编助记符	含　义
00	寄存器寻址	Rn	EA＝Rn
01	寄存器间接寻址	(Rn)	EA＝(Rn)
10	带自增的寄存器间接寻址	(Rn)＋	EA＝(Rn),(Rn)＋1→Rn
11	带自减的寄存器间接寻址	(Rn)－	EA＝(Rn),(Rn)－1→Rn

(1) 该机指令系统最多能包含多少种操作? 最多能访问多少个通用寄存器?

(2) 下面是为几种二地址指令分配的操作码(二进制):

加法——000001

减法——000010

逻辑与——000100

逻辑或——000101

逻辑异或——000110

数据传送——001000

如果某指令的机器码为 0475H(十六进制),请说明这条指令的操作功能,并为其设计恰当的汇编语言助记符。如果已知这条指令中,Rs 的内容为 1000H,Rd 的内容为 2000H,地址 1000H 中的内容为 1010H,地址 2000H 中的内容为 2020H,问该指令执行后,哪些寄存器和存储单元的内容被改变? 改变后的内容是什么?

8. RISC 有哪些主要特点? 为什么 RISC 可以获得很高的性能?

第6章 中央处理器

中央处理器(CPU)是计算机的核心部件,是计算机的控制中心和数据处理中心。本章在充分描述 CPU 的功能、组成以及指令处理过程的基础上,重点讲解控制器的功能和设计方法,最后介绍提高 CPU 性能的重要技术——流水线技术。

6.1　CPU 的功能和组成

6.1.1　CPU 的主要功能

在单处理器计算机系统中,CPU 承担了系统中的全部控制和数据处理工作。而 CPU 是按照程序指令的要求来工作的,每条指令都下达了一定的数据处理和控制任务,因此,CPU 的主要工作,就是按照程序指令的要求,完成所需的数据处理和控制任务。归纳起来,CPU 应具有以下几个方面的基本功能:

(1) 指令控制功能。指令控制就是程序的执行顺序控制,程序中的指令必须按规定的顺序执行,才能正确实现程序的功能。

(2) 操作控制功能。一条指令的功能是由相关的部件执行一系列的操作来完成的,而每个操作都是在控制信号的控制下进行的。操作控制就是产生每条指令所需的控制信号序列,用以控制有关部件按指令的要求进行操作。

(3) 时间控制功能。时间控制就是控制各种操作的实施时间。时间控制有两方面的含义:一是控制各种操作的先后次序;二是控制各种操作的起止时间。计算机的各种操作都必须在严格的时间控制之下进行。

(4) 数据加工功能。数据加工就是对数据进行各类运算,以取得程序所要求的结果。这是人们使用计算机的终极目的。

(5) 中断处理功能。CPU 在正常执行程序的过程中,计算机系统中可能会发生一些突发事件,这些事件往往需要 CPU 做出及时的处理,否则可能造成系统运行的错误。由于对这类事件的处理会暂时中断 CPU 正在执行的程序,因此称之为中断处理。

6.1.2　CPU 的基本组成和结构

传统意义上的 CPU 是由定点运算器和控制器组成的,随着集成电路技术的发展和性能要求的提高,现在的 CPU 芯片内一般都集成了浮点运算器和 L1 cache 等。为了突出重点,下面仍以传统 CPU 为基础,描述 CPU 的基本组成和结构。

1. 运算器

运算器是计算机的数据处理中心。运算器主要由 ALU、通用寄存器组和状态条件寄存器(也称处理器状态字(PSW))等组成。其中,ALU 执行所有的算术运算和逻辑运算;通用寄存器组用于向 ALU 提供运算数据和接收运算结果,此外,还可用来作寄存器间接寻址,或用作变址或基址寄存器;PSW 是一个特殊寄存器,用于保存各种运算所产生的一些特殊状态标志,如最高位产生的进位/借位标志(C),运算结果的零状态标志(Z),运算结果的溢出状态标志(V),运算结果的符号标志(S)等,以便程序能够根据这些状态标志决定后面所需进行的操作。此外,PSW 中通常还包含一些用来决定 CPU 工作方式的特殊标志。

2. 中断系统

CPU 内部的中断系统是比较简单的,一般包含中断允许与禁止、接受中断请求和给予中断响应(包括硬件现场保护和转入中断服务)等功能。更复杂的中断控制逻辑形成专门的中断控制器,作为 CPU 与外围设备的重要接口。有关中断的内容在第 8 章中有详细描述。

3. 总线接口

总线接口是 CPU 与外部的系统总线的接口。CPU 通过这个接口与系统总线相连,从而能够实现与存储器和外围设备进行信息传送。CPU 需要与存储器和外围设备传送的信息有地址信息、数据信息和控制信息,因此,系统总线由地址总线、数据总线和控制总线组成。CPU 的总线接口主要由存储器地址寄存器(MAR)、存储器数据寄存器(MDR)和总线控制逻辑组成。MAR 与地址总线相连,CPU 的访问地址必须锁存到 MAR 中,再由 MAR 通过地址总线对存储器或外围设备进行寻址。MDR 与数据总线相连,CPU 与存储器或外围设备之间的数据传送都要通过 MDR,也就是说,CPU 要通过 MDR 从存储器或外围设备输入数据,也要通过 MDR 向存储器或外围设备输出数据。

有关总线的内容请见第 7 章。

4. 内部数据通路

内部数据通路是 CPU 内部的数据传送通路,用于在各寄存器之间或寄存器与 ALU 之间传送数据。

5. 外部数据通路

外部数据通路一般借助系统总线,将 CPU 与存储器和 I/O 模块连接起来。

6. 控制器

控制器是计算机的控制中心,计算机中其他组成部分的工作,都是在控制器的控制下进行的。控制器所产生的控制行为,是由它所执行的程序决定的。控制器的任务,就是按照程序的安排,对其中的各条指令依次进行处理,直到程序结束。指令的一般处理过程是:

(1) 取指令并译码。把本次要执行的一条指令从存储器中取出,并对指令的操作码进行译码,确定指令的操作功能。

(2)取操作数。如指令要求做数据处理,则根据寻址方式特征,计算出操作数的有效地址,并将操作数读入 CPU。

(3)执行指令。根据指令的操作需要,按规定的时间关系发出一系列操作控制信号,使有关的部件或设备执行所需的操作,以完成一条指令的操作功能。

重复以上过程,就可以执行完整个程序的操作任务。

为了完成程序的执行,控制器需要有以下主要组成部件:

(1)程序计数器(PC)。PC 用于提供将要执行的下一条指令的地址,控制器按此地址从存储器取出指令,并分析、执行。PC 的初值为程序第一条指令的地址,由系统根据程序在存储器中的存放位置进行设置;程序执行时,每取出一条指令后,控制器将使 PC 自动增量,顺序形成下一条指令的地址;如果需要改变程序执行的顺序,则通过转移指令强行将转移的目标指令地址置入 PC,从而实现程序的跳跃执行。

(2)指令寄存器(IR)。IR 用于存放从存储器取出的指令,指令的操作码和地址码将用于其后的指令分析。

(3)指令译码器(ID)。ID 用于对指令的操作码进行识别,以确定指令的操作功能。ID所需的操作码来自 IR。

(4)时序产生器。时序产生器用于产生时序信号。时序信号的作用,是对指令处理过程中所需发出的一系列控制信号实施时间上的控制,即控制这些信号何时发出,何时撤销。严格的时间控制,对保证计算机各部件的高速、协调工作是非常重要的,操作时间上的错误,将导致部件之间的冲突,并产生错误的操作结果。

(5)操作控制器。操作控制器用来产生计算机运行所需的各种控制信号。一条指令从取指令开始,到执行指令结束所需的全部控制信号都是由操作控制器产生的。操作控制器根据 ID 的译码结果、PSW 中的有关状态标志、CPU 外部其他模块的状态反馈及具体的时序要求,产生不同的控制信号,来实现不同的指令功能。

操作控制器和时序产生器是密切相关、不可分离的两个部件。

根据设计方法不同,控制器可分为硬布线控制器和微程序控制器两种,它们的主要区别在操作控制器和时序产生器的设计上。

图 6.1 所示为控制器的一般模型,它包含了控制器的全部输入和输出信息。其中,"状态标志"就是运算类指令产生的各种状态标志,它们可被用来影响当前指令的执行行为、"时钟"是时序产生器的基本信号源,是具有固定周期的连续脉冲信号,其周期被称为 CPU 时钟周期,是 CPU 内部定时最基本的时间单位,是时序产生器所产生的其他时序信号的时间基础、"用于 CPU 内的控制信号"包括:寄存器的读写控制信号,内部数据通路的通、断控制信号,ALU 的操作控制信号等、"通过控制总线发出的控制信号"主要有对存储器的控制信号和对 I/O 模块的控制信号、"来自控制总线的外部状态反馈"有中断请求信号、准备就绪信号等。

实际上,归纳起来看,控制器所控制的操作无外乎以下几类:

(1)将一个寄存器中的数据传送到另一个寄存器。

(2)将一个寄存器中的数据通过总线接口传送到 CPU 外部(存储器或 I/O 端口)。

(3)将 CPU 外部(存储器或 I/O 端口)的数据通过总线接口传送到一个寄存器。

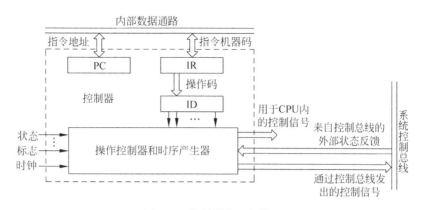

图 6.1 控制器的一般模型

（4）以寄存器作为输入和输出，进行一个算术或逻辑运算。

由此可见，控制器所控制的大多数操作都是数据传送操作，而数据传送是通过内部或外部的数据通路进行的，因此，控制数据在数据通路上正确传送，是控制器的主要工作。

下面，通过一个 CPU 模型来更好地理解数据通路及其控制。

图 6.2 所示为一个采用内部总线的 CPU 模型。采用内部总线作为 CPU 内部的公共数据通路，不仅可以简化数据通路的结构与控制，也更符合 VLSI 工艺的要求，是 CPU 内部结构设计的通行方法。

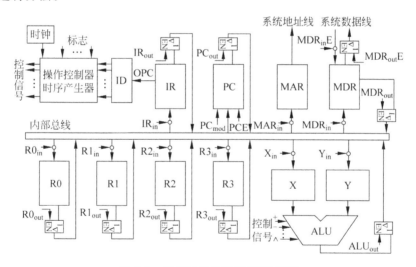

图 6.2 采用内部总线的 CPU 模型

图 6.2 中，R0～R3 表示 4 个通用寄存器、X 和 Y 是 ALU 的两个输入缓冲寄存器、MAR 是存储器地址寄存器、MDR 是存储器数据寄存器。各寄存器都从内部总线获取数据，除 X、Y 和 MAR 外，其他寄存器和 ALU 的输出也送到内部总线。可见，内部总线是 CPU 中各部件的公共数据通路。标有小圆圈的控制信号为各寄存器的输入控制信号，上升沿有效；寄存器及 ALU 的输出受三态门缓冲器的控制，控制信号为高电平有效；$MDR_{in}E$ 和 $MDR_{out}E$ 是 MDR 面向系统数据线的输入和输出控制信号。比较特殊的是程序计数器（PC）。作为一个计数寄存器，PC 既可接收外部输入的数据，又可对所存的数据进行加 1 计

数。PC 上的控制信号 PC_{mod} 为 PC 的工作方式控制信号,$PC_{mod}=0$ 时,PC 工作于数据输入方式,从内部总线接收数据,$PC_{mod}=1$ 时,PC 工作于计数方式;PCE 是 PC 的操作使能信号,上升沿有效,无论 PC 工作于何种方式,均需发出 PCE 信号来完成相应的操作。

【例 6.1】 指令"ADD R0,(R2)"的功能为 $(R0)+((R2))\rightarrow R0$,其中,源操作数采用寄存器间接寻址方式,目标操作数采用寄存器寻址方式。试在图 6.2 的 CPU 模型上,完成这条指令从取指令开始的全部处理过程,写出每一步操作及所需的操作控制信号。

解:指令"ADD R0,(R2)"的全部处理过程列于表 6.1 中。

表 6.1   指令"ADD R0,(R2)"的处理过程

操作	步骤	指令操作	说　　明	所需的控制信号
取指令	1	MAR←(PC)	指令地址送到存储器	MREQ[①],PC_{out},MAR_{in}
	2	MDR←存储器	从存储器读出指令送到 MDR	M_{RD}[②],MDR_{in}E
	3	IR←(MDR)	将指令送到 IR,并译码	MDR_{out},IR_{in}
	4	PC←(PC)+1	PC 加1,形成下条指令地址	$PC_{mod}=1$,PCE
取操作数	5	MAR←(R2)	源操作数地址送到 MAR	MREQ,$R2_{out}$,MAR_{in}
	6	MDR←存储器	从存储器读出源操作数送到 MDR	M_{RD},MDR_{in}E
运算并存结果	7	X←(R0)	目标操作数送到 X	$R0_{out}$,X_{in}
	8	Y←(MDR)	源操作数送到 Y	MDR_{out},Y_{in}
	9	R0←(X)+(Y)	做加法运算并保存结果	+,ALU_{out},$R0_{in}$

注:① MREQ 是 CPU 的访存请求信号。

② M_{RD} 是存储器读操作控制信号。

实际的 CPU 中,为了加快数据传送,可能会增加内部总线的数量,如采用双总线结构或三总线结构等。无论何种结构的 CPU,要掌握其工作原理,以下 4 个方面是关键:

(1) 弄清 CPU 的基本组成部件及其作用。

(2) 弄清 CPU 各组成部件之间的关系。

(3) 弄清 CPU 各组成部件之间的数据通路及控制方法。

(4) 注意避免数据通路在使用时发生冲突(即出现同时争用数据通路的现象)。

6.2 指令周期

6.2.1 指令周期的基本概念

前面结合 CPU 的数据通路结构及控制,举例说明了指令处理的全部过程。粗略地看,一条指令的处理过程可以分为两个阶段,即取指令阶段和执行指令阶段。如果分得更细一些,则典型的指令处理过程是:①取指令(包括指令译码);②取操作数;③执行指令(即完成指令所需的操作,如数据处理等);④保存结果。

指令处理过程中的每一步操作,都需要有相应的控制信号来控制。为了保证各项操作能按顺序有条不紊地进行,各种控制信号的发出都有严格的时间要求。因此,每条指令的处理时间是有严格规定的。把一条指令从取指令开始,到全部处理完为止的一段时间,称为这条指令的指令周期。简言之,指令周期就是 CPU 取出并执行一条指令所需的全部时间。

由于不同指令的功能和复杂程度不同,因此,指令周期的长度是不统一的。指令周期由指令处理过程中每一步操作的时间相加而得,但不同类型的操作所需的时间不同,如果完全按各种操作的实际时间实施控制,会增加控制的复杂性。因此,计算机中通常定义一个标准时间单位来统一所有基本操作的时间,这个标准时间单位称为机器周期,也叫 CPU 周期。显然,机器周期的长度,应能满足 CPU 所做的最复杂的基本操作的时间要求。归纳起来,CPU 的基本操作种类有:

(1) 在寄存器之间传送数据。

(2) 在寄存器与存储器或 I/O 端口之间传送数据(即做一次存储器或 I/O 端口的访问)。

(3) 完成一次算术或逻辑运算。

所有复杂的操作,都是由这三类基本操作组合而成的。其中,第(2)种操作的时间最长,因此,机器周期被定义为 CPU 进行一次存储器访问所需的时间。

一个指令周期包含若干个机器周期。如果指令的长度不超过存储器字长,且数据通路的结构允许的话,取指令最少需要一个机器周期。任何指令,包括空操作指令,都需要有执行的时间,执行时间最少为一个机器周期。因此,可能的最短指令周期包含两个机器周期。

原则上,一个机器周期里完成一种基本操作,但如果多个简单操作在时间上和数据通路的使用上没有冲突,也可以安排在一个机器周期内完成。总之,一个机器周期里究竟能做什么,一要看时间上是否有矛盾,二要看数据通路使用上有没有冲突。

控制 CPU 工作时间最基本的信号,就是 CPU 的时钟信号。该信号的频率被称为 CPU 时钟频率,周期被称为 CPU 时钟周期(简称时钟周期),是 CPU 内部定时最基本的时间单位。一个机器周期由若干个时钟周期组成,典型的机器周期包含 4 个时钟周期。图 6.3 所示为指令周期、机器周期、时钟周期三者之间的关系,其中,t_i 表示第 i 个时钟周期;M_j 表示第 j 个机器周期。

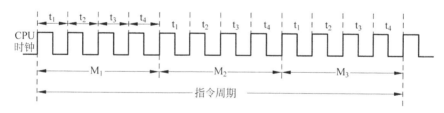

图 6.3　指令周期的时间关系

CPU 时钟不仅是定时的基础,也是精确控制各种操作时间的基础。如某操作要求在机器周期的第三个时钟周期内进行,则该操作的控制信号就应该被控制在 t_3 的上升沿到来时有效,而在 t_4 的上升沿到来时撤销。

6.2.2　指令周期分析举例

分析指令系统中每条指令的指令周期,确定其机器周期数,描述每个机器周期所需执行的操作和需要发出的控制信号,是控制器设计的重要基础。

要做好指令周期分析,必须了解各种基本操作的时间要求。CPU 内部寄存器之间的数据传送操作非常简单,速度很快,通常只需要一个时钟周期即可完成。因此,在没有冲突的情况下,一个机器周期内可以安排多个寄存器之间的数据传送操作。

一次访存操作的过程比较复杂,但可以在一个机器周期内完成,其时间安排一般是:t_1 开始时发出地址,并一直保持到机器周期结束;t_2 开始时发出读/写控制信号,并保持到 t_3 结束,数据的读出或写入在 t_3 内完成;对读操作,在 t_4 将读出的数据存入目标寄存器。需要说明的是,这种访存时间安排是针对 SRAM 存储器的,如果是速度较慢的 DRAM 存储器,其访存周期的时间控制将更为复杂,此处不做进一步的讨论。

一次以寄存器作为输入和输出的算术或逻辑运算也可以在一个机器周期内完成,其时间安排一般是:在 t_1 和 t_2 内,分别将两个寄存器中的操作数送到 ALU;在 t_3 完成运算;在 t_4 将运算结果存入目标寄存器。

对其他简单操作,只要能避免时间上和数据通路使用上的冲突,就可以在一个机器周期内安排多个。

【例 6.2】 在图 6.2 的 CPU 模型上,分析下列指令的指令周期:

LD R1,A;(A)→R1,A 是直接地址

LX R2,16(R3);((R3)+16)→R2,R3 为变址寄存器,16 为偏移量

MOV R0,R1;(R1)→R0

ADD R0,(R2);(R0)+((R2))→R0

SUB R0,♯25;(R0)−25→R0,25 是立即数

STO (B),R0;(R0)→(B),B 是间接地址

BC L;若进位/借位标志 C=1,转移到目标地址 L 处,否则顺序执行

解:设所有指令均为单字长指令。分析结果列于表 6.2 中。

表 6.2　例 6.2 的指令周期分析结果

指令	机器周期	操　作	说　明	所需控制信号
LD R1,A	M_1	t_1:MAR←(PC) $t_2 \sim t_3$:MDR←存储器 t_4:IR←(MDR) PC←(PC)+1	M_1 是取指周期。以下各条指令的取指周期均与此相同,不再列出	MREQ[①],PC_{out},MAR_{in} $M_{RD}^②$,MDR_{in} E MDR_{out},IR_{in} PC_{mod}=1,PCE
	M_2	t_1:MAR←(IR(地址码 A)) $t_2 \sim t_3$:MDR←存储器 t_4:R1←(MDR)	按 IR 中的地址码 A 访存取操作数,需一个机器周期	MREQ,IR_{out},MAR_{in} M_{RD},MDR_{in} E MDR_{out},$R1_{in}$
LX R2,16(R3)	M_2	t_1:X←(R3) t_2:Y←(IR(偏移量 16)) $t_3 \sim t_4$:MAR←(X)+(Y)	计算变址寻址有效地址: EA=(R3)+16	$R3_{out}$,X_{in} IR_{out},Y_{in} +,ALU_{out},MAR_{in}
	M_3	t_1:启动访存(地址已在 MAR) $t_2 \sim t_3$:MDR←存储器 t_4:R2←(MDR)	访存取操作数,需一个机器周期。	MREQ M_{RD},MDR_{in} E MDR_{out},$R2_{in}$
MOV R0,R1	M_2	$t_1 \sim t_3$:空闲 t_4:R0←(R1)	寄存器之间的数据传送速度最快。	$R1_{out}$,$R0_{in}$
ADD R0,(R2)	M_2	t_1:MAR←(R2) $t_2 \sim t_3$:MDR←存储器	按寄存器间接寻址方式访存	MREQ,$R2_{out}$,MAR_{in} M_{RD},MDR_{in} E
	M_3	t_1:X←(R0) t_2:Y←(MDR) $t_3 \sim t_4$:R0←(X)+(Y)	运算并存结果,用一个机器周期	$R0_{out}$,X_{in} MDR_{out},Y_{in} +,ALU_{out},$R0_{in}$

指令	机器周期	操　作	说　　明	所需控制信号
SUB R0，#25	M_2	t_1：X←(R0) t_2：Y←(IR(立即数25)) $t_3 \sim t_4$：R0←(X)−(Y)	立即数是指令的组成部分，随指令一起存在 IR 中	$R0_{out}$，X_{in} IR_{out}，Y_{in} −，ALU_{out}，$R0_{in}$
STO (B)，R0	M_2	t_1：MAR←(IR(地址码B)) $t_2 \sim t_3$：MDR←存储器	按间接地址 B 访问取操作数地址	MREQ，IR_{out}，MAR_{in} M_{RD}，MDR_{in} E
	M_3	t_1：MAR←(MDR) $t_2 \sim t_3$：MDR←(R0) 存储器←(MDR)	按操作数地址访存做写操作，需要一个机器周期	MREQ，MDR_{out}，MAR_{in} $R0_{out}$，MDR_{out} E，MDR_{in} M_{WR}③
BC L	M_2	$t_1 \sim t_3$：空闲 t_4： PC←$\bar{C}$·(PC)+C·(IR(地址码L))	根据标志 C 决定下条指令的地址，C 为 1 则转移到目标地址 L，否则顺序执行	C·IR_{out}，PC_{mod}=$\bar{C}$， C·PCE

注：① MREQ 是 CPU 的访存请求信号。

② M_{RD}是存储器读操作控制信号。

③ M_{WR}是存储器写操作控制信号。

需要说明的是，指令周期的分析结果与具体的 CPU 数据通路结构密切相关。即使是对同一个 CPU 模型，分析结果也不是唯一的。如例 6.2 中的取指周期，也可将其分为两个机器周期，即

$$M_1：MAR←(PC)，MDR←存储器$$
$$M_2：IR←(MDR)，PC←(PC)+1$$

这种做法只是降低了时间效率，但并不影响操作的正确性。

6.2.3　指令周期流程图

类似于描述程序执行过程的程序流程图，也可以把指令的处理过程用流程图的形式来描述，这就是指令周期流程图。

在指令周期流程图中，用一个方框代表一个机器周期，在方框内描述各个机器周期所需执行的操作；用一个菱形框表示某种判别或测试，如对指令操作码的判别（即指令译码），对进位/借位标志的测试等。判别测试是依附于其上一个机器周期的一项操作，不占用一个独立的机器周期，只是为了更清楚地描述指令的处理流程，而将其单独用菱形框表示出来。此外，指令周期流程图在每条指令结束的地方，都会使用一个"~"符号，代表公共操作（简称公操作）的意思。公操作主要是指系统中的一些公共事务，需要 CPU 来进行处理，如中断请求，通道请求等；CPU 只有在执行完当前指令之后，才能去执行这些公操作。如果当前指令执行完后，并无上述公操作的请求，则 CPU 将取下条指令，继续执行当前程序。从这个意义上说，取指令操作也可以看作一种公操作。

图 6.4 所示为例 6.2 的指令周期流程图。

取指周期是每条指令都需要的，因此，取指周期作为每条指令的公用机器周期。指令译码是取指周期中的一项工作，用菱形框单独表示出来，是为了更清楚地体现指令的处理流

程。指令译码器根据不同的指令操作码,产生不同的译码输出,从而控制转入不同指令的执行流程。

指令周期流程图也是指令周期分析的有力工具,进一步给出每个机器周期所需的控制信号后,就成为控制器设计的重要依据。

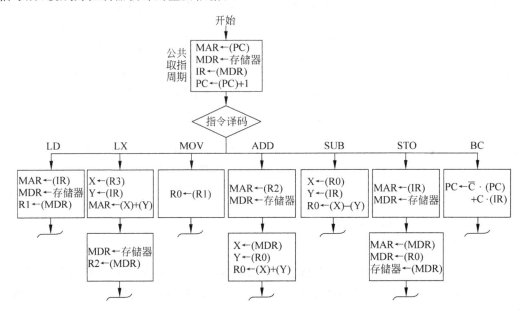

图 6.4   例 6.2 的指令周期流程图

6.3   时序信号和时序产生器

6.3.1   时序信号的基本概念

通过对指令周期的分析可知,指令处理过程中的每一个控制信号,都有严格的时间要求。例如,在例 6.2 的 M_1 机器周期(即取指周期)中,要求 MREQ 和 PC_{out} 在 t_1 的上升沿发出,MAR_{in} 在 t_1 的下降沿发出;M_{RD} 在 t_2 的上升沿发出;MDR_{in} E 在 t_3 的下降沿发出;MDR_{out} 和 PC_{mod} 在 t_4 的上升沿发出,IR_{in} 和 PCE 在 t_4 的下降沿发出。此外,还要求 MREQ 保持 1 个机器周期,M_{RD} 保持 2 个时钟周期,PC_{out}、MDR_{out} 和 PC_{mod} 保持 1 个时钟周期。可见,每个控制信号何时发出,保持多长时间,都有严格的要求,否则就会造成错误。

用于控制操作时间的信号称为时序信号,由时序产生器生成。由于硬布线控制器与微程序控制器在结构及工作原理上有差异,所以其时序信号也有所不同。下面以硬布线控制器为例,说明其时序信号的特征。

时序信号采用的是多级体制,包括机器周期信号、节拍信号和工作脉冲。其中,机器周期信号控制一个机器周期,其上升沿表示一个机器周期的开始,高电平持续时间即为一个机器周期的时长,下降沿表示一个机器周期的结束;节拍信号控制一个时钟周期,其上升沿表示一个时钟周期的开始,高电平持续时间为一个时钟周期的时长,下降沿表示一个时钟周期的结束;工作脉冲控制的是一个时钟周期的后半个周期,其脉冲宽度仅为半个时钟周期。

图 6.5 以一个指令周期包含 3 个机器周期,一个机器周期包含 4 个时钟周期为例,描述了多级时序信号的关系。

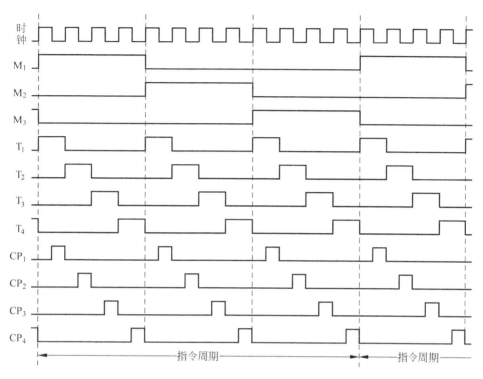

图 6.5　机器周期、节拍、工作脉冲之间的时序关系

图 6.5 中,M_1、M_2 和 M_3 是 3 个机器周期信号,用来控制三个机器周期;T_1、T_2、T_3 和 T_4 是 4 个节拍信号,用来控制一个机器周期中的 4 个时钟周期;CP_1、CP_2、CP_3 和 CP_4 是 4 个工作脉冲,用来控制对应时钟周期的后半个周期。从图中可以看到,时序信号都是周期性出现的。

通常,机器周期信号作为第一级时序信号,用来对节拍信号和工作脉冲实施约束(即将其约束在指定的机器周期内),只有少数需要在整个机器周期内保持有效的控制信号(如例 6.2 中的 MREQ),由机器周期信号直接控制发出;工作脉冲用来控制寄存器的输入(即作为寄存器的打入脉冲)和 PC 的操作(如作为 PCE 脉冲),而其他操作则由节拍信号来控制(如控制寄存器输出、ALU 运算与输出、存储器读写、PC 工作方式等)。之所以用节拍信号控制寄存器输出,而用工作脉冲控制寄存器输入,是为了能在一个时钟周期内实现两个寄存器之间的数据传送。如例 6.2 中,要求在 M_1 机器周期的 T_1 节拍完成操作 MAR←(PC),则在 T_1 到来时发出 PC_{out} 信号,将 PC 中的指令地址输出到内部总线,经过半个时钟周期后,信号已在内部总线上稳定,此时 CP_1 到来,控制发出打入脉冲 MAR_{in},将总线上的指令地址打入 MAR 寄存器。

下面通过一个例子来说明时序信号是如何实现对控制信号定时的。假设在指令 I_a 的指令周期中,要求在其 M_j 机器周期的 T_k 节拍发出控制信号 C,则 C 的逻辑关系可用下面的逻辑表达式来描述:

$$C = I_a \cdot M_j \cdot T_k$$

式中，I_a 代表指令 I_a 的译码器输出信号。产生控制信号 C 的逻辑电路如图 6.6 所示。

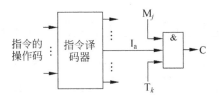

图 6.6 时序信号应用示例

6.3.2 控制器的控制方式

由于各种指令的功能不同，使得不同指令的指令周期存在差异。也就是说，对不同指令的时序控制存在差异。控制器的控制方式，就是指对不同指令的指令周期实施时序控制的方式。常用的控制方式有同步控制方式、异步控制方式和联合控制方式。

1. 同步控制方式

如果所有指令的指令周期中包含的机器周期数，以及每个机器周期所包含的时钟周期数，都是预先确定的，而且是一成不变的，则这种时序控制方式称为同步控制方式。也就是说，在同步控制方式下，一条指令无论何时、在何种情况下执行，其操作的时序都是完全相同的。

根据不同的设计要求，同步控制方式可有三种实现方案：

（1）定义标准的机器周期，规定指令系统中所有指令的指令周期包含相同的机器周期数。这种控制方式的优点是，所有指令的指令周期完全统一，时序控制简单。但是，统一指令周期只能按处理时间最长的指令来统一，这显然降低了整个系统的性能。图 6.5 所示，就是这种方案的一个例子。

（2）采用不定长的机器周期，以满足不同操作的时间要求。通常，将大多数操作安排在一种较短的机器周期内完成，而对某些较为复杂的操作，则采取延长机器周期（增加若干个时钟周期）的方法来满足操作时间的要求。

（3）采用中央控制与局部控制相结合的方法。中央控制是指统一大多数指令的指令周期，使它们具有相同长度的机器周期和相同数量的机器周期数；局部控制是指对少数复杂的指令采用特殊的时序来控制，如定义特殊的机器周期来满足某种特殊操作的需要等。

2. 异步控制方式

异步控制方式的特点是：每条指令、每个操作实际需要多少时间就占用多少时间。因此，异步控制方式不能像同步控制方式那样严格控制每个操作的开始时间和持续时间，也就没有机器周期，甚至没有时钟周期的概念。

异步控制方式在控制器与执行部件之间采用"联络"信号来实现双方的同步。即控制器发出某一操作控制信号后，等待执行部件完成该操作后发回"回答"信号，再开始新的操作。

3. 联合控制方式

联合控制方式是同步控制方式和异步控制方式的有机结合。一般采用以下两种方案：

（1）设计一种基本机器周期，使大多数操作都能在一个基本机器周期内完成（体现同步控制的特点）；对少数可能无法在一个基本机器周期内完成的操作，通过对执行部件"回答"信号的检测，来判断操作是否完成，若未完成，则延长机器周期直到操作完成（体现异步控制的特点）。下面以8086CPU为例，说明这种控制方式的特点。

8086的基本机器周期包含4个时钟周期，大多数操作均能在基本机器周期内完成。在对存储器和I/O端口访问时，由于存储器件的速度不统一，I/O设备的响应时间也不确定，所以采用局部异步控制方式，这种特殊的机器周期称为总线周期。在总线周期中，由存储器或I/O接口向控制器反馈一个Ready（就绪）状态信号，若Ready=1，表示存储器或I/O端口已就绪，可以进行读/写，否则表示未就绪，不能进行读/写。控制器在总线周期的t_3开始时检测Ready信号，若Ready=1，则在t_3后进入t_4，在t_4完成读/写，然后结束当前的总线周期；若Ready=0，则在t_3后插入一个等待周期t_w，而在t_w的开始，也同样检测Ready信号，若Ready仍然为0，则继续插入t_w，直到检测到Ready为1，就在最后一个t_w后进入t_4，在t_4完成读/写并结束当前的总线周期。图6.7所示为一个带有t_w的8086存储器读总线周期时序。

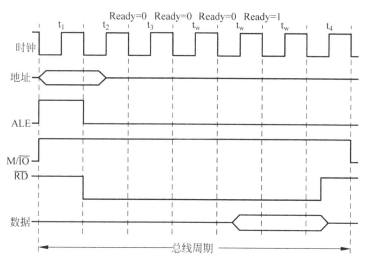

图6.7 有t_w的8086存储器读总线周期时序

图6.7中，ALE为地址锁存信号，其下降沿将访存的有效地址打入地址锁存器；$M/\overline{IO}=1$，访问存储器，$M/\overline{IO}=0$，访问I/O端口；$\overline{RD}$是存储器读控制信号，低电平有效。

这种方案虽然运用了异步控制的思想，但与纯粹的异步控制方式是不一样的，因为其等待时间是以时钟周期为单位来延长的。

（2）设计固定长度的机器周期，但各条指令的指令周期所包含的机器周期数不固定。这是微程序控制器采用的控制方式。

6.3.3 时序产生器的组成及工作原理

从上述各种控制方式来看，除异步控制方式外，其他控制方式都要用到时序信号。而且，实际的控制器是不采用单纯的异步控制方式的。因此，对控制器来说，时序产生器是必需的。

从图6.5中可以看到时钟信号与各级时序信号之间的关系。显然，时钟信号是产生节拍信号和工作脉冲的基础,每个时钟周期产生一个节拍信号和工作脉冲;而节拍信号 T_1 则是产生机器周期信号的基础,即 T_1 的每个周期产生一个机器周期信号。也就是说,时序产生器可以由节拍信号和工作脉冲产生器以及机器周期信号产生器组成,节拍信号和工作脉冲产生器以时钟信号作为输入信号源,而机器周期信号产生器则以节拍信号 T_1 作为输入信号源,这两个电路的工作原理是一样的。

图 6.8 所示的时序产生器电路,就是按图 6.5 所示的同步时序关系设计的。图中,虚线右侧部分是节拍信号和工作脉冲产生器,它以时钟信号作为输入信号源,周期性地产生 $T_1^\circ \sim T_4^\circ$ 和 $CP_1^\circ \sim CP_4^\circ$;虚线左侧部分是机器周期信号产生器,它以节拍信号 T_1 作为输入信号源,周期性地产生机器周期信号 $M_1^\circ \sim M_3^\circ$。

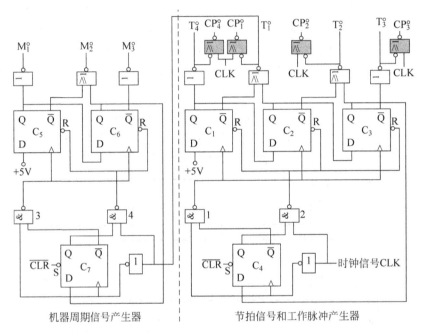

图 6.8　时序产生器

在节拍信号和工作脉冲产生器中,三个触发器 C_1、C_2 和 C_3 组成了一个移位寄存器,每当"与非"门1输出一个正脉冲,就将使该移位寄存器做一次右移。触发器 C_4 用于控制,其置位端 S 接系统的总清零信号 $\overline{CLR}$。在发出 $\overline{CLR}$ 信号后,C_4 的输出(Q)被置为1,加在"与非"门2的一个输入端,当随后到来的第一个时钟脉冲的上升沿出现时,"与非"门2输出一个负脉冲,使 C_1、C_2 和 C_3 复位(即输出 0),时序产生器进入初始状态;与此同时,C_3 输出的0也被加在了 C_4 的数据输入端(D),因此,在撤销总清零信号后的第一个时钟脉冲的下降沿出现时,C_4 的输出由1变为0,使 C_1、C_2 和 C_3 脱离复位状态,进入正常工作状态。当第二个时钟脉冲出现时,"与非"门1输出一个正脉冲,使移位寄存器做一次右移;以后,每出现一个时钟脉冲,移位寄存器都将做一次右移。由于 C_1 的数据输入端接+5V 电源正极,恒为1,所以 C_1 每次输入的都是1,因此,随着右移的进行,这个"1"将被依次移到 C_2 和 C_3;当 C_3 输出为1时,C_4 的数据输入端同时变为1,当下一个时钟脉冲的上升沿出现时,"与非"门2又输出一个负脉冲,再次将 C_1、C_2 和 C_3 复位,整个电路又将开始新一轮的工作,如此循环下去。图 6.9 所示为 C_1、C_2 和 C_3 的时序图。

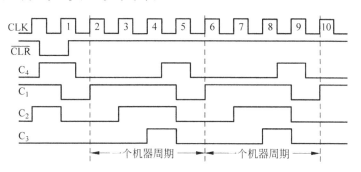

图 6.9 C_1、C_2 和 C_3 的时序图

在 C_1、C_2 和 C_3 的基础上,经过以下简单的逻辑变换,就可以得到节拍信号 $T^\circ_1 \sim T^\circ_4$ 以及工作脉冲 $CP^\circ_1 \sim CP^\circ_4$。图 6.10 所示为节拍信号和工作脉冲产生器的时序图。

$$T^\circ_1 = C_1 \cdot \overline{C_2} = \overline{\overline{C_1} + C_2}, \quad T^\circ_2 = C_2 \cdot \overline{C_3} = \overline{\overline{C_2} + C_3}, \quad T^\circ_3 = C_3, \quad T^\circ_4 = \overline{C_1}$$

$$CP^\circ_1 = \overline{\overline{T_1} + CLK}, CP^\circ_2 = \overline{\overline{T_2} + CLK}, CP^\circ_3 = \overline{\overline{T_3} + CLK}, CP^\circ_4 = \overline{\overline{T_4} + CLK}$$

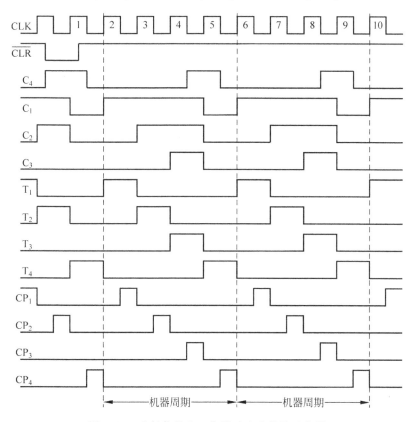

图 6.10 节拍信号和工作脉冲产生器的时序图

机器周期信号产生器的工作原理与节拍信号和工作脉冲产生器是一样的,它以节拍信号 T°_1 作为输入信号源。由于只有 C_5 和 C_6 两个触发器组成移位寄存器,所以,只产生三个

机器周期信号 $M^°_1$、$M^°_2$ 和 $M^°_3$,对应的逻辑表达式如下:

$$M^°_1=\overline{C_5},\quad M_2=C_5\cdot\overline{C_6}=\overline{\overline{C_5}+C_6},\quad M_3=C_6$$

图 6.11 所示为机器周期信号产生器的时序图。

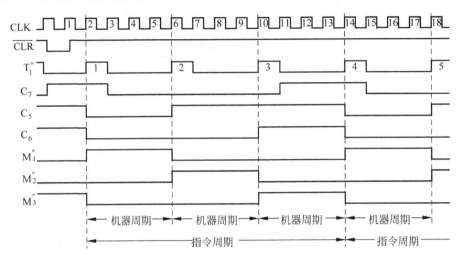

图 6.11　机器周期信号产生器的时序图

一旦计算机系统的电源接通,时序产生器就开始不断循环产生各级时序信号。考虑到计算机在实际工作中的需要,通常还要给时序产生器配置一个启停控制电路,使时序产生器只有在机器启动工作的状态下,才能发出时序信号,而在机器进入停机状态后,禁止发出时序信号。这里所说的"停机"不是关机,只是暂时不提供 CPU 工作所需的时序信号,从而使 CPU 暂时停止工作。停机期间,CPU 内部各个寄存器的状态都不会改变,存储器的内容也不会改变,一旦重新进入启动状态,则立即恢复时序信号,CPU 即可重新开始工作。

启、停控制也有严格的时间要求,对硬布线控制器,无论"启动"还是"停机",均应严格控制在 $M^°_1$ 的上升沿(即一个新的指令周期的开始,或前一个指令周期的结束时刻)进行,因为,不按照规定的时刻启动和停机,将造成指令执行的错误。对微程序控制器,启、停控制相对简单,只要保证在 $T^°_1$ 的上升沿(即一个新的机器周期的开始,或前一个机器周期的结束时刻)执行启动或停机即可,因为,微程序控制器的时序产生器不产生机器周期信号(详见6.5节)。图 6.12 所示为图 6.8 中的时序产生器的启停控制电路。

图 6.12 中,触发器 C_r 称为运行标志触发器,当 C_r 输出(Q)为 1 时,时序产生器产生的时序信号通过"与"门发出,提供给 CPU 使用,机器处于运行状态;当 C_r 输出为 0 时,"与"门封锁了全部时序信号,机器进入停机状态。"启动"与"停机"控制信号均为低电平有效,且不能同时有效。当"启动"信号有效时,C_r 的数据输入端(D)为 1,在 $M^°_1$ 机器周期的上升沿(即一个新的指令周期的开始时刻)到来时,使 C_r 输出为 1,启动机器进入运行状态;而当"停机"信号有效时,C_r 的数据输入端为 0,在 $M^°_1$ 机器周期的上升沿(即前一指令周期的结束时刻)到来时,C_r 输出为 0,使机器进入停机状态。可见,这样的控制,能使启动和停机动作都发生在恰当的时刻。此外,总清零信号 $\overline{CLR}$ 到来时,也会使 C_r 复位(输出 0),封锁时序信号,直到"启动"信号出现。如果是微程序控制器,则 C_r 用 $T^°_1$ 的上升沿触发即可。

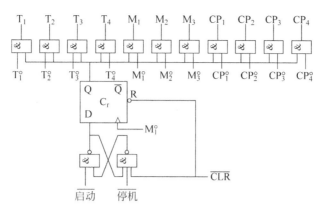

图 6.12 硬布线控制器的启停控制电路

6.4 硬布线控制器

硬布线控制器是控制器的一种,其操作控制器采用组合逻辑电路设计,所以也称为组合逻辑控制器。早期的计算机采用的是硬布线控制器,后来,随着计算机指令系统的复杂化,直接采用组合逻辑电路设计控制器变得非常困难,以至于难以实现,因此,硬布线控制器被硬件实现上更为容易的微程序控制器所取代。但是,精简指令系统思想的提出和 VLSI 技术的发展,使硬布线控制器在 RISC 系统中重获新生。

硬布线控制器的最大优点就是工作速度快,但也存在着硬件成本较高,灵活性差等不足。

6.4.1 硬布线控制器的结构及工作原理

图 6.13 所示为硬布线控制器的结构框图(图中省略了程序计数器(PC))。

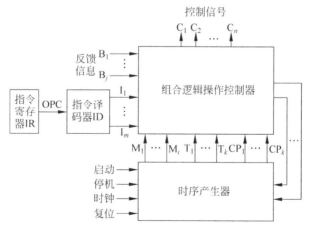

图 6.13 硬布线控制器的结构框图

组合逻辑操作控制器是硬布线控制器的核心部件,各种操作所需的控制信号均由这里发出。任何一个控制信号的发出,都是有一定条件的。如图 6.13 所示,组合逻辑操作控制器以指令译码器的输出、时序产生器的输出以及前面执行过的指令所产生的反馈信息作为输入,因此可以理解为:一个控制信号 C 是在执行某条指令(I_m)的过程中,在某个特定的时刻(M_i,T_k,CP_k),根据已执行的指令所产生的某个反馈信息(B_j)而发出的。这种关系可用下面的逻辑函数来描述:

$$C = f(I_m, M_i, T_k, CP_k, B_j) \tag{6.1}$$

当然,并不是每个控制信号都与式(6.1)中的所有参数有关,如取指操作时与 I_m 无关,一般的数据传送操作与 B_j 无关。

时序产生器的基本结构及工作原理已在 6.3.3 节做了详细描述,此处不再赘述。组合逻辑操作控制器对时序产生器的控制,主要是为了某些指令的特殊需要,控制时序产生器跳过或增加某些节拍。

如果指令格式中包含操作数的寻址方式字段,则一个控制信号的发出还会与所采用的寻址方式有关,这将大大增加组合逻辑操作控制器的复杂程度,这也是 CISC 系统难以采用硬布线控制器的重要原因。为了突出控制器设计的基本原理和方法,避免陷入过多复杂的设计细节问题,本章均假设指令操作数的寻址方式信息包含在指令的操作码中,即由指令操作码决定其操作数的寻址方式。

6.4.2　控制信号的设计

通常,一个控制信号会在多种不同的条件下使用。设计组合逻辑操作控制器的任务,就是将产生每个控制信号的所有前提条件都确定下来,然后写出每个控制信号的逻辑表达式并进行化简,最后按逻辑表达式设计逻辑电路。

【例 6.3】　设某控制信号 C_i 的所有发出条件如下,写出 C_i 的逻辑表达式,并设计 C_i 的产生逻辑。

(1) 在取指周期(即 M_1 机器周期)的 T_3 节拍到来时发出。

(2) 在指令 I_a 或 I_b 的指令周期的 M_2 机器周期的 T_3 节拍到来时发出。

(3) 在指令 I_c 的指令周期的 M_3 机器周期的 T_2 节拍到来,且 B_n 有效时发出。

解:C_i 的逻辑表达式如下:

$$C_i = M_1 \cdot T_3 + M_2 \cdot T_3 \cdot (I_a + I_b) + M_3 \cdot T_2 \cdot B_n \cdot I_c$$

这样,只要以上三个条件中的任何一个成立,都会有 C_i 控制信号发出。对应这个逻辑表达式的逻辑电路如图 6.14 所示。

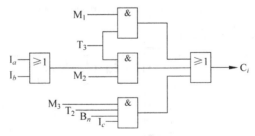

图 6.14　例 6.3 的控制信号产生电路

为了一个不漏地列出所有控制信号的逻辑表达式,需要对指令系统中的所有指令进行指令周期分析,列出所需的全部控制信号,并确定发出各个控制信号所需的全部前提条件。

【例 6.4】　在例 6.2 的基础上,写出寄存器打入脉冲 MAR_{in}、MDR_{in} 和 $MDR_{in}E$ 的逻辑表达式,并设计出对应的逻辑电路。

解：根据表 6.2 的分析结果，找出需要发出打入脉冲 MAR_{in}、MDR_{in} 和 $MDR_{in}E$ 的所有前提条件，同时注意到寄存器打入脉冲应由工作脉冲控制发出，可以写出这三个打入脉冲的逻辑表达式如下：

$$MAR_{in} = M_1 \cdot CP_1 + M_2 \cdot CP_1 \cdot (LD + ADD + STO) + M_3 \cdot CP_1 \cdot STO + M_2 \cdot CP_4 \cdot LX$$

$$MDR_{in} = M_3 \cdot CP_2 \cdot STO$$

$$MDR_{in}E = M_1 \cdot CP_3 + M_2 \cdot CP_3 \cdot (LD + ADD + STO) + M_3 \cdot CP_3 \cdot LX$$

据此，可以设计出这三个打入脉冲的产生逻辑如图 6.15 所示。

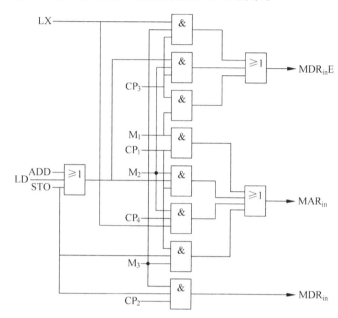

图 6.15　例 6.4 的打入脉冲产生逻辑

6.4.3　指令周期控制

硬布线控制器的时序产生器需要产生控制机器周期的机器周期信号，但不同指令的指令周期所包含的机器周期数有所不同。为了简化时序产生器的设计，可采用同步控制方式，即按处理时间最长的指令所需的机器周期数来统一所有指令的指令周期，如图 6.16 所示。

图 6.16 中，LX 指令、ADD 指令和 STO 指令的处理时间最长，均为三个机器周期（M_1、M_2 和 M_3），因此，按照同步控制方式的做法，使所有指令的指令周期都统一包含三个机器周期。这样，就可以使用图 6.8 所示的时序产生器来产生所需的时序信号了。但是，LD、MOV、SUB 和 BC 指令的指令周期中包含的一个空闲机器周期，浪费了 CPU 处理指令的时间，降低了系统的性能。解决这个问题的方法是，让处理时间短的指令跳过后面的空闲机器周期，直接进入公操作（即下一个取指周期 M_1）。为此，要求所有处理时间短的指令，在其最后一个有效的机器周期，发出一个提前结束指令周期的控制信号，并用它控制时序产生器提前回到 M_1 机器周期。以图 6.16 中的指令为例，设提前结束指令周期的控制信号为 C_{END}，则其逻辑表达式为

$$C_{END} = M_2 \cdot (LD + MOV + SUB + BC)$$

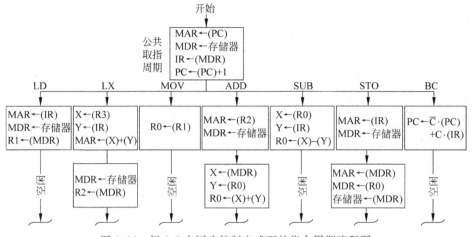

图 6.16　例 6.2 在同步控制方式下的指令周期流程图

这个在 M_2 机器周期发出的 C_{END} 信号,将使机器周期信号发生器在当前 M_2 结束后跳过 M_3,直接产生下一个 M_1。

此外,同步控制方式还面临着一个问题,就是如何根据实际操作的需要延长机器周期。仍以图 6.8 中的时序产生器为例,其一个机器周期固定包含 4 个节拍,这对访问 SRAM 存储器是没有问题的,但实际的计算机系统采用速度较慢的 DRAM 构造主存,通常不能在标准的机器周期时间内完成访存,这就需要延长机器周期。解决这个问题常用的方法是局部异步控制法,即由主存向控制器反馈一个状态信号 Ready,控制器在机器周期的 T_3 节拍到来时检测 Ready,若 Ready=1,则在 T_3 后正常进入 T_4,若 Ready=0,则在 T_3 后插入一个等待节拍 T_w,并在 T_w 继续检测 Ready,若 Ready 仍然为 0,则继续插入 T_w,直到检测到 Ready 为 1,就在最后一个 T_w 后进入 T_4。图 6.17 所示,是在图 6.8 时序产生器的基础上,增加了提前结束指令周期功能和延长机器周期功能的时序产生器。

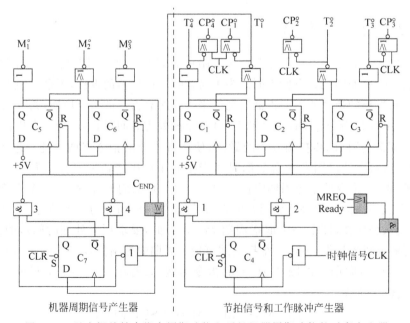

图 6.17　具有提前结束指令周期功能和延长机器周期功能的时序产生器

6.5 微程序控制器

6.5.1 微程序控制原理

1. 微程序控制的基本思想

通过对指令周期的分析,可以知道一条指令的处理过程需要经过几个机器周期,每个机器周期需要发出哪些控制信号。由于控制信号本身都是二进制数字信号,因此,可以预先将每条指令在各个机器周期需要发出的控制信号用二进制序列编排好,存放在指定的存储器中,当指令执行时,从这个存储器中依次读出其各个机器周期的控制信号序列,将其与时序信号相结合,就可得到用于实际操作的控制信号。这种方法可以大大简化产生操作控制信号的逻辑电路,特别适合 CISC 系统的控制器设计。按照这种方法设计的控制器,称为微程序控制器。由于微程序控制器依靠一个存储器来存储和提供控制信号,因此,微程序控制器也称为存储逻辑控制器。

微程序控制器的核心,就是用来存储控制信号的存储器,这个特殊的存储器被称为控制存储器,简称控存。控存中存储了指令系统中全部指令在各个机器周期所需发出的控制信号序列。由于指令系统的相对稳定性,控存中的内容也是相对稳定的,因此,控存是一个只读存储器。计算机系统的电源接通后,控存的内容就是立即可用的。

存储在控存中的各个控制信号,称为微命令。每个微命令控制相关的执行部件完成一个指定的操作,这个操作称为微操作。

控存中存储的微命令是按机器周期来编排的,同一个机器周期内所需发出的各个微命令编排成一个二进制序列,称为微指令。也就是说,一条微指令包含了指令在一个机器周期内所需发出的全部微命令。

一条指令的指令周期由多个机器周期组成,每个机器周期都对应着一条微指令。一条指令所对应的多条微指令构成的微指令序列,称为一段微程序。可见,在微程序控制的计算机中,指令的功能是通过执行所对应的一段微程序来实现的。控存中存储的,就是指令系统中所有指令所对应的微程序。

微指令有多种可用的格式,一种常用的微指令格式由操作控制和顺序控制两部分组成。操作控制部分最简单的表示方法,就是每个微命令用一个二进制位表示。操作控制部分包含控制器所需发出的所有微命令,一条微指令根据具体的操作需要,选择其中的一些微命令发出;被选择发出的微命令,其对应的二进制位设置为有效状态,而其他均设置为无效状态。顺序控制部分用来控制微程序的执行顺序,即提供下一条将要执行的微指令在控存中的存放地址(通常称为微地址)。

图 6.18 所示的微指令格式,是以图 6.2 中的 CPU 模型为基础设计的。其中,MREQ 是 CPU 的访存请求信号,M_{RD} 和 M_{WR} 是存储器的读和写控制信号。此外,为了简化问题,假设 ALU 只做 +(加)、-(减)、AND(与)和 NOT(非)4 种运算。顺序控制部分的 $\mu A_4 \sim \mu A_0$ 是 5 位直接地址,在顺序执行微程序时指出下条微指令的微地址;P_1 和 P_2 称为判别测试标志,分别代表一种对指定状态条件进行判别测试的要求。判别测试用于微程序的转移控制,由专门的逻辑电路根据判别测试的结果生成微程序的转移目标微地址。

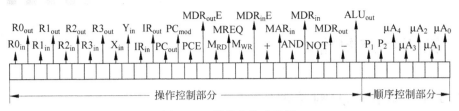

图 6.18   微指令格式示例

2. 微程序控制器的组成

微程序控制器组成框图如图 6.19 所示,其中的程序计数器(图中未画出)和指令寄存器(IR)与硬布线控制器中的对应部件作用相同,其他组成部分用以按微程序控制方式产生操作控制信号。微程序控制器与硬布线控制器的主要区别就在控制信号的产生方式上。

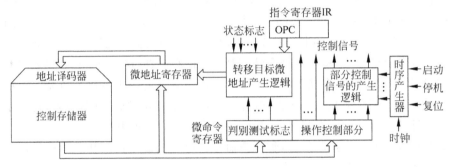

图 6.19   微程序控制器组成框图

控存是微程序控制器的核心,它存储着实现指令系统中所有指令功能的微程序。由于所有指令的取指操作都是一样的,因此,控存中的取指微指令(完成取指操作的微指令)是所有指令的微程序共用的。控存用高速只读存储器构造,其存储字长等于微指令的长度,以保证取出一条微指令只需访问一次控存。

微指令寄存器用来存放从控存取出的一条微指令。微指令寄存器是微命令寄存器和微地址寄存器的合称,其中,微命令寄存器用于存放微指令的操作控制部分和判别测试标志;微地址寄存器用来存放顺序控制部分的微地址信息(即下条将要执行的微指令的地址)。系统加电(或复位)后,微地址寄存器的内容由硬件初始化为取指微指令的地址,而微命令寄存器中的微命令均被初始化为无效状态,从而保证系统所做的第一个有效操作,就是取出所需执行的程序的第一条指令。

由微指令寄存器发出的微命令中,一部分可直接作为控制信号使用,另一部分则需要与时序产生器提供的时序信号相结合,产生可用的控制信号。有关控制信号的产生及其时序问题将在后面详细说明。

微程序也有顺序执行和跳跃执行两种方式。在顺序执行微程序时,由微地址寄存器直接提供下条将要执行的微指令的地址。在微程序需要进行条件转移时,微地址寄存器中的初始内容是当前微指令转移不成功时顺序执行的下条微指令地址;如果转移成功,则需对微地址寄存器中的内容进行修改,使其成为转移目标微指令的地址。这种微地址的修改工作,由转移目标微地址产生逻辑根据所做的判别测试类型(由判别测试标志决定)以及判别测试条件(如某种状态标志或指令操作码等)自动完成。有关微程序的执行顺序控制方法将在6.5.4节详细介绍。

3. 微程序控制器的时序控制

从控存中取出并执行一条微指令所需的全部时间,称为一个微指令周期。由于控存是用高速只读存储器构造的,因此,从控存中读出一条微指令通常只需一个时钟周期,而一条微指令完成的是指令在一个机器周期内所做的操作,因此,执行一条微指令需要一个机器周期。由此可见,一个微指令周期比一个机器周期多一个时钟周期。图6.20所示为微指令周期与机器周期的时间关系。

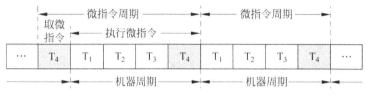

图 6.20　微指令周期与机器周期的时间关系

图6.20中,一个机器周期包含4个时钟周期,分别对应4个节拍信号$T_1 \sim T_4$,其中,T_4节拍既是当前微指令周期的最后一个节拍,又是下个微指令周期的第一个节拍(用于读出下条微指令)。由于相邻微指令周期在T_4节拍上有时间重叠,因此,这是一种并行微程序控制方式,此时可以把一个微指令周期看作只有4个节拍($T_1 \sim T_4$),与一个机器周期相同。计算机启动后,第一个机器周期的前3个节拍(T_1、T_2和T_3)没有有效操作,由硬件自动将PC初始化为所需执行的程序的入口地址,并将微地址寄存器初始化为取指微指令(即对应于取指周期的微指令)的微地址,当T_4节拍到来时,即可从控存中取出取指微指令,并在接下来的一个机器周期中执行取指操作,使CPU开始执行程序。

T_4节拍取出的微指令在随后的T_1的上升沿被打入微指令寄存器,同时,由微指令寄存器发出各个微命令,并一直保持到下一个T_1的上升沿到来,即保持一个机器周期的时间。若需进一步精确控制微命令的有效时间,就要使用节拍信号和工作脉冲来控制。例如,对图6.18中的微指令,如果要求通用寄存器R0~R3的打入脉冲在T_4节拍的后半期发出,则只需将微指令寄存器发出的微命令$R0_{in} \sim R3_{in}$跟工作脉冲CP_4进行逻辑"与"即可,如图6.21所示,由"与"门输出的$R0_{in}^{*} \sim R3_{in}^{*}$即为满足时间要求的通用寄存器打入脉冲。

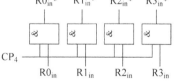

图 6.21　微命令时序控制示例

由于微指令周期等同于机器周期,所以对微程序控制器而言,一个指令的指令周期包含多少个机器周期,取决于该指令对应的微程序所执行的微指令数,无须时序产生器来控制机器周期。因此,微程序控制器的时序产生器不产生机器周期信号,只产生节拍信号和工作脉冲(见图6.17中的节拍信号和工作脉冲产生器部分)。此外,微程序控制器是根据微指令来产生控制信号的,一条微指令完成一个具体的操作(如取指、传送、运算等),与指令之间没有直接的逻辑关系。因此,由微程序控制器发出的控制信号可用下面的逻辑函数来描述:

$$C^{*} = f(C, T_k, CP_k) \tag{6.2}$$

其中,C 是由微指令寄存器发出的微命令;C^* 为加上时序控制的实际可用的控制信号。

对比硬布线控制器的控制信号逻辑函数(式(6.1)),式(6.2)显然简单得多,这是因为微程序控制器产生控制信号的前提条件减少了。此时,如果完全按照在硬布线控制方式下所做的指令周期分析结果,来设计微程序控制方式下的控制信号产生逻辑,就会产生各种矛盾和冲突。例如,按例 6.2 的指令周期分析结果(见表 6.2),R0 寄存器的输出控制信号 $R0_{out}$ 既有要求在 T_1 节拍到来时发出的,也有要求在 T_2 节拍到来时发出的,按式(6.2),可以写出该控制信号在微程序控制方式下的逻辑表达式如下:

$$R0_{out}^* = T_1 \cdot R0_{out} + T_2 \cdot R0_{out}$$

其中,$R0_{out}$ 是由微指令寄存器发出的微命令;$R0_{out}^*$ 是实际用于控制 R0 寄存器输出的控制信号。如果按照该逻辑表达式设计 $R0_{out}^*$ 的产生电路,意味着只要某条微指令发出了 $R0_{out}$ 微命令,就会在其微指令周期的 T_1 和 T_2 两个节拍都发出 R0 寄存器的输出控制信号 $R0_{out}^*$,这显然不符合原来所做的指令周期安排。

由此可见,微程序控制器不能像硬布线控制器那样根据实际需要灵活安排操作时间,如果一个控制信号被要求在不同的节拍信号或工作脉冲到来时发出,就会出现与上述类似的矛盾和冲突。究其原因,就是因为在微程序控制器中,控制信号的发出缺少了指令和机器周期信号的约束。因此,对微程序控制器而言,每个控制信号的时序都要有唯一的规定,而且,为了尽可能提高微程序控制器的工作效率,应该尽量在一条微指令中多安排一些微操作,这就需要对各个控制信号的时序做精心安排。由于对控制信号的时序要求不同,微程序控制器与硬布线控制器的指令周期分析结果也是有所不同的,当然,这种不同只表现在机器周期及其操作的划分上,并不改变指令处理过程的操作步骤。

【例 6.5】 按微程序控制器的时序要求,对例 6.2 中的各条指令进行指令周期分析。

解:首先按微程序控制器的时序要求,安排好 CPU 模型上各个控制信号的时序。

(1) CPU 访存请求信号 MREQ:因为在整个访存机器周期中 MREQ 应保持有效,所以 MREQ 直接由微指令寄存器发出,即 $MREQ^* = MREQ$。

(2) 存储器读写控制信号 M_{RD} 和 M_{WR}:按访存机器周期的一般要求,M_{RD} 应在 T_2 和 T_3 两个节拍内有效,即 $M_{RD}^* = (T_2 + T_3) \cdot M_{RD}$;$M_{WR}$ 应在 T_3 节拍有效,即 $M_{WR}^* = T_3 \cdot M_{WR}$。

(3) MAR_{in}:因为访存地址应在机器周期开始完成锁存并向存储器输出,所以 MAR_{in} 应由工作脉冲 CP_1 控制发出,即 $MAR_{in}^* = CP_1 \cdot MAR_{in}$。

(4) $R0_{out} \sim R3_{out}$:这些信号使用频繁,在一个机器周期的任何一个节拍都有可能用到。为了唯一规定这些信号的发出时间,也为了适应各种操作的需要,规定它们直接由微指令寄存器发出,即 $Ri_{out}^* = Ri_{out}(i=0,1,2,3)$。

(5) PC_{out}、IR_{out}、MDR_{out}:这些信号的情况与 $R0_{out} \sim R3_{out}$ 类似,也规定其直接由微指令寄存器发出,即 $MDR_{out}^* = MDR_{out}$,$PC_{out}^* = PC_{out}$,$IR_{out}^* = IR_{out}$。

(6) $MDR_{out}E$:该信号只在存储器写周期使用,且不影响 CPU 内部总线,可直接由微指令寄存器发出,即 $MDR_{out}^*E = MDR_{out}E$。

(7) MDR_{in}:在 CPU 向存储器写数据时,通常在 CP_2 到来时将数据打入 MDR,因此由 CP_2 控制 MDR_{in} 发出,即 $MDR_{in}^* = CP_2 \cdot MDR_{in}$。

(8) $MDR_{in}E$:因为存储器读操作通常在 T_3 节拍完成并将读出的信息打入 MDR,所以 $MDR_{in}E$ 应由 CP_3 控制发出,即 $MDR_{in}E^* = CP_3 \cdot MDR_{in}E$。

(9) IR_{in} 及 $R0_{in} \sim R3_{in}$:因为相关的操作通常在 T_4 节拍将操作结果打入相应的寄存器,

因此,这些信号均由 CP_4 控制发出,即 $IR_{in}^* = CP_4 \cdot IR_{in}$,$Ri_{in}^* = CP_4 \cdot Ri_{in}(i=0,1,2,3)$。

(10) X_{in} 和 Y_{in}:均由 CP_2 控制发出,即 $X_{in}^* = CP_2 \cdot X_{in}$,$Y_{in}^* = CP_2 \cdot Y_{in}$。

(11) ALU 运算控制信号(+、−、AND、NOT 等)及 ALU_{out}:均直接由微指令寄存器发出,即 $ALU_{out}^* = ALU_{out}$,$+^* = +$,$-^* = -$,$AND^* = AND$,$NOT^* = NOT$。

(12) PC_{mod} 和 PCE:PC_{mod} 由微指令寄存器直接发出,即 $PC_{mod}^* = PC_{mod}$,而 PC 的输入或加 1 计数通常安排在一个机器周期的最后进行,因此 PCE 由 CP_4 控制发出,即 $PCE^* = CP_4 \cdot PCE$。

在对各控制信号做出以上时序安排的基础上,对例 6.2 中的各条指令作指令周期分析,分析结果列于表 6.3 中。

表 6.3 例 6.5 的指令周期分析结果

指 令	机器周期	操 作	说 明	所需微命令
LD R1,A	M_1	MAR←(PC) MDR←存储器	M_1 和 M_2 是用于取指的两个机器周期。以下各条指令的取指过程均与此相同,不再重复列出	MREQ、PC_{out}、MAR_{in} M_{RD}、MDR_{in} E
	M_2	IR←(MDR) PC←(PC)+1		MDR_{out}、IR_{in} $PC_{mod}=1$、PCE
	M_3	MAR←(IR(地址码 A)) MDR←存储器	按 IR 中的地址码 A 访存取操作数	MREQ、IR_{out}、MAR_{in} M_{RD}、MDR_{in} E
	M_4	R1←(MDR)		MDR_{out}、$R1_{in}$
LX R2,16(R3)	M_3	X←(R3)	计算变址寻址有效地址: EA=(R3)+16	$R3_{out}$、X_{in}
	M_4	Y←(IR(偏移量 16))		IR_{out}、Y_{in}
	M_5	MDR←(X)+(Y)		+、ALU_{out}、MDR_{in}
	M_6	MAR←(MDR) MDR←存储器 R2←(MDR)	访存取操作数	MREQ、MDR_{out}、MAR_{in} M_{RD}、MDR_{in} E $R2_{in}$
MOV R0,R1	M_3	R0←(R1)	寄存器之间传送	$R1_{out}$、$R0_{in}$
ADD R0,(R2)	M_3	MAR←(R2) MDR←存储器	按寄存器间接寻址方式访存	MREQ、$R2_{out}$、MAR_{in} M_{RD}、MDR_{in} E
	M_4	X←(R0)	运算并存结果	$R0_{out}$、X_{in}
	M_5	Y←(MDR)		MDR_{out}、Y_{in}
	M_6	R0←(X)+(Y)		+、ALU_{out}、$R0_{in}$
SUB R0,#25	M_3	X←(R0)	运算并存结果	$R0_{out}$、X_{in}
	M_4	Y←(IR(立即数 25))		IR_{out}、Y_{in}
	M_5	R0←(X)−(Y)		−、ALU_{out}、$R0_{in}$
STO (B),R0	M_3	MAR←(IR(地址码 B)) MDR←存储器	按间接地址 B 访存取操作数地址	MREQ、IR_{out}、MAR_{in} M_{RD}、MDR_{in} E
	M_4	MAR←(MDR)	发出操作数地址	MDR_{out}、MAR_{in}
	M_5	MDR←(R0) 存储器←(MDR)	发出操作数并做写操作	MREQ、MDR_{out} E、$R0_{out}$、 MDR_{in}、M_{WR}
BC L	M_3	PC←$\bar{C}$·(PC)+C·(IR(地址码 L))	根据标志 C 决定下条指令的地址,C 为 1 则转移到目标地址 L,否则顺序执行	如果 C=1,则发出微命令 IR_{out}、$PC_{mod}=0$ 和 PCE,否则不发

对比表 6.3 和表 6.2 就会发现,表 6.3 中指令的机器周期数多于表 6.2。例如,在表 6.2 中,取指操作只用了一个机器周期(M_1),而在表 6.3 中,取指操作用了两个机器周期(M_1 和 M_2);又如,在表 6.2 中,"ADD R0,(R2)"指令的运算操作只用了一个机器周期(M_3),而在表 6.3 中,对应的操作则用了三个机器周期(M_4、M_5 和 M_6)。之所以这样处理,是为了避免各操作之间在操作时间和数据通路使用上的冲突。仍以取指操作为例,由于 PC_{out} 和 MDR_{out} 都是直接由微指令寄存器发出的,它们将在整个机器周期内有效,如果将这两个控制信号安排在同一个机器周期,必然在数据通路使用上产生冲突,因此只能将取指操作分成两个机器周期。表 6.3 中对各指令的机器周期安排均考虑到避免冲突的问题。可见,采用微程序控制的计算机,由于对各控制信号的时序做了严格规定,从而降低了时间安排的灵活性,增加了指令的机器周期数,降低了指令的执行速度。

【**例 6.6**】 按例 6.5 的分析结果,采用图 6.18 中的微指令格式,写出指令"ADD R0,(R2)"所对应的微程序。设 MREQ、M_{RD} 和 M_{WR} 这三个控制信号以 0 为有效状态,PC_{mod} 根据 PC 的工作方式设置,其他控制信号均以 1 为有效状态;P_1 是对指令操作码做判别测试的标志,P_2 是对进位/借位状态 C 做判别测试的标志,均以 1 为有效状态。

解:根据例 6.5 的分析结果(见表 6.3),指令"ADD R0,(R2)"的指令周期包含 6 个机器周期,所以,其对应的微程序由 6 条微指令组成,如图 6.22 所示。本例未考虑微指令的微地址安排问题。

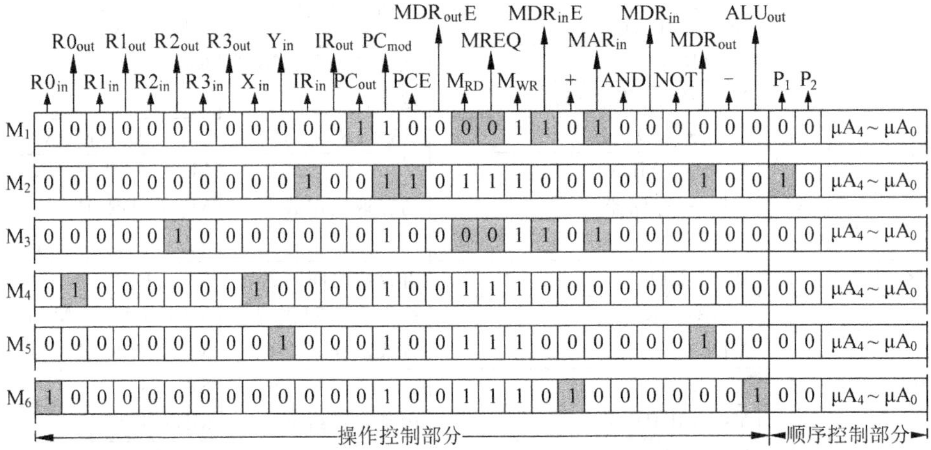

图 6.22 指令"ADD R0,(R2)"的微程序

对应于 M_1 和 M_2 这两个机器周期的微指令用于完成取指操作,称为取指微指令,取指后要对操作码做判别测试,以确定指令的操作功能,因此 M_2 微指令的判别测试标志 P_1 为 1。

6.5.2 微指令的格式

微指令的格式影响到微程序的编程效率、执行效率以及空间效率等,通常可分为水平型微指令和垂直型微指令两类。

1. 水平型微指令

水平型微指令的特点是,可以在一条微指令中安排多个微命令,这些微命令都在同一个机器周期内发出并执行。水平型微指令的一般格式如下：

操作控制字段	判别测试字段	下地址字段

其中，操作控制字段用于表示微命令编码；判别测试字段用于定义微程序转移的测试条件；下地址字段在微程序顺序执行时，用于指出下条微指令的微地址。图 6.18 中的微指令，就是典型的水平型微指令。

2. 垂直型微指令

垂直型微指令仿照机器指令格式，采用微操作码来规定微指令的功能，并在微指令中设置操作对象(如寄存器，主存单元等)的地址码及其他信息。

垂直型微指令需要用微指令译码器来对微操作码进行译码，一条垂直型微指令通常只控制完成 1~2 个操作。

设微指令字长为 16 位，微操作码为 3 位，下面以 4 类典型的垂直型微指令为例，说明其格式特点。

(1) 寄存器-寄存器传送型微指令，格式如下：

15　13	12　　8	7　　3	2　　0
0 0 0	源寄存器编号	目标寄存器编号	其 他

该微指令的功能是将源寄存器中的数据传送到目标寄存器。其中，第 15~第 13 位为微操作码(下同)；寄存器编号为 5 位，可指定 31 个寄存器(规定当寄存器号用 00000 时，表示由指令的地址码部分获取寄存器编号)；第 2~第 0 位可用来规定该微指令的其他控制功能。

(2) 运算控制型微指令，格式如下：

15　13	12　　8	7　　3	2　　0
0 0 1	左输入源编址	右输入源编址	ALU

该微指令的功能是，从左、右输入源向 ALU 各输入一个数据，然后控制 ALU 进行某种运算，并将运算结果存入暂存器。左、右输入源均可在 31 路输入中进行选择，如果输入源编址用 00000，则表示由指令中的地址码指定输入源。3 位的 ALU 字段可指定 8 种不同的运算功能。

(3) 访问主存微指令，格式如下：

15　13	12　　8	7　　3	2　1	0
0 1 0	寄存器编号	存储器地址	读写	其他

该微指令的功能，是在存储器与寄存器之间传送数据。存储器编址是指按规定的寻址方式进行编址。读写字段用来指定对存储器的读或写操作。位 0 用来规定该微指令的其他控制功能。

(4) 条件转移微指令，格式如下：

15　13	12　　　　4	3　　0
0 1 1	D	测试条件

　　该微指令的功能,是根据测试对象的状态,来决定转移到 D 字段所指定的微地址单元,还是顺序执行下一条微指令。长度为 9 位的 D 字段不足以表示一个完整的微地址,但可以用来替代微程序计数器(μPC)的低位部分,以形成转移的目标微地址。4 位的测试条件字段,可以形成 16 种测试条件。

3．水平型微指令与垂直型微指令的比较

　　(1) 水平型微指令并行操作能力强,效率高,灵活性强,垂直型微指令则较差。

　　一条水平型微指令中包含了控制所有操作的微命令。在进行微程序设计时,可以将一个机器周期内需要发出的微命令安排在一条微指令中,并行发出的微命令数量较多,所做的操作控制也较多。因此,水平型微指令具有效率高和灵活性强的优点。

　　相对而言,一条垂直型微指令一般只能完成一个操作,因此微指令的并行操作能力较低,效率也较低。

　　(2) 用水平型微指令编制微程序来实现指令的功能时,所用的微指令数量少,微程序的执行时间短;而用垂直型微指令编写微程序时,则需要用较多的微指令,从而增加了微程序的执行时间。此外,水平型微指令直接发出微命令实施操作控制;而垂直型微指令还需要对微操作码进行译码,才能确定所需发出的微命令,这也影响了垂直型微指令的执行速度。

　　(3) 用垂直型微指令编写微程序时,需要用转移微指令来实现微程序的转移控制;而水平型微指令则通过下地址字段来实现微程序的转移,如设置两个下地址字段,分别指出转移成功或失败时的下条微指令地址,或者在转移时,通过对下地址字段的修改来形成转移目标微地址(具体做法见 6.5.4 节)。

　　(4) 水平型微指令的字长较长,可达几十位甚至几百位;而垂直型微指令的字长较短。

　　(5) 一般的计算机用户很难掌握水平型微指令的使用,因为那需要对机器的结构、数据通路、时序系统以及微命令非常熟悉才行。相对而言,垂直型微指令与指令相似,使用时不直接涉及具体的微命令,因此比较容易掌握。

6.5.3　水平型微指令的编码方法

　　水平型微指令的编码包括操作控制字段和判别测试字段的编码。

1．直接表示法

　　直接表示法是最简单直观的一种编码方法,它规定操作控制字段中的每一位表示一个微命令,判别测试字段的每一位表示一种判别测试标志,并将所有微命令和判别测试标志都列在微指令中。操作控制字段中各个微命令的状态(0 或 1),根据微指令的具体操作需要进行设置,判别测试字段的某位为 1,表示本条微指令需要进行对应的状态条件的测试,并根据测试结果决定是否需要实施转移;为 0 则不做判别测试。图 6.18 中的微指令,就是采用直接表示法的例子。

　　直接表示法的最大优点,就是微命令的发出速度最快,微指令的执行速度最快;缺点则是微指令字较长,需要配置较大容量的控制存储器。

2. 分组编码表示法

直接表示法在微指令中列出了计算机系统的所有微命令,但一条微指令只完成指令在一个机器周期内的操作,所需发出的微命令只是其中的一小部分,而大部分微命令都处于无效状态,由此造成微指令的空间效率低下。分组编码表示法可以有效缩短微指令字长,提高微指令的空间效率。

通过分析数据通路及各种执行部件的操作可知,有些操作是不能安排在同一个机器周期内进行的,因此,与这些操作相关的微命令也不能在同一条微指令中发出,这样的微命令称为互斥的微命令。例如,在图 6.18 所示的微指令中,控制 ALU 执行运算的微命令如+、—、AND 及 NOT 之间是互斥的,因为 ALU 在一个机器周期内只能完成一种运算。又如,控制存储器进行读写操作的微命令 M_{RD} 和 M_{WR} 是互斥的,因为一个机器周期内只能完成一次存储器的读或写操作。当然,控制运算的微命令与控制访存的微命令之间也是互斥的。可见,微命令之间存在很多这样的互斥关系。此外,所有判别测试标志之间也必为互斥关系。

分组编码表示法,就是将所有微命令按互斥关系分组(即同一组内的微命令之间是互斥的),并对各组微命令进行编码表示。例如,某组微命令有 6 个,则用 3 位编码来表示;3 位编码可以有 8 种编码结果,使用其中 6 种编码分别表示 6 个微命令即可。可见,编码表示法可以用较少的编码位数表示较多的微命令,因此可以有效缩短微指令的字长。

每组微命令的编码构成一个编码字段,每个编码字段都需要一个译码器对微命令编码进行译码,译码器的输出即为用于控制的微命令。图 6.23 所示为采用分组编码表示法的微指令结构及其译码逻辑。

由于一个编码字段一次只能产生一个有效的译码输出,因此可以避免同一组中互斥的微命令同时发出。需要特别注意的是,每个编码字段必须至少包含一个无

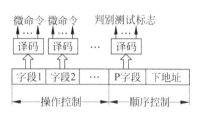

图 6.23　分组编码表示法

效的编码,它不对应任何微命令(或判别测试标志),当微指令中不需要某组微命令(或判别测试标志)中的任何一个时,该组的编码字段就用此无效编码表示。例如,某组微命令有 8 个,如果采用 3 位编码,则每个编码都要对应一个微命令,没有无效的编码,因此,该组微命令的编码字段至少需要 4 位才行。也就是说,2 位编码最多只能表示 3 个微命令,3 位编码最多只能表示 7 个微命令,以此类推。

分组编码表示法可以有效缩短微指令的字长,但微命令需要经过译码产生,使微指令的执行速度略有下降。

3. 混合表示法

这种表示法是前两种表示法的组合,即部分微命令采用直接表示法,部分微命令采用分组编码表示法,这样可以更加灵活地设计微指令字长。

4. 微指令中的常数字段

微指令中往往还会设置一个常数字段,用来作为 ALU 的运算数据(类似于指令中的立

即数),或作为控制微程序循环次数的计数器的初值等。

6.5.4 微程序的执行顺序控制

微程序的执行顺序控制,就是指微程序中各条微指令的执行顺序控制。具体来说,就是按某种方法产生下条将要执行的微指令的地址。

垂直型微指令的执行顺序控制与指令相似,需要用一个微程序计数器(μPC)来控制微程序的顺序执行,并使用转移微指令来实现微程序的转移执行。

水平型微指令的执行顺序控制则更为灵活,通常可以采用以下几种方法。

1. 采用微程序计数器 μPC

这种方法类似于指令的执行顺序控制。在顺序执行时,靠 μPC 的自动加 1 来产生下条微指令的地址;在转移执行时,则由当前微指令设定转移条件的测试标志,由转移目标微地址产生逻辑对转移条件进行测试,根据测试结果形成下条微指令的地址,并送入 μPC。显然,这种方法要求顺序执行的微指令必须存放在控存的连续单元中。

采用 μPC 后,微指令中可以省去下地址字段,从而缩短了微指令字长。但是,其转移分支能力仅为二路分支,实现多路分支比较麻烦。

2. μPC 与下地址字段相结合

微指令中包含一个下地址字段,作为转移成功时的目标微指令地址。如果是顺序执行,或者是转移失败,均由 μPC 自动加 1 产生下条微指令地址。

这种方法与单纯使用 μPC 的方法相似,但可以简化转移目标微地址产生逻辑。当然,增加的下地址字段使微指令字的长度增大,而且对非转移类微指令来说,下地址字段是无意义的。这种方法也只能进行二路分支。

3. 多路转移方式

多路转移是指一条微指令具有多个转移分支的能力。采用多路转移方式的微指令具有水平型微指令的一般格式:

操 作 控 制 字 段	判别测试字段	下地址字段

当顺序执行微指令时,由当前微指令的下地址字段直接给出下条微指令的地址;当微程序需要产生分支时,由当前微指令的判别测试字段设定分支条件测试标志,转移目标微地址产生逻辑根据设定的测试标志和相关的测试条件,按预定的方式产生下条微指令的地址,其原理见图 6.19。

转移目标微地址产生逻辑是通过对下地址字段实施修改,来形成转移目标微地址的。对一般的二路分支,下地址字段的初值设定为转移失败时所需执行的下条微指令的地址,如果转移条件成立,则由转移目标微地址产生逻辑对下地址字段中的某 1 位进行修改,以形成转移目标微地址。一般地,对下地址字段中的 n 位进行修改,可以产生 2^n 种不同的修改结果,分别对应 2^n 个不同的微地址,相当于实现了 2^n 路分支。

对下地址字段的修改一般采用置1的方式进行,也就是把需要修改的位强行置为1。因此,在需要产生分支的微指令中设定下地址字段的初值时,要把将被修改的位初始化为0。

由图6.19可知,下条微指令的地址存于微地址寄存器中,因此,转移目标微地址产生逻辑修改的是微地址寄存器中的某些位。组成微地址寄存器的各个触发器都有置位控制端,用于修改微地址时对指定位的置位控制。

【例6.7】 设微地址寄存器有6位($\mu A_5 \sim \mu A_0$),当需要修改其中某一位时,可通过该位触发器的置位端S将其置1。现有三种需要进行转移分支的情况:

(1) 执行取指微指令后,微程序按指令寄存器IR的操作码字段($IR_7 \sim IR_4$)进行16路分支。

(2) 执行条件转移指令的微程序时,按进位标志C的状态进行2路分支。

(3) 执行控制台指令的微程序时,按IR_1和IR_0的状态进行4路分支。

请按多路转移方式设计转移目标微地址产生逻辑。

解: 由于微程序有三种转移分支的情况,所以,微指令的判别测试字段中需要设置三个判别测试标志:P_1,P_2和P_3。其中,P_1表示对指令操作码的判别测试;P_2表示对进位标志C的判别测试;P_3表示对控制台操作的判别测试。

P_1判别测试要产生$16(2^4)$路分支,它需要修改微地址寄存器的4位;P_2判别测试要产生$2(2^1)$路分支,需要修改微地址寄存器的1位;P_3判别测试要产生$4(2^2)$路分支,需要修改微地址寄存器的2位。

用什么信息来修改微地址呢?其实就是用各种判别测试所测试的信息来修改微地址。例如,P_1判别测试的信息是指令操作码$IR_7 \sim IR_4$,因此,就用$IR_7 \sim IR_4$修改微地址寄存器的四位;P_2判别测试的信息是进位标志C,所以用C修改微地址寄存器的1位,以此类推。微地址寄存器共有6位,究竟修改其中哪几位,在理论上并无限制。现具体安排如下。

(1) P_1判别测试:用$IR_7 \sim IR_4$修改$\mu A_3 \sim \mu A_0$。

(2) P_2判别测试:用C修改μA_0。

(3) P_3判别测试:用IR_1和IR_0对应修改μA_1和μA_0。

此外,还要考虑修改微地址应该在微指令周期的什么时刻进行。由于是形成下条微指令的地址,所以,可以在当前微指令周期的最后一个节拍(假设为T_4)到来时修改。

综合以上因素,可以写出用于微地址修改的逻辑表达式如下:

$$\mu A_3 = P_1 \cdot IR_7 \cdot T_4 \qquad\qquad \mu A_2 = P_1 \cdot IR_6 \cdot T_4$$

$$\mu A_1 = P_1 \cdot IR_5 \cdot T_4 + P_3 \cdot IR_1 \cdot T_4 \qquad \mu A_0 = P_1 \cdot IR_4 \cdot T_4 + P_2 \cdot C \cdot T_4 + P_3 \cdot IR_0 \cdot T_4$$

按以上逻辑表达式,可以设计出图6.24所示的转移目标微地址产生逻辑。

图6.24中,虚线上方是微地址寄存器的$\mu A_3 \sim \mu A_0$(μA_5和μA_4未画出),下方是转移目标微地址产生逻辑。转移目标微地址产生逻辑的输出作为触发器的置位控制信号,当某个置位控制信号出现负脉冲时,对应的触发器被置为1,否则触发器的状态保持不变。$\mu A_3^\circ \sim \mu A_0^\circ$表示$\mu A_3 \sim \mu A_0$的初值,随微指令从控存中取出,并在$T_1$到来时预置入微地址寄存器。如果微程序是顺序执行的,则预置的微地址就是下条将要执行的微指令的地址;如果要求产生分支,则由转移目标微地址产生逻辑在T_4到来时对预置的微地址进行修改,形成转移目标微地址。

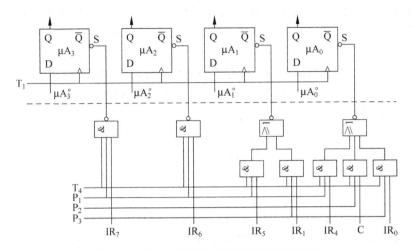

图 6.24　例 6.7 的转移目标微地址产生逻辑

多路转移方式可以在任意一条微指令上灵活、快速地实现多路转移,不需要设计转移微指令,使微程序的执行顺序控制更为方便。由于不使用 μPC,因此也不要求顺序执行的微指令存放在控存的连续单元中。只是相对前两种方法而言,需要设计较为复杂的转移目标微地址产生逻辑。

对于转移目标微地址固定的多路分支情况,如根据指令操作码所进行的多路分支,也可以采用存储逻辑的方法来实现。具体做法是,将指令系统中所有指令所对应的微程序的入口微地址(即第一条微指令的地址)存储在一个只读存储器中,并以指令操作码作为该只读存储器的访问地址,从中读取转移目标微地址。

无论采用哪种微程序的执行顺序控制方法,系统加电(或复位)后,所要取出并执行的第一条微指令必为取指微指令,其地址由专门的硬件电路自动装入微地址寄存器(或 μPC)。

【例 6.8】　复合条件转移指令是一种将产生条件码、测试条件码以及转移控制等功能集中在一条指令中的条件转移指令。设 CPU 模型如图 6.2 所示,机器字长为 8 位,微指令格式如图 6.18 所示,各控制信号的时序安排与例 6.5 相同,并采用多路转移方式进行分支转移。现有该模型上的一条复合条件转移指令为"BCC R1,R2,L",其功能是:如果(R1)-(R2)使借位标志 C=1,则转移至目标地址为 L 的指令继续执行;如果 C=0,则顺序执行下一条指令。BCC 指令为双字长指令,其格式如下:

7　　　　　　　　4	3　　2	1　　0
OPC(1101)	R1(01)	R2(10)
L(8位)		

现设定,在进行操作码 OPC 的判别测试(P_1)时,用 IR 的 OPC 字段($IR_7 \sim IR_4$)修改微地址寄存器的 $\mu A_3 \sim \mu A_0$;在进行条件标志 C 的判别测试(P_2)时,用条件标志 C 修改微地址寄存器的 μA_0;取指微指令的微地址是 00000。试为 BCC 指令设计微程序,并安排各条微指令的微地址。

解:首先,需要对 BCC 指令进行指令周期分析。按照例 6.5 中对各控制信号所作的时序安排,可得 BCC 指令的指令周期流程图如图 6.25 所示。图 6.25 中,每个方框右上方的

5位二进制代码是为本条微指令安排的微地址,方框右下方的二进制代码则是为本条微指令的下地址字段预置的下条微指令的微地址,当需要进行分支时,还将根据具体的判别测试要求,由转移目标微地址产生逻辑对其进行修改。方框右侧所列,为对应的机器周期所需发出的微命令。

　　公共取指周期包含两条微指令,第一条微指令存于微地址为 00000 的控存单元,其下地址为 00001,即第二条微指令的微地址。取指后要对指令操作码进行判别测试,故取指周期第二条微指令的 P_1 标志被置为 1,下地址被预置为 10000,其低 4 位将按指令操作码($IR_7 \sim IR_4$)来修改。注意,该下地址的最高位不能预置为 0,因为,若指令操作码为 0000,则修改后的微地址将是 00000,这是公共取指周期第一条微指令的微地址,不能再作为操作码为 0000 的指令在执行周期的第一条微指令的微地址。公共取指周期后,PC 的内容为 BCC 指令第二个字节(即存放转移目标地址 L 的存储单元)的地址。

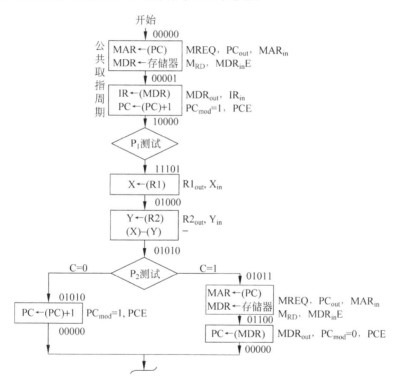

图 6.25　例 6.8 的 BCC 指令周期流程图

　　P_1 测试后,用 BCC 指令的操作码 1101 修改微指令下地址字段的低 4 位,得到 BCC 指令在执行周期中的第一条微指令的微地址 11101。执行周期的第一条微指令将 R1 寄存器的内容传送到 X 缓冲寄存器,不做判别测试,其下地址字段直接给出下条微指令的微地址为 01000。注意,在执行周期中,除第一条微指令外,其余微指令的微地址,其最高位只能为 0,否则就会跟某条指令在执行周期中的第一条微指令的微地址发生冲突。

　　微地址为 01000 的微指令将 R2 寄存器的内容传送到 Y 缓冲寄存器,并控制 ALU 执行减法运算,然后对借位标志 C 进行判别测试(即 P_2 测试),并用 C 修改其下地址字段的最低位(即 μA_0)。因此,该微指令的 P_2 标志被置为 1,下地址字段被预置为 01010,其最低位将根据 C 来进行修改。

如果 C＝0，得到下条微指令的微地址为 01010。因为 C＝0 说明 BCC 指令转移失败，将顺序执行下一条指令，因此，微地址为 01010 的微指令仅将 PC 加 1，形成下条指令的地址；而将下地址字段设置为 00000，表明本条微指令结束后，将完成 BCC 指令的执行，进入公操作(也就是进入公共取指周期)。

如果 C＝1，经过转移目标微地址产生逻辑修改后，得到下条微指令的微地址为 01011。因为 C＝1 说明 BCC 指令转移成功，因此，微地址为 01011 的微指令将转移目标地址 L 取出，再由下条微指令(微地址为 01100)将其打入 PC，作为下次取指时的指令地址。微地址为 01100 的微指令结束后，也将完成 BCC 指令的执行，故其下地址字段也被设置为 00000。

图 6.26 中给出了 BCC 指令的各条微指令编码，每条微指令右上角的 5 位二进制编码为本条微指令的微地址。

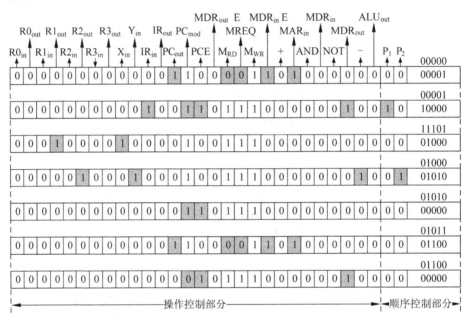

图 6.26　例 6.8 中 BCC 指令的微程序

通过例 6.8，可以归纳出设计一条指令的微程序所需经过的步骤：

(1) 在具体的 CPU 模型上，按微程序控制的时序特点，对指令进行指令周期流程的分析。

(2) 列出每个机器周期所需发出的全部微命令。

(3) 安排每条微指令的微地址。

(4) 确定每条微指令是否要做判别测试，要做何种判别测试，并根据转移目标微地址产生逻辑对微地址的修改方式，设置下地址字段的内容。

(5) 按具体的微指令格式设计出每条微指令的二进制编码。

6.5.5　动态微程序设计

如果一台采用微程序控制的计算机，其微程序系统可以根据用户的需要做出改变，则这台计算机采用的就是动态微程序设计技术。

动态微程序设计技术可以使一台计算机具备多套不同的指令系统,使计算机能够在不同类型的应用中,使用各自的高效指令系统,以提高计算机的应用能力和工作效率。采用动态微程序设计技术,在一台计算机上用微程序来模仿其他系列计算机的指令系统,就可以在不同系列的计算机之间实现软件兼容,这称为计算机的仿真。

动态微程序设计需要控制存储器的内容是可修改的,因此,控存应采用可编程的 ROM器件(如 EPROM)组成,也可预备多套控存器件,根据不同的需要更换不同的控存。

由于一般的计算机用户难以完成微程序的设计工作,因此,动态微程序设计技术不大可能在普通用户中推广,只能是计算机硬件系统设计者的专项技术。

6.6 指令流水线

6.6.1 并行处理的概念

前面所讲的 CPU,都是按串行方式处理指令的,即处理完一条指令后,再处理下一条指令。串行处理方式完全按照指令在程序中的逻辑顺序,按时间上的先后关系依次进行处理,其控制简单,不会造成指令之间的冲突。但是,串行处理方式的效率是比较低的,例如,运算器在工作时,存储器是空闲的;阵列乘法器在工作时,阵列除法器是空闲的;浮点加法器在工作时,浮点乘法器是空闲的。实际上,这些部件都有独立的控制,如果控制得当,可以使它们减少空闲等待的时间,与其他部件同时进行工作,就可以提高计算机的性能。这种多个部件同时工作,多条指令同时处理的方式,称为并行处理方式。

从处理时间的关系上看,采用串行处理方式时,多个事件在处理时间上完全是顺序的,没有重叠的;而采用并行处理方式时,多个事件在处理时间上存在着重叠的关系。根据时间重叠程度的不同,并行处理可分为同时性和并发性两种方式。同时性并行处理是指两个或多个事件在同一时刻开始处理,这种处理方式使处理多个事件的总时间只相当于处理速度最慢的事件所用的处理时间,其时间重叠程度最高。并发性并行处理是指两个或多个事件按一定的时间间隔依次开始处理,但是,这些事件在处理时间上有部分重叠,其时间重叠程度低于同时性并行处理。

并发性并行处理的实现方法是,让多个事件的处理过程在时间上相互错开,轮流重叠地使用同一套硬件设备的各个部分,通过时间重叠的方式实现并行处理。这称为时间重叠技术,也就是流水线技术。

流水线技术的基础,是将一个完整的处理过程分解为若干个子处理过程,每个子处理过程一个独立的功能部件来完成。将各个功能部件按其在处理过程中的使用顺序级联起来,就形成一条流水线。一个事件顺序经过流水线的各个功能部件,就完成了它的整个处理过程。流水线上的各个功能部件的工作时间可以重叠,也就是说,各个功能部件可以同时处于工作状态,这相当于同时在处理多个事件,只是各个事件处在不同的处理阶段而已。

流水线技术只用一套硬件部件,就可以实现多个事件的并行处理,是一种经济实用的并行技术,可以使计算机系统获得较高的性能价格比。

同时性并行处理的实现方法是,重复设置多套可以独立工作的硬件部件,同时在每套硬件部件上开始一个事件的处理过程,以此实现并行处理。这也称为资源重复技术。

通过资源重复来实现并行处理的技术,具有很大的发展空间。采用这种技术构造的多处理器系统、多计算机系统以及机群系统等,具有很高的速度性能。在单处理器系统中,资源重复技术也得到广泛的应用,如超标量处理器。

如果将资源重复技术与流水线技术结合起来,可以获得更高的并行处理能力。如超标量流水处理器,就是这两种技术结合的产物。

资源重复在获得高性能的同时,也增加了计算机系统的硬件成本和硬件复杂度。

从计算机系统执行程序的角度看,并行性等级由低到高可分为以下四级。

(1) 指令内部:一条指令内部各个微操作之间的并行。

(2) 指令之间:多条指令的并行执行。

(3) 任务或进程之间:多个任务或程序段的并行执行。

(4) 作业或程序之间:多个作业或多道程序的并行。

任务、作业级的并行主要涉及操作系统的进程管理、作业管理,以及并行算法和并行语言等,不属于本课程的范畴。指令内部微操作的并行问题,已在讲述硬布线控制器和微程序控制器的内容时做了详细描述。本节只对指令之间的并行(即指令级并行)处理技术做简单的介绍。

6.6.2　指令流水线的工作原理

将流水线技术应用于指令的处理过程,就产生了指令流水线。指令流水线通过多条指令在处理过程中的时间重叠,来实现指令级并行处理。

为了构造指令流水线,需要将指令的处理过程分解为若干个子过程。例如,可以将指令的处理过程分解为以下 4 个子过程:

(1) 取指令(IF):从存储器(或指令缓冲器)取出当前需要执行的指令。

(2) 分析指令(ID):包括指令译码和取存储器操作数(寄存器操作数在下个阶段取)。

(3) 执行指令(EX):取寄存器操作数(如果有的话),执行指令指定的操作,如果指令指定用寄存器存放操作结果,则将操作结果存入指定的寄存器。

(4) 写结果(WB):将操作结果存入存储器。

以上每个子过程的操作都由各自的功能部件来完成。这些功能部件按操作的先后次序级联起来,相邻部件之间建立起信息传输的通路,以及必需的缓冲逻辑,就形成了一条指令流水线,如图 6.27 所示。

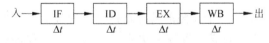

图 6.27　一种指令流水线的示意图

流水线上的每个子过程称为一个流水段(或功能段),一条具有 k 个流水段的流水线称为 k 段流水线,上述指令流水线就是一条 4 段指令流水线。一条指令从流水线的入口进入,经过每个流水段的处理后,从出口流出,表示一条指令的处理过程全部结束。从时间上看,上述整个过程的时间,就是一个指令周期;每个流水段的工作时间,可以对应理解为一个机器周期。各流水段的工作是在统一的时钟控制下进行的,时钟周期 Δt 就是各流水段统一的工作时间。

　　由于指令功能不同,有些指令的操作结果只要求写入寄存器,有些指令甚至不产生操作结果(如空操作指令),对这些指令而言,写结果(WB)流水段是多余的。但是,为了简化和规范流水线的时序控制,规定每条指令都必须经过所有流水段才能结束。

　　指令在流水线上是以并行方式执行的,其效率要比串行执行方式高得多。以图 6.27 中的指令流水线为例,当 IF 段取出第 i 条指令,并传送给 ID 段后,IF 段就可以开始取第 $i+1$ 条指令,也就是说,第 $i+1$ 条指令的取指过程与第 i 条指令的分析过程在时间上是重叠的。同理,当第 i 条指令完成分析进入 EX 段时,第 $i+1$ 条指令也完成取指,进入了 ID 段,而 IF 段又可以开始取第 $i+2$ 条指令了,此时,第 $i+2$ 条指令的取指过程、第 $i+1$ 条指令的分析过程以及第 i 条指令的执行过程在时间上都是重叠的。对于一个 4 段指令流水线,最多同时可有 4 条指令的处理在时间上重叠,但是,各条指令处于不同的处理阶段。这就是流水线式并行处理的特点。

　　流水线工作的动态过程,可以用流水线的时空图来描述。在图 6.27 中的指令流水线上连续执行 10 条指令($I_1 \sim I_{10}$)的过程,如图 6.28 所示。

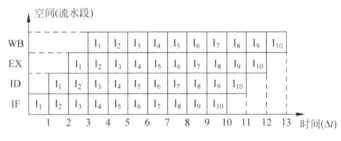

图 6.28　流水线时空图

　　从图 6.28 中可以看到,在这个 4 段指令流水线上完成 10 条指令的执行共用了 $13\Delta t$ 的时间。其实,单就每条指令而言,其处理过程都需要 $4\Delta t$ 的时间,如果是串行执行 10 条指令,共需 $40\Delta t$ 的时间,但是,由于指令在流水线上的处理过程具有时间重叠特性,除第一个和最后一个 Δt 外,流水线在其他时间里都有两个以上的流水段在工作,也就是有两条以上的指令在并行执行,特别是在第 4 和第 10 个 Δt 之间,流水线处于满负荷工作状态,都有 4 条指令在并行执行,因此,流水工作方式的效率大大高于串行工作方式。

　　除了指令流水线外,还有两种级别的流水线,即功能部件级流水线和宏流水线。将一些比较复杂的操作功能部件,如浮点加法器、浮点乘法器等,用流水线的方式来实现,就形成了功能部件级流水线(也称运算操作流水线),如图 6.29(a)所示。将两个或多个处理器通过存储器串连起来,每个处理器完成整个任务中的一部分,前一个处理器的输出结果存入存储器中,作为后一个处理器的输入,这样就形成了一条宏流水线,如图 6.29(b)所示。

　　归纳起来,流水线具有以下一些重要特点:

　　(1)流水线要求把一个任务分解为几个有联系的子任务,每个子任务由一个专门的功能部件来完成。因此,流水线实际上是把一个大的功能部件分解为多个独立的子功能部件,并依靠多个子功能部件并行工作来缩短任务的执行时间。

　　(2)流水线要求其中的各功能段的工作时间尽可能相等或接近。因为,流水线各功能

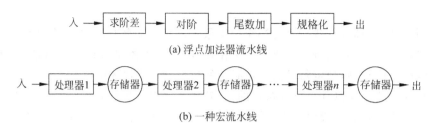

图 6.29　功能部件级流水线和宏流水线示例

段要按统一的时钟来工作,而时钟周期必须满足工作时间最长的功能段的需要,如果功能段之间的工作时间相差较大,就会降低整个流水线的工作速度。不统一各功能段的工作时间,会造成工作时间长的功能段出现任务"拥堵",而工作时间短的功能段却出现"断流"(即空闲等待)的问题,从而影响流水线的工作效率。

(3) 流水线任意两个相邻的功能段之间都要设置缓冲寄存器(亦称锁存器),作为前、后两个功能段之间的速度缓冲。因为,流水线各功能段的工作时间不可能完全相等,为了统一各功能段的工作时间,各功能段在工作结束后,都先将操作结果打入后面的锁存器,待时钟脉冲到来时,控制各锁存器同时向下一个功能段输出,这样就能够将各功能段的工作时间统一起来了,如图 6.30 所示。

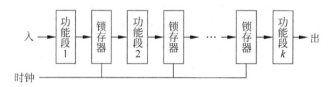

图 6.30　流水线结构示意图

锁存器的另一个重要作用,就是保证各功能段的输入信息在一个时钟周期内保持不变。

(4) 流水线只有在执行连续不断的任务时,才能充分发挥其效率。从图 6.28 中的流水线时空图可以看到,连续流入流水线的任务数量越多,全部流水段满负荷并行工作的时间所占的比例就越高,流水线的效率也越高。如果每隔 4 个时钟周期才有一条指令进入该流水线,则该流水线的工作效率就降低到与串行工作方式一样了。

(5) 流水线存在装入时间和排空时间这两个低效率时间段。装入时间是指第一个任务从流入流水线到流出流水线的一段时间;排空时间则是指最后一个任务从流入流水线到流出流水线的一段时间。从图 6.28 中的流水线时空图来看,装入时间就是开始的 $4\Delta t$,排空时间就是最后的 $4\Delta t$。当流水线执行的连续任务数量足够多时,这两段时间对流水线性能的影响就很小。

6.6.3　多功能流水线

只能完成一种固定功能的流水线称为单功能流水线。如果流水线的各段可以进行不同的连接,实现不同的功能,则这样的流水线称为多功能流水线。

多功能流水线主要是功能部件级流水线。例如,一个浮点运算双功能流水线包含 8 个功能段:输入(S_1)、求阶差(S_2)、对阶(S_3)、尾数加(S_4)、阶码加(S_5)、尾数乘(S_6)、规格化

(S_7)和输出(S_8),由 $S_1 \rightarrow S_2 \rightarrow S_3 \rightarrow S_4 \rightarrow S_7 \rightarrow S_8$ 组成浮点加法流水线,由 $S_1 \rightarrow S_5 \rightarrow S_6 \rightarrow S_7 \rightarrow S_8$ 组成浮点乘法流水线。

多功能流水线可分为静态流水线和动态流水线两种。所谓静态流水线,是指将多功能流水线中的功能段按执行某类任务的要求连接成一条流水线后,只有等此类任务全部流出该流水线,才能将多功能流水线重新连接成执行其他任务的流水线,即多功能流水线在实现某种功能期间,不能同时用以实现其他功能;动态流水线则是指多功能流水线可以在实现某种功能期间,同时实现其他功能,但不能引起功能段使用上的冲突。

【例6.9】 设浮点数向量 **A** 和 **B** 各有 4 个元素,要求在上述浮点运算双功能流水线上计算向量点积 $\boldsymbol{A} \cdot \boldsymbol{B} = \sum\limits_{i=1}^{4} a_i \times b_i$。试分别按静态流水线和动态流水线画出计算过程的时空图。

解:为了充分发挥流水线的效率,应将同类运算尽可能集中起来连续进行,因此,先连续执行 4 次浮点乘法运算,然后再对产生的 4 个乘积求和。在两种流水线上完成该向量点积计算的时空图如图 6.31 所示。

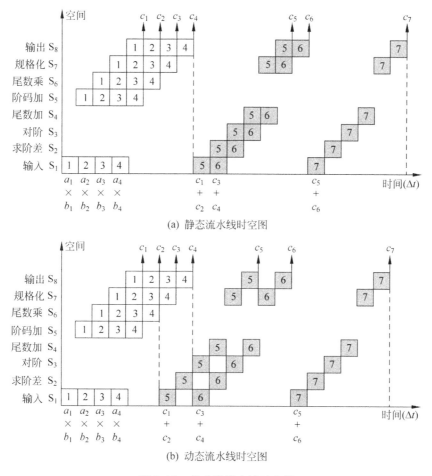

(a) 静态流水线时空图

(b) 动态流水线时空图

图 6.31 多功能流水线时空图

本例中还假设流水线有足够多的缓冲寄存器暂存处理的中间结果。从图6.31中可以看到,动态流水线的效率高于静态流水线,但在控制上要比静态流水线复杂得多。目前,在多功能流水线的使用上,主要是静态流水线。

6.6.4 流水线的性能指标

流水线的主要性能指标有吞吐率、加速比和效率。

1. 吞吐率

流水线的吞吐率(TP)是指在单位时间内流水线所完成的任务数量或输出的结果数量。

$$TP = \frac{n}{T_k} \tag{6.3}$$

这是计算流水线吞吐率的基本公式。式中,n 是连续执行的任务数;T_k 是在 k 段流水线上执行这 n 个任务所用的时间。

设流水线的时钟周期为 Δt,通过对流水线时空图的分析可知,在 n 个任务连续流入流水线的情况下,当第一个任务经过 $k\Delta t$ 的时间执行完之后,每经过一个 Δt,就会有一个任务执行完。因此,可以认为,除第一个任务外,后续的每个任务都只需一个 Δt 即可完成。所以有

$$T_k = k\Delta t + (n-1)\Delta t \tag{6.4}$$

将式(6.4)代入式(6.3),得

$$TP = \frac{n}{(k+n-1)\Delta t} \tag{6.5}$$

当 $n \to \infty$ 时,可以得到最大吞吐率为

$$TP_{max} = \lim_{n \to \infty} \frac{n}{(k+n-1)\Delta t} = \frac{1}{\Delta t} \tag{6.6}$$

其含义即为:每个 Δt 完成一个任务。当然,最大吞吐率只是一个理想值,实际上是不可能达到的,因为流水线总是有装入时间和排空时间的。

2. 加速比

完成一批任务,不使用流水线所用的时间与使用流水线所用的时间之比,称为流水线的加速比。设不使用流水线(即串行执行)所用的时间为 T_o,使用流水线所用的时间为 T_k,则流水线加速比的基本公式为

$$S = \frac{T_o}{T_k} \tag{6.7}$$

设流水线的段数为 k,时钟周期为 Δt,连续执行的任务数为 n,则串行执行时所用的时间为

$$T_o = nk\Delta t \tag{6.8}$$

将式(6.4)和式(6.8)代入式(6.7),得

$$S = \frac{nk\Delta t}{(k+n-1)\Delta t} = \frac{nk}{k+n-1} \tag{6.9}$$

当 $n \to \infty$ 时,可以得到最大加速比为

$$S_{\max} = \lim_{n \to \infty} \frac{nk}{(k+n-1)} = k \qquad (6.10)$$

其含义是：在理想情况下，一个 k 段流水线的工作速度是串行工作速度的 k 倍。

最大加速比只是理论上的分析结果，实际上并不能通过不断增加流水线的段数来获取无限的加速比。首先，一个任务不可能被无限分解，因此，流水线的段数是有限的。其次，增加流水线的段数，也必然要增加相邻段之间的锁存器数量，每个锁存器都会产生一定的延时，这会使增加流水线段数所获得的时间利益，与被增加的锁存器延时抵消。其三，流水线的段数越多，任务在流水线上并行执行时，相互之间的矛盾冲突也会越多（见 6.6.5 节），影响范围也会越大，处理起来更加困难，所造成的流水线性能损失也越严重。因此，流水线的段数并非越多越好，一般都在 2～10 段，很少有超过 15 段的；8 段以上（包括 8 段）的流水线通常被称为超流水线。

3. 效率

流水线的效率是指流水线的设备利用率。从时空图上看，流水线的效率就是表示功能段处于使用状态的有效格子总数与整个时空区的格子总数之比。

设流水线的段数为 k，时钟周期为 Δt，连续执行的任务数为 n，则每个任务都需要经过 k 个功能段，反映在流水线时空图上就是 k 个有效格子，n 个任务则共有 nk 个有效格子。整个时空区是由时间 T_k 和 k 个功能段围成的矩形区域，其包含的格子总数为 $k(k+n-1)$。所以，一个 k 段流水线的效率为

$$E = \frac{nk}{k(k+n-1)} = \frac{n}{k+n-1} \qquad (6.11)$$

当 $n \to \infty$ 时，可以得到最大效率为

$$E_{\max} = \lim_{n \to \infty} \frac{n}{(k+n-1)} = 1 \qquad (6.12)$$

其含义是：流水线各功能段的利用率达到 100%。实际上，这也是不可能达到的。

【例 6.10】 在图 6.27 的指令流水线和图 6.28 的时空图的基础上，若设时钟周期 Δt 为 40ns，计算流水线的吞吐率、加速比和效率。

解：由图 6.27 和图 6.28 可知，该指令流水线的段数 $k=4$，执行的任务数 $n=10$。根据式（6.5），该流水线的吞吐率为

$$\text{TP} = \frac{n}{(k+n-1)\Delta t} = \frac{10}{(4+10-1) \times 40 \times 10^{-9}} \approx 1.923 \times 10^{7} \quad (\text{指令／秒})$$

根据式（6.9），该流水线的加速比为

$$S = \frac{nk}{k+n-1} = \frac{10 \times 4}{4+10-1} = \frac{40}{13} \approx 3.08$$

根据式（6.11），该流水线的效率为

$$E = \frac{n}{k+n-1} = \frac{10}{4+10-1} = \frac{10}{13} \approx 76.9\%$$

6.6.5 影响指令流水线性能的主要因素

人们在编写程序时，总是按照操作执行的先后次序来排列指令的，因此，以串行方式执行程序中的指令时，能够完全符合程序中各种操作之间的先后关系，不会造成操作之间的矛

盾和冲突,从而保证程序的顺利运行。但是,当程序中的指令在指令流水线上执行时,由于邻近的指令在执行时间上有重叠,改变了指令执行的时间关系,从而有可能造成指令之间的矛盾和冲突,影响程序的顺利运行。为了消除这些矛盾和冲突,会增加流水线的时间开销,造成流水线的性能损失。

通常,把指令之间存在的影响指令之间重叠执行的各种矛盾和冲突称为"相关"。根据造成相关的原因不同,可有资源相关、数据相关和控制相关三种情况。

1. 资源相关

资源相关也称结构相关,是指流水线上并行执行的指令之间,存在着在同一时钟周期内争用同一个功能部件的冲突。

设一条指令流水线包含 5 个功能段:IF(取指)、ID(译码及取寄存器操作数)、EX(执行或计算存储器的有效地址)、MEM(读/写存储器)和 WB(结果写入寄存器堆)。图 6.32 所示为 4 条指令 $I_1 \sim I_4$ 在该流水线上执行的时空图,其中,I_1 为 LOAD 指令(访存取数据指令),其他指令除取指外,均不访存。

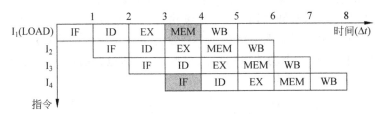

图 6.32　资源相关示例

从图 6.32 中可以看到,在第 4 个 Δt,I_1 要访存取数据,I_4 要访存取指令,如果数据与指令存放在同一个存储器中,这两条指令就在访问存储器上产生竞争,从而造成资源相关。

消除资源相关常用的方法是推后法,即控制后进入流水线的指令将引发资源相关的操作推后一个时钟周期进行,以避免资源相关的发生。对图 6.32 所示的资源相关,只要将 I_4 的取指操作推迟一个 Δt 进行,就可以避免与 I_1 产生访存冲突。当然,推后法会使各功能部件的工作产生停顿(断流),降低流水线的性能。

对于因访存取数与访存取指而引起的资源相关,也可通过分别设置数据存储器与指令存储器来解决。

2. 数据相关

由于指令在流水线中并发执行,改变了指令间数据供求的时间关系,从而引起的矛盾、冲突,称为数据相关。

流水线中的数据相关有三种情况:先写后读(RAW)相关、先读后写(WAR)相关和写后写(WAW)相关。

设有三条连续的指令如下:

```
ADD R1,R2,R3    ; (R2) + (R3)→R1
SUB R4,R1,R5    ; (R1) − (R5)→R4
AND R6,R1,R7    ; (R1) ∧ (R7)→R6
```

这三条指令在上述指令流水线上的处理过程如图 6.33 所示。

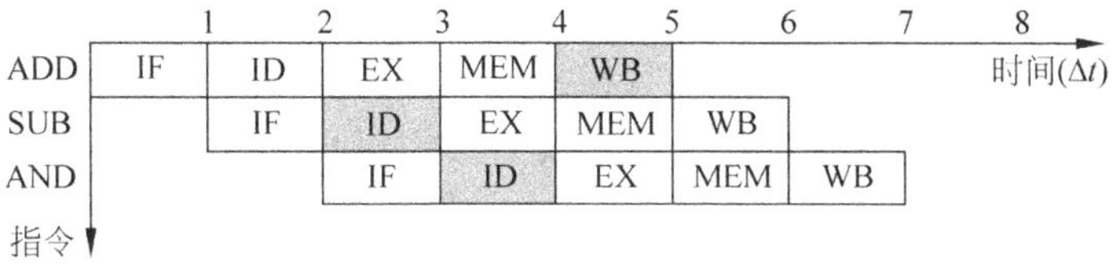

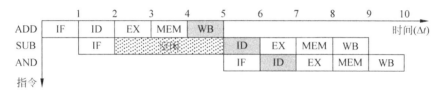

图 6.33　RAW 数据相关示例

这三条指令之间存在明显的数据依赖关系,即 ADD 指令的运算结果是 SUB 和 AND 指令的操作数。按照正常的时间关系,SUB 和 AND 指令要等到 ADD 指令将运算结果写入 R1 寄存器后,才能从 R1 寄存器中读取该操作数进行运算,这就是所谓的"先写后读(RAW)"关系。但是,在图 6.33 中,ADD 指令要在第 5 个 Δt 才能将运算结果写入 R1 寄存器,而 SUB 指令和 AND 指令分别要在第 3 和第 4 个 Δt 读取 R1 的内容作为操作数,这样就在数据的供求时间上产生了矛盾,也就是产生了先写后读(RAW)数据相关。

先写后读(RAW)相关是指令流水线中最容易发生的一类数据相关。消除这类数据相关也可采用推后法,如图 6.34 所示。

图 6.34　用推后法消除 RAW 数据相关示例

推后法会使流水线产生较长时间的断流,对流水线的性能影响较大。为了尽可能减少流水线断流的时间,对发生在寄存器上的先写后读相关,可以采用专用数据通路技术来解决。其做法是,在执行(EX)段的输出端设置一条专用数据通路连到执行段的输入端,将执行段产生的结果直接回送到执行段的入口,作为下次运算的操作数。采用专用数据通路后,后面的指令可以提前获得操作数,从而减少流水线的性能损失。对图 6.33 中的三条指令来说,采用专用数据通路后,SUB 指令只需在 ID 段读取 R5 寄存器的数据即可,另一个操作数(即 ADD 指令的运算结果)将由专用数据通路直接送到 EX 段的入口,参与减法运算,从时间衔接上看,流水线完全不会产生断流。

现在再来看下列三条指令:

```
ADD R1,R2,R3    ;(R2) + (R3)→R1
SUB R2,R4,R5    ;(R4) - (R5)→R2
AND R2,R6,R7    ;(R6)∧(R7)→R2
```

ADD 指令要读取 R2 寄存器的数据作为操作数,而 SUB 指令要将运算结果写入 R2 寄存器,所以,ADD 指令和 SUB 指令在 R2 寄存器上存在先读后写(WAR)的关系;而 SUB 指令和 AND 指令都要将运算结果写入 R2 寄存器,因此,SUB 指令和 AND 指令在 R2 寄存器上存在写后写(WAW)的关系。如果 SUB 指令在 ADD 指令读 R2 之前,先对 R2 做了写操作,则在 ADD 指令读 R2 时,就会读到错误的数据,这种现象就叫做先读后写相关;类似地,如果 AND 指令在 SUB 指令之前对 R2 做了写操作,也会使这三条指令的执行结果出错,这称为写后写相关。

上述指令间的先读后写相关和写后写相关是否会发生,与指令流水线采用的调度策略有关。在只允许指令按顺序完成的指令流水线上,这两种数据相关实际上不会发生,但是,在允许指令不按顺序完成的指令流水线上,就有可能发生这两类数据相关。消除这两类数据相关的方法有推后法、寄存器重命名法等。

3. 控制相关

由程序控制类指令引起的流水线断流现象,称为控制相关。程序控制类指令有无条件转移指令、条件转移指令、循环控制指令、子程序调用与返回指令、中断调用与返回指令等,这些指令都具有改变程序执行方向的作用。

在图 6.35 所示的时空图中,设 I_2 是一条复合条件转移指令,且转移成功;I_d 为转移目标指令。I_2 在 EX 段进行运算并生成条件码,然后在 MEM 段测试条件码,若转移条件成立,则将转移目标地址打入程序计数器 PC。

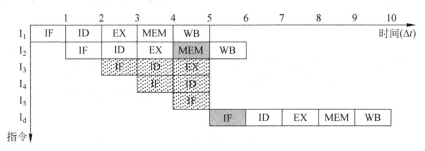

图 6.35　控制相关示例

由于 I_2 要在 MEM 段才能确定是否转移并将转移目标地址打入 PC,因此,转移目标指令 I_d 要到第 6 个 Δt 才取指,而在此之前,取指段 IF 已顺序(即按转移失败方向)取入了 I_3、I_4 和 I_5 三条指令,且 I_3 和 I_4 已进行了一定的处理,但这些都要作废。由此可见,转移指令在转移成功时会造成流水线的断流,但是,在转移失败时,转移指令不会影响流水线的性能。

处理控制相关的技术有软件的,也有硬件的。软件处理技术是利用优化编译器对程序中的指令进行特殊的调整,以消除或减少转移指令造成的流水线断流;硬件处理技术则主要致力于对转移指令的分支方向进行预测,并按所预测的执行方向取指令进入流水线,如果预测正确,流水线不会断流。

从图 6.35 中可以看到,转移指令转移成功时,要将已取入流水线的多条指令作废,且流水线的段数越多,要作废的指令数量也越多,因此,转移指令影响的范围较大,控制相关也因此被称为全局相关;相比之下,数据相关通常只影响相邻的一两条指令,所以也被称为局部相关。

有关流水线的各类相关以及相关处理技术的详细内容,可参阅计算机系统结构方面的文献资料进行了解。

6.6.6　提高指令级并行度的技术

指令级并行度(ILP)被定义为一个时钟周期内指令流水线上流出的指令数。前面所说的指令流水线都属于普通的标量流水线,其每个功能段的工作时间都是一个时钟周期,实际的 ILP 小于 1。要进一步提高指令执行的速度,就要尽可能提高 ILP。提高 ILP 的技术有超标量技术、超流水线技术和超标量超流水线技术等。

1. 超标量指令流水线技术

这里所说的标量,是指单个量。标量指令流水线,就是指一次只能流入或流出一条指令的单一指令流水线。而超标量指令流水线,则是指一次可以流入或流出两条以上(包括两条)指令的流水线,它由两套以上的取指部件、译码部件、执行部件、写结果部件等组成,应用了资源重复技术。图 6.36 所示为一个指令级并行度为 2 的超标量指令流水线的时空图。

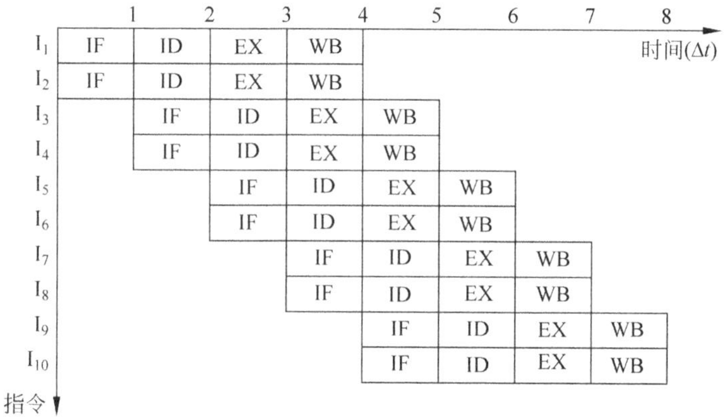

图 6.36　超标量指令流水线时空图

从图 6.36 中可以看到,该超标量指令流水线的各项性能指标,都是同样段数的标量指令流水线的 2 倍,其理想情况下的 ILP 为 2。

超标量指令流水线每次要同时取多条指令进入流水线,因此要求指令间具有较高的并行性,否则会大大降低流水线的性能。但实际上,程序中的相邻指令之间往往存在较多数据关联,再加上资源相关和控制相关,因此,超标量指令流水线上更容易发生各类相关,且相关所影响的范围也更大,处理也更加复杂。

2. 超级指令流水线技术

普通的标量指令流水线,其每个功能段的工作时间都是一个时钟周期,因此,每个时钟周期只能有一条指令流入或流出流水线。如果把普通的标量指令流水线每个功能段进一步分解成若干个子功能段,则每个子功能段的工作时间就小于一个时钟周期,将这些子功能段组成一条指令流水线,则一个时钟周期内就可有多条指令流入或流出流水线了。这种在一个时钟周期内能够流入或流出多条指令的单一指令流水线,称为超级指令流水线,简称超流水线。由于超流水线是将普通指令流水线的功能段进一步分解而形成的,因此超流水线的段数较多,通常都有 8 段或 8 段以上。图 6.37 所示为一条 ILP＝2 的超流水线的时空图。

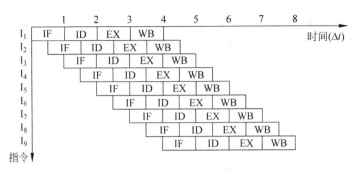

图 6.37　超流水线时空图

图 6.37 中的超流水线是将原 4 段指令流水线的每一段再分解为两个子功能段而形成的。在该超流水线上,每隔 0.5 个时钟周期,就可以流入一条指令,指令间的时间重叠程度提高了,所以也提高了指令级并行度。当然,在超流水线上发生的各类相关,其影响范围和造成的性能损失也大于普通的指令流水线。

3. 超标量超流水线技术

超标量超流水线技术是超标量技术与超流水线技术的结合,通过重复设置多条超流水线来进一步提高指令级并行度。图 6.38 所示为 ILP＝4 的超标量超流水线时空图。

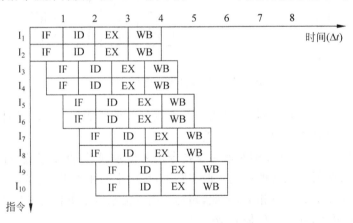

图 6.38　超标量超流水线时空图

有关上述提高指令级并行度的各种技术的详细内容,可参阅计算机系统结构方面的文献资料做进一步的了解。

6.6.7　典型流水处理器举例

下面简要介绍 Pentium 处理器的指令流水线结构及特点。

Pentium 虽然属于 CISC 处理器,但其很好地结合了 RISC 处理器的设计思想(包括采用硬布线控制器和指令流水线技术等),因此具有良好的性能。

Pentium 的简单指令直接由硬布线方式实现,复杂指令则由微程序解释实现。Pentium 有 U、V 两条整数指令流水线,理想 ILP=2,属于超标量流水处理器,其流水线结构如图 6.39 所示。

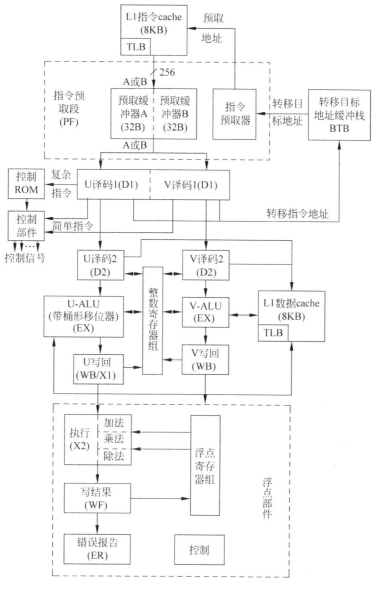

图 6.39　Pentium 的流水线结构

分立的 L1 指令和数据 cache 用于加快取指和数据存取,避免取指与其他访存操作的冲突。L1 数据 cache 为双端口 cache,每端口 32 位,可同时为 U、V 两条流水线提供 32 位数据的读/写服务,也可合起来为浮点部件提供 64 位浮点数的读/写服务。L1 指令 cache 一次能将一个 32 字节(256 位)的 cache 块读出,并存入指令预取缓冲器(即一次可以预取顺序存放的若干条指令)。两个 L1 cache 都采用了 TLB(转换后援缓冲器)技术来提高逻辑地址向 cache 地址的转换速度。

流水线上处理转移指令采用了动态分支预测技术,即根据转移指令执行的历史信息(转移成功或失败的信息),预测其本次的分支方向。BTB 是转移目标地址缓冲栈,其中记录着曾经执行过的转移指令的地址、最近两次执行的历史信息以及转移目标指令的地址。当遇到一条转移指令时,就到 BTB 中查找该指令的历史执行信息,如果该指令最近两次执行至少有一次转移成功,则预测本次转移成功,只有最近两次均为转移失败,才预测本次转移失败。

两条整数指令流水线 U 和 V 各由 5 段组成,分别是指令预取(PF)段、译码 1(D1)段、译码 2(D2)段、执行(EX)段和写回(WB)段。下面对各段的功能进行说明。

(1) 指令预取(PF)段。U、V 流水线的 PF 段是共用的,它包括一个指令预取器和两套预取缓冲器,每个预取缓冲器为 32 字节。指令预取器总是按给定的指令地址(顺序执行时由程序计数器提供,转移执行时由 BTB 提供),从 L1 指令 cache 每次读取一块存入两个预取缓冲器中的一个,只要该预取缓冲器为空。在任何时候,两个缓冲器中只有一个处于工作状态,而另一个是空闲的。处于工作状态的预取缓冲器将连续的两条指令 I_k 和 I_{k+1} 分别送入 U、V 流水线的译码 1(D1)段,即 I_k 送入 U 流水线的 D1 段,I_{k+1} 送入 V 流水线的 D1 段。

(2) 译码 1(D1)段。该段对指令操作码进行译码,并进行转移指令检测及指令发射控制。

当译码 1(D1)段识别到转移指令时,可能会改变 PF 段的指令预取方向。为了方便叙述,将两个预取缓冲器分别称为 A 缓冲器和 B 缓冲器,并假设当前使用的是 A 缓冲器。在此前提下,如果 D1 段没有遇到转移指令,则 PF 段就一直把从 L1 指令 cache 预取的指令装入 A 缓冲器。在 D1 段遇到转移指令时,就以该转移指令的地址为关键字,到 BTB 中查找其记录。如果查找成功,则根据其转移历史信息预测本次的分支方向;如果预测为转移成功,则直接从 BTB 中取得转移目标指令的地址,并提供给指令预取器,按转移成功方向预取指令到 B 缓冲器,同时停止 A 缓冲器的工作;如果预测为转移失败,则不改变原来的指令预取方向,并仍使用 A 缓冲器。如果在 BTB 中找不到转移指令的记录,则说明该转移指令为首次执行,此时固定预测其为转移失败(即使是无条件转移指令,也是如此)。

每当 D1 段遇到转移指令并预测其转移成功时,A、B 两个缓冲器之间就会发生一次切换,即停止当前缓冲器的工作,并激活另一个缓冲器的工作。

D1 段还要完成指令发射控制。这里说的指令发射,是指将指令从译码 1(D1)段推进到译码 2(D2)段。同时在 U、V 流水线中发射两条连续指令 I_k 和 I_{k+1} 的条件是:①两条指令都是简单指令;②两条指令间不存在先写后读(RAW)及写后写(WAW)相关;③两条指令都不同时含有立即数和偏移量;④只有 I_k 指令允许带指令前缀。

如果不满足上述条件,则 I_k 指令先发射到 U 流水线的 D2 段,然后,再将 V 流水线 D1 段中的 I_{k+1} 指令也发射到 U 流水线的 D2 段,即两条指令都在 U 流水线上进行操作。

(3) 译码 2(D2)段。该段的主要功能是,生成存储器操作数的物理地址,并提交给 L1 数据 cache。此外,转移指令的目标地址也在 D2 段完成计算。因此,D2 段也常称为地址生成段。

无论是否需要存储器操作数,指令均需流经 D2 段。成对发射的指令,必须同时离开 D2 段进入执行(EX)段。

(4) 执行(EX)段。U、V 流水线的 EX 段各有一个 ALU,且 U 流水线的 ALU 带有一个桶形移位器,功能强于 V 流水线的 ALU。该段前部完成取存储器和寄存器操作数,后部完成算术逻辑运算。

对 U、V 流水线上同时进入 EX 段的指令,若 U 流水线上的指令先执行完,可先行离开 EX 段进入写回(WB)段;但若 V 流水线上的指令先执行完,则必须等待 U 流水线上的指令执行完后,一起进入 WB 段。因此,U、V 流水线上的指令只能按顺序完成,不允许乱序完成。

转移指令也是在 EX 段确认是否实际发生转移的。若一条转移指令是在 BTB 中有记录的,则根据它在 EX 段的实际执行情况(转移成功或失败),修改它在 BTB 中的转移历史信息。在确认分支预测错误时,还要将已按错误方向流入流水线中的指令取消,同时进行两个指令预取缓冲器之间的工作切换,并启动正确方向上的指令预取。

若一条转移指令是未在 BTB 中记录的(即为首次执行的转移指令),当在 EX 段确认其转移成功时,则要取消原来按转移失败方向流入流水线的指令,并启动转移成功方向上的指令预取;同时,还要在 BTB 中记录该指令,并将其转移历史信息设置为最近两次均转移成功。如果首次执行的转移指令实际转移失败,则符合最初的预测,流水线继续按当前的方向预取和执行指令;该转移指令也不在 BTB 中记录,以后遇到该指令时,仍按新指令处理。

无论哪种情况,只要确认预测正确,流水线的性能就不会有任何损失。一旦预测错误,流水线就要浪费 3～6 个时钟周期的时间。

(5) 写回(WB)段。该段的功能是将 EX 段的运算结果写到指定的目标寄存器,包括对标志寄存器的修改。

Pentium 的浮点指令流水线为 8 段,即指令预取(PF)段、译码 1(D1)段、译码 2(D2)段、取操作数(EX)段、执行 1(X1)段、执行 2(X2)段、结果写回(WF)段和错误报告(ER)段。其前 4 段的操作由 V 流水线配合 U 流水线完成,第 5 段(X1 段)与 U 流水线的 WB 段共享,后 3 段在浮点部件中。在浮点流水线中,EX 段只进行操作数的读取,不执行其他操作;执行 1(X1)段将从 L1 数据 cache 读取的数据转换成临时浮点格式(80 位),并写入浮点寄存器组;执行 2(X2)段是浮点流水线实际的执行段,完成各类浮点运算。

由于执行浮点运算指令时,V 流水线要配合 U 流水线的操作,因此,两条浮点运算指令不能配对;浮点运算指令与整数指令也不满足配对的要求。因此,只能在 U 流水线上执行浮点运算指令。唯一可以与 U 流水线中的浮点运算指令配对的,是特殊的浮点寄存器数据交换指令 FXCHG,它可以在 V 流水线上与 U 流水线上的浮点运算指令并行执行。

习题

1. CPU 有哪些基本功能?
2. 控制器的任务是什么? 控制器有哪些主要的组成部件?
3. 为什么说控制器的主要工作是控制数据在数据通路上的正确传送?
4. 说明指令周期、机器周期和时钟周期的概念。这三者之间的关系是什么?
5. 指令"AND (R3),R2"的功能是:$((R3)) \wedge (R2) \rightarrow (R3)$。试在图 6.2 所示的 CPU 模型上分析该指令的指令周期,并按表 6.2 的格式列出分析结果。设一个机器周期包含 4 个时钟周期。
6. 某计算机字长 16 位,采用 16 位固定长度指令字结构。部分数据通路结构如图 6.40

所示,图中所有控制信号为 1 时表示有效,为 0 时表示无效。例如控制信号 $MDR_{in}E$ 为 1 表示允许数据从 DB 打入 MDR,MDR_{in} 为 1 表示允许数据从内部总线打入 MDR。假设 MAR 的输出一直处于使能状态。指令"ADD R0,(R1)"的功能是 $(R0)+((R1)) \rightarrow R0$,画出该指令的指令周期流程图,并列出每个机器周期需要发出的控制信号。

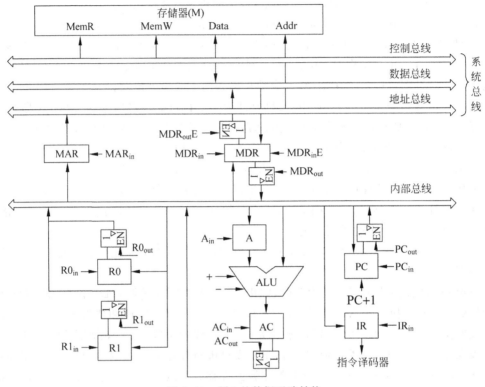

图 6.40　题 6 的数据通路结构

7. 在例 6.2 的基础上,写出控制信号 IR_{in}、IR_{out}、MDR_{out} 和 $MDR_{out}E$ 的逻辑表达式,并设计出对应的逻辑电路。时序信号如图 6.5 所示。

8. 说明微命令、微指令和微程序的概念及联系。为什么称微程序控制器为存储逻辑控制器?

9. 某机有 8 条微指令 $I_1 \sim I_8$,每条微指令所包含的有效微命令如表 6.4 所示。

表 6.4　第 9 题的微指令

微指令	微命令(√表示有效)									
	a	b	c	d	e	f	g	h	i	j
I1	√	√	√	√	√					
I2	√			√		√	√			
I3		√						√		
I4			√							
I5			√		√		√		√	
I6	√							√		√
I7			√	√				√		
I8	√	√						√		

a～j 分别对应 10 种不同性质的微命令。设采用水平型微指令,且规定微指令的操作控制字段为 8 位,请设计微指令操作控制字段的格式。

10. 试在例 6.5 的基础上,为 STO 指令(操作码为 1001)设计微程序,并安排各条微指令的微地址。微指令格式如图 6.18 所示,并设定,在进行操作码 OPC 的判别测试(P_1)时,用 IR 的 OPC 字段($IR_7 \sim IR_4$)修改微地址寄存器的 $\mu A_3 \sim \mu A_0$;在进行条件标志 C 的判别测试(P_2)时,用条件标志 C 修改微地址寄存器的 μA_0;取指微指令的微地址是 00000(提示:可参考例 6.8)。

11. 已知某机采用微程序控制方式,其控存容量为 512×48 位;微指令字长等于控存字长,采用水平型微指令格式。微程序可在整个控存中实现转移,共有 4 种判别测试。问:微指令的操作控制字段、判别测试字段和下地址字段各是多少位?

12. 设微地址寄存器有 8 位($\mu A_7 \sim \mu A_0$),当需要修改其内容时,可通过某一位触发器的置位端 S 将其置 1。现有三种需要进行转移分支的情况:

(1) 执行取指微指令后,微程序按指令寄存器 IR 的操作码字段($IR_{15} \sim IR_{11}$)进行 32 路分支;

(2) 执行无符号数"小于等于转移"指令的微程序时,按借位标志 C 和零标志 Z 的状态进行 2 路分支;

(3) 执行带符号数"大于转移"指令的微程序时,按符号标志 N 和溢出标志 V 的状态进行 2 路分支。

请按多路转移方式设计转移目标微地址产生逻辑。

13. 什么是同时性并行处理和并发性并行处理? 各采用什么技术实现?

14. 什么是指令流水线、功能部件级流水线和宏流水线? 流水线有哪些重要特点?

15. 什么是流水线的资源相关、数据相关和控制相关? 指令流水线上为什么会发生这三种相关? 举例说明这三种相关对指令流水线的性能产生的影响。

16. 什么是超标量指令流水线? 它是如何实现的?

17. 什么是超流水线? 它有什么特点?

18. 设浮点数向量 **A** 和 **B** 各有 6 个元素,要求在例 6.9 中的浮点运算双功能流水线上计算 $C = \prod\limits_{i=1}^{6} (a_i + b_i)$。试分别按静态流水线和动态流水线画出计算过程的时空图,并计算其实际吞吐率、加速比和效率。

第7章

系统总线

总线是计算机系统各部件之间的互连机构,是计算机系统的重要组成部分。本章讲解总线的概念、结构、仲裁以及定时控制等,为读者描绘出计算机系统的整体结构。

7.1 总线概述

7.1.1 总线的基本概念

计算机系统中的各个功能部件都不是孤立的,它们之间需要有信息的传递。传递信息就需要有信息传输的线路。构造信息传输线路有两种方式,一是在需要传递信息的部件之间建立专用的信息传输线路,二是建立公共的信息传输线路(即总线),由各功能部件分时共用;前者称为专用线路方式,后者称为总线方式。

采用专用线路方式,可以并行实现多对功能部件之间的信息传送,提高信息传送的效率。但是,由于线路设计、接口设计以及控制过于复杂,这种方式仅在早期的简单计算机中用过。总线方式则将多个功能部件都连接在总线上,任意两个功能部件之间的信息传送,都要通过这一套总线进行。这种方式一次只能满足一对功能部件之间的信息传送,各功能部件采用分时使用的方式占用总线进行信息传送;如果出现多个功能部件同时争用总线的情况,还要按一定的规则排队使用总线。虽然总线方式使得多个信息传送任务只能在总线上串行进行,在信息传送效率上低于专用线路方式,但是,总线方式大大简化了功能部件之间的连接线路,各功能部件只需与总线连接,只要有与总线连接的接口即可,无须分别设计与其他功能部件连接的接口。因此,总线方式使线路设计、接口设计以及传输控制都大为简化。此外,采用总线结构的计算机,便于进行系统功能部件的扩充和更换;扩充一个功能部件时,只需将该部件通过其接口与总线连接,即成为系统的有效组成部分;更换一个功能部件时,也只需将旧部件及其接口从总线上卸下,再将新部件通过其接口与总线连接即可。由于总线具有如此多的优点,现在的计算机无一例外都采用总线结构。

简言之,总线(Bus)是计算机系统中多个功能部件之间进行信息传送的公共通路。通过总线传送的信息包括地址信息、控制信息和数据信息,因此,总线中包含地址信号线、控制信号线和数据信号线三类信号线;各类信号线的数量,与总线的信息传送方式和传送的信息位数有关。此外,总线中还有为各种部件提供电源支持的电源线和接地线。

按总线的作用范围和连接对象的不同,总线可分为片内总线、系统总线和通信总线三类。

片内总线(也称内部总线)是指某些结构比较复杂的芯片内部的总线,用于连接芯片内部的各个部件。例如 CPU 内部用于连接各寄存器及 ALU 的信息传输线路,就是最典型的片内总线。此外,在 DMA 控制器、中断控制器以及一些常用的接口芯片内都有片内总线。

系统总线是指连接主要的计算机部件(处理器,主存,I/O 设备接口)的总线。系统总线中,用于传送数据信息的一组信号线称为数据总线;用于传送地址信息的一组信号线称为地址总线;用于传送控制与状态信息的一组信号线称为控制总线。数据总线是双向信息传输线,可在各部件之间互相传送数据信息。地址总线是单向信息传输线,用于将 CPU 或其他总线控制者(如 DMA 控制器等)发出的访问主存或 I/O 端口的地址传送到主存或 I/O 接口。控制总线包括控制信号线和状态信号线,每根信号线都是单向传输的。控制信号包括 CPU 向其他部件发出的各种操作控制信号(如存储器读/写、I/O 端口读/写等控制信号),以及其他部件向 CPU 发出的操作请求信号(如中断请求信号、总线请求信号)等;状态信号是反映其他部件工作状态的信号(如是否就绪等),通过状态信号线反馈给 CPU,以便 CPU 了解其他部件的工作状态。因此,对 CPU 而言,控制总线中的信号线有些是输出的,有些是输入的。

通信总线用于计算机系统之间或计算机系统与其他系统(如智能仪器仪表、移动通信系统等)之间的通信。通信方式有串行通信与并行通信两种。通信距离较远时,一般都采用串行通信方式,并需要使用调制解调器等通信装置。常用的通信总线有 EIA RS-232C 串行总线、IEEE 488 并行总线、USB 通用串行总线、IEEE 1394 串行总线等。实际上,把这些通信总线称为接口标准更合适,因为,这些总线都是在对应的接口标准的基础上产生的。

7.1.2 总线的特性及性能指标

总线有以下 4 个方面的特性:

(1)机械特性

机械特性是指总线在机械连接上的特性,包括接口插件板的尺寸,插头与插座的形状及尺寸,信号引脚的数量、排列次序、间距、接触方式等。

(2)功能特性

功能特性是指总线中每根信号线的功能描述。总线中的每根信号线都有具体的信息传输功能。按所传输的信息种类来分,有地址信号线,数据信号线,控制或状态信号线,以及电源与接地信号线等;对地址和数据信号线,还要明确每根信号线传输的是地址或数据中的哪一位信息。

(3)电气特性

电气特性描述总线上每根信号线的信息传输方向、有效电平及电平范围。如地址、控制及状态信号线定义为单向传输的,数据信号线定义为双向传输的;以高电平表示 1,低电平表示 0,或反之;某控制信号以高电平为有效状态,低电平为无效状态,或反之;电平范围定义为 0~5V,或者 0~3.3V,或者−10~+10V,等等。

(4)时间特性

时间特性体现总线上各信号的时序关系。在通过总线进行信息传送的过程中,相关的各条信号线何时开始传送有效信息,有效信息在线上需要保持多长时间,都是由某种定时方式(如同步定时方式和异步定时方式等)决定的。

总线的主要性能指标有：

(1) 总线宽度

总线宽度通常是指数据总线一次所能传输的最大数据位数，即数据总线所包含的信号线条数。总线宽度用位(bit)数表示，如 8 位、16 位、32 位、64 位等。

(2) 总线时钟频率

总线时钟是总线上各种信号定时的基础，总线时钟频率是影响总线传输速率的重要因素之一。

(3) 总线带宽

总线带宽定义为单位时间内总线上所能传输的最大信息量，单位是 MB/s(兆字节/秒)。

(4) 负载能力

总线的负载能力一般用总线上所能连接的扩充电路插件板(即接口电路插件板)的数量来表示。这虽然不太严格，但基本上也可以反映总线的负载能力。

7.2　总线结构

7.2.1　总线的结构类型

1. 单总线结构

计算机系统中只有一套系统总线，系统中的各种功能部件，如 CPU、主存、I/O 设备接口等，都连接在这一套总线上。这种总线结构称为单总线结构，如图 7.1 所示。

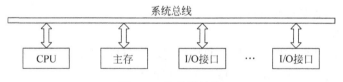

图 7.1　单总线结构

在单总线系统中，CPU 与主存、CPU 与 I/O 设备以及 I/O 设备与主存之间的数据传送，都要通过这套单一的系统总线进行。由于只有一套总线，因此，系统中每次只能有一个部件有权使用总线进行数据传送，其他需要传送数据的部件只能处于等待状态。此外，各种工作速度不同的部件都连接在同一套总线上，经常使高速部件处于等待低速部件的状态，而且，为了兼顾总线上的低速部件，总线时钟频率通常较低，无法发挥出高速部件的速度优势。这些都会阻碍整个计算机系统工作效率的提高。

当然，单总线结构简单，易于控制，也便于系统的扩展。

2. 多总线结构

将原本单一的系统总线分为两个甚至多个层次，系统中的各种部件根据工作速度的不同，分别连接在不同层次的总线上，各个层次的总线之间再通过总线接口相互连接起来，就形成了多总线结构，如图 7.2 所示。

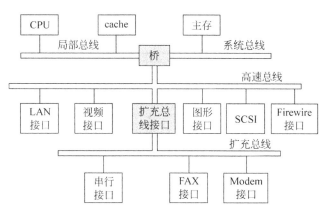

图 7.2 多总线结构

图 7.2 中,按传输速率由高到低,总线分成了局部总线、系统总线、高速总线和扩充总线 4 个层次;连在各层总线上的部件的工作速度,是与对应层次的总线的速度相匹配的。按这种总线结构,工作速度越快的部件离 CPU 和主存越近,数据传输过程的延时越少。

高速总线与局部总线和系统总线之间的"桥",以及扩充总线与高速总线之间的扩充总线接口,是用来将不同层次的总线相互连接的逻辑电路,其具有缓冲、转换控制等功能。有了桥或总线接口,各层总线就可以有不同的组成和传输速率,且某一层结构的改变不影响其他层的结构。如 CPU 结构改变会导致局部总线改变,但只要更换局部总线与高速总线之间的桥,就可重新与高速总线实现连接,不影响高速总线本身的结构。

由于主存移到了系统总线上,因此,I/O 设备与主存通过系统总线进行数据传送,不会影响 CPU 通过局部总线对 cache 的访问。也就是说,这两种操作可以并行进行。

7.2.2　总线结构实例

Pentium 计算机主板上采用了三层总线结构,即 CPU 总线、PCI 总线和 ISA 总线,是典型的多总线结构系统。图 7.3 所示为早期的 Pentium 计算机主板总线结构框图。

CPU 总线是一个有 64 位数据线和 32 位地址线的同步总线,总线时钟频率为 66.6MHz (或 60MHz);CPU 内部时钟频率是该时钟频率的倍频。该总线用于连接 CPU 和主存储器,可以看作 CPU 引脚的延伸,是传输速率最高的总线。CPU 是这条总线的主控者,且具有智能总线仲裁能力,必要时可以放弃对总线的控制。

PCI 总线用于连接高速的 I/O 设备模块,如图形显示器适配器、网络接口控制器、硬盘控制器等。PCI 总线是一个 32 位(或 64 位)的同步总线,总线时钟频率为 33MHz,其 32 位(或 64 位)数据/地址线是同一组线,分时复用。PCI 总线采用集中式仲裁方式,有专用的 PCI 总线仲裁器。三个 PCI 总线扩充槽用于连接 PCI 设备适配器。

ISA 总线用于连接低速 I/O 设备,具有 16 位数据线和 24 位地址线,总线时钟频率为 8MHz。ISA 总线扩充槽可以连接 62 脚(数据线 8 位)和 98 脚(数据线 16 位)两种规格的 I/O 设备适配器。ISA 总线没有总线仲裁器,其主控者为 CPU,但 DMA 控制器可以向 CPU 申请总线控制权。

CPU 总线、PCI 总线、ISA 总线三者之间通过两个"桥"芯片连成整体,其中,CPU 总线

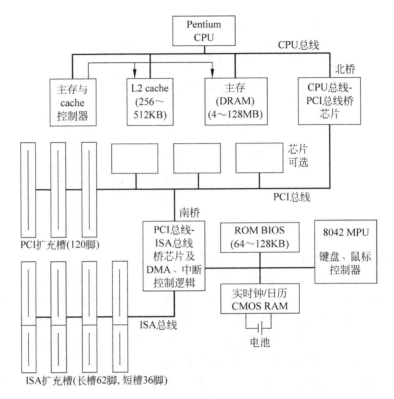

图 7.3　早期 Pentium 计算机主板总线结构图

与 PCI 总线之间的桥称为"北桥"，PCI 总线与 ISA 总线之间的桥称为"南桥"。桥起到不同总线之间信号缓冲、电平转换和控制协议转换的作用。这种采用桥芯片将不同层次的总线连接在一起的技术，特别适合系统的升级换代。如果 CPU 升级，只需改变 CPU 总线及更换北桥芯片，系统的其余部分不需做任何改变；同样，若 PCI 总线升级，也只需更换北桥与南桥芯片即可。

Pentium 的总线系统中有一个核心逻辑芯片组，简称 PCI 芯片组，它包含北桥和南桥芯片，产品有 Intel 430 系列和 Intel 440 系列。PCI 芯片组的性能很大程度上影响着整个计算机系统的性能，是 Pentium 计算机系统中至关重要的一组芯片。

7.2.3　总线接口

对于一个计算机系统来说，其总线结构、总线的信号组成以及总线各方面的特性都是确定的。各种部件及设备要与总线相连并通过总线传送数据，必须首先消除它们与总线之间存在的矛盾；这些矛盾表现在数据传送方式以及信号的功能定义、有效电平定义、电平范围定义等方面。例如，计算机主板上的各层次总线出于速度和效率的考虑，都采用并行数据传送方式，但某些 I/O 设备是采用串行数据传送方式的；某些部件或设备所需的信号总线上没有，或与总线上的信号在有效电平定义上不同；主板上的总线，其信号的电平范围主要有 0～5V 和 0～3.3V 两种，但有些 I/O 设备对此有不同的定义，等等。消除这些矛盾需要设计专门的转换电路，在总线与所连接的部件或设备之间进行数据格式、有效电平及电平范围的相互转换。此外,不同部件或设备之间通过总线传送数据时,还要消除传输速度不匹配、数据信号的逻辑电平定义不同等矛盾;消除这些矛盾也需要设计专门的逻辑电路。用于消除一个部件或设备在与总线连接时的各种矛盾的逻辑电路,称为该部件或设备的总线接口,也叫适配器。一个部件或设备通过它的总线接口,与总线连接在一起。

由于不同的部件或设备具有不同的特性,因此,它们的总线接口也有所不同。也就是说,没有通用的万能总线接口。尽管总线接口具有多样性,但一般都包含以下功能:

(1)控制功能。根据信息传送的主控者发来的指令对被控者实施控制,避免主控者对被控者的直接控制,使被控者的设计独立于主控者。

(2)状态反馈功能。为被控者向主控者反馈状态信息,如是否"就绪"、是否"忙"、是否"出错"等,作为主控者实施下一步操作的依据。

(3)转换功能。进行信号转换、数据格式转换等,起到转换器的作用。这是总线接口的核心功能之一。

(4)缓冲功能。处理主控者与被控者在数据传输速度上的差异,起到缓冲器的作用。这也是总线接口的核心功能之一。

(5)中断控制功能。当CPU与其他部件或设备之间采用中断方式传送数据时,总线接口还要具备中断请求、响应、屏蔽等功能。

7.3 总线仲裁

总线上所连接的各种部件或设备统称为功能模块。具有总线控制能力的功能模块称为主模块,没有总线控制能力的功能模块称为从模块。每次总线上的数据传送过程都是由主模块启动,并由从模块配合完成的。现在的计算机系统中,总线上通常有多个主模块,每个主模块在需要用总线传送数据时,都要先提出总线请求,在请求获准后,方能控制总线进行数据传送。但是,总线一次只能由一个主模块控制,因此,当出现多个主模块同时提出总线请求时,就需要按一定的规则确定这些主模块使用总线的次序,这项工作称为总线仲裁,用来完成总线仲裁的逻辑电路称为总线仲裁器(或总线控制器)。

总线仲裁方式有两种:集中式仲裁和分布式仲裁。

7.3.1 集中式仲裁

集中式仲裁采用统一的总线仲裁器,接收总线上所有主模块发出的总线请求,并按一定的规则选择其中的一个主模块,然后将总线控制权授予该模块。集中式仲裁的实现方式有:链式查询方式、计数器定时查询方式和独立请求方式三种。

1. 链式查询方式

采用链式查询方式时,总线上各主模块与总线仲裁器之间的连接方式如图7.4所示。

图7.4中,BR为总线请求信号线,BG为总线授权信号线,BS为总线状态信号线;这三根信号线由所有主模块共用。当某个(或某几个)主模块需要使用总线传送数据时,就通过其总线接口向BR线发出总线请求信号,总线仲裁器通过BR线接收到总线请求信号后,在

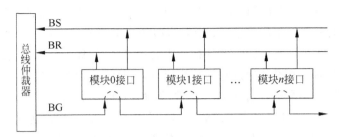

图 7.4　链式查询方式

总线处于空闲状态(BS=0)时,通过 BG 线发出总线授权信号;获得总线使用权的主模块通过 BS 线向总线仲裁器发出总线忙碌信号(BS=1),阻止总线仲裁器响应其他主模块的总线请求;总线操作完成后,本次的主模块还要使 BS=0,释放总线。

　　链式查询方式的特点体现在总线授权环节。从图 7.4 中可见,各主模块是串联在 BG 线上的,总线仲裁器发出的总线授权信号顺序传送到各主模块的接口。如果总线授权信号到达的主模块未请求总线,则总线授权信号继续向下传送,否则该主模块获得总线使用权,并不再向下传送总线授权信号。因此,串联在 BG 线上的各主模块,在获取总线使用权上有不同的优先级;离总线仲裁器越近的主模块优先级越高,反之则越低。

　　链式查询方式的优点是仲裁电路简单,容易扩充设备;缺点是响应速度慢,对授权线路的故障很敏感,一旦线路上某个节点发生故障,则其后的各个主模块就不能获得总线使用权了。此外,固定的优先级关系可能使优先级低的主模块长时间无法使用总线。

2. 计数器定时查询方式

　　采用计数器定时查询方式时,总线上各主模块与总线仲裁器之间的连接方式如图 7.5 所示。

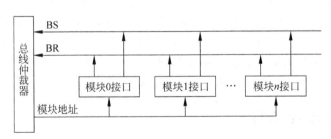

图 7.5　计数器定时查询方式

　　计数器定时查询方式与链式查询方式的不同之处,是在总线授权的方式上。当总线仲裁器接收到总线请求信号后,在 BS=0 时,其内部的一个地址计数器开始计数,并将计数值通过模块地址线发送到各个主模块接口,该计数值将与模块接口中设置的模块地址相比较,如果计数值对应的主模块没有请求总线,则继续计数查询,否则该主模块获得总线使用权,将 BS 线置 1,并中止计数查询。

　　计数器定时查询方式可以通过改变计数策略,来改变各主模块的优先级。如果计数器每次都从 0 开始计数,则为固定优先级;如果计数器总是从上一次的计数终值加 1 开始新的计数,则实现的是循环优先级,即每个主模块都有均等的机会成为优先级最高的模块;如果由程序来设置计数初值,则可以实现指定优先级。

与链式查询方式相比,在扩充设备方面,计数器定时查询方式受到模块地址线的位数限制,不如前者方便,且硬件电路及控制也较前者复杂。

3. 独立请求方式

采用独立请求方式时,总线上各主模块与总线仲裁器之间的连接方式如图 7.6 所示。

在独立请求方式中,总线仲裁器为每个主模块独立设置了总线请求信号线和总线授权信号线,且每条总线请求信号线有着不同的优先级。当总线仲裁器接收到总线请求信号后,由内部的优先级判别电路在提出总线请求的各主模块中选出优先级最高的主模块,并通过对应的总线授权信号线,向该主模块发送总线授权信号。

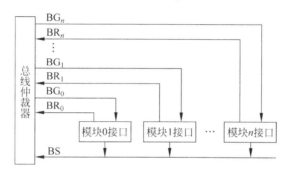

图 7.6 独立请求方式

独立请求方式的最大优点是总线授权无须查询,响应速度快。此外,独立请求方式可以通过软件设置,实现非常灵活的优先级控制,如固定优先级、循环优先级、指定优先级等;也可以通过软件设置,屏蔽某个(或某几个)主模块的总线请求。

相对前两种方式而言,独立请求方式的总线仲裁器较为复杂,且受 BR 和 BG 端数的限制,扩充设备也比较困难。

7.3.2 分布式仲裁

分布式仲裁方式不设置统一的总线仲裁器,而是在各主模块的接口中都设计了总线仲裁逻辑,由各主模块自主判断是否有权使用总线。

分布式仲裁方式采用多根总线请求线来传送各主模块的总线请求信号,每根总线请求线都预先设定了优先级,因此,连接在各条总线请求线上的主模块都有自己的优先级。各主模块的仲裁逻辑在向自己的总线请求线发总线请求之前,还要先检测比自己优先级高的其他总线请求线上是否有请求信号,如果没有比本模块优先级更高的总线请求,则本模块发出总线请求,获得总线使用权,并将 BS 线置为 1,否则本模块不能发出总线请求信号。图 7.7 所示为分布式仲裁的一种设计方案。

设图 7.7 中总线请求线的优先级由高到低依次为 $BR_0 \rightarrow BR_1 \rightarrow BR_2 \rightarrow BR_3$。主模块 0 只有在所有总线请求线上均无请求信号,且 BS=0 时,才能将其总线请求发到 BR_0 线上,并获得总线使用权;主模块 1 要在 BR_0、BR_1 和 BR_2 线上均无总线请求,且 BS=0 时,才能将自

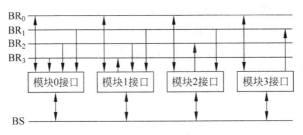

图 7.7　分布式仲裁

己的总线请求发到 BR_3 线上,并获得总线使用权;主模块 2 和主模块 3 分别将自己的总线请求信号发到 BR_2 和 BR_1 线上,在发出请求信号之前,同样要检测比自己优先级高的总线请求线及 BS 线,以决定自己是否能发出总线请求和获取总线使用权。获得总线使用权的主模块要将 BS 线置 1,以阻止其他主模块的总线请求;在用完总线后,当前主模块必须撤销自己的总线请求,并将 BS 线复位(BS=0)。各主模块在需要连续占用总线时,也将请求发到 BR_0 线上。

7.4　总线操作的定时方式

总线上的功能模块通过总线进行的信息传送操作,称为总线操作。一次总线操作所需的时间,称为总线周期。

一次总线操作大致需要经过以下几个阶段:

① 总线请求。由总线操作的主模块向总线仲裁器提出使用总线的请求。

② 总线仲裁。由总线仲裁器按设定的优先级规则,对提出总线请求的主模块进行选择。被选中的主模块获得总线使用权。

③ 寻址。由获得总线使用权的主模块通过总线中的地址线发出从模块的地址(如主存单元地址或 I/O 端口地址等),启动参与数据传送的从模块。

④ 数据传送。由主模块通过总线中的控制线向从模块发出数据读/写等控制命令,完成主、从模块间的数据传送。

⑤ 总线释放。在总线上的各类信息都撤销后,主模块释放总线的使用权。

以上每个阶段的操作何时开始,何时结束,都需要有时间上的控制。对总线操作过程实施时间控制,称为总线定时,有同步定时和异步定时两种定时方式。

7.4.1　同步定时方式

同步定时方式采用统一的总线时钟,将各种信息的发送、接收和撤销都控制在总线时钟信号的上升沿(或下降沿),且各种信息的发送、接收和撤销时间都是事先设计好的,不能改变。图 7.8 所示为采用同步定时方式的 CPU 访存总线周期时序示例。

图 7.8 中假设一个总线周期包含 4 个总线时钟周期。CPU 发出的存储器地址在 t_1 的上升沿送上地址线。对读操作,CPU 在 t_2 的上升沿发出读操作命令($\overline{RD}$);存储器在 t_3 的上升沿将数据读出并送上数据总线;CPU 在 t_3 内从总线上接收数据;$\overline{RD}$ 及数据在 t_4 的上升沿撤销,地址在总线周期结束时撤销。对写操作,CPU 在送出存储器地址后,在 t_2 的上升

沿将数据送上数据线,然后在 t_2 的下降沿发出写操作命令($\overline{\text{WR}}$);存储器在 t_3 的上升沿将数据写入指定的存储单元;$\overline{\text{WR}}$ 及数据在 t_4 的上升沿撤销,地址在总线周期结束时撤销。

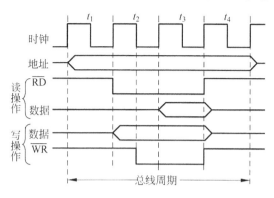

图 7.8　CPU 访问同步总线周期时序

同步定时协议一旦制定,所有采用同步定时方式传送数据的功能模块,都必须能在规定的时间内完成规定的操作,才能实现数据的传送。如果有速度不同的多个功能模块要采用同步定时方式传送数据,则总线的同步时钟必须按其中速度最慢的功能模块来设计。为了不使总线的工作效率严重下降,同步定时方式要求总线上各功能模块的存取时间尽量接近。

同步定时方式控制相对简单,具有较高的传输频率,适用于系统总线上各种高速功能部件之间的数据传送。

7.4.2　异步定时方式

当通过总线传送数据的功能模块之间速度相差很大,甚至没有确定的操作时间时,总线操作需要采用异步定时方式。

异步定时没有统一的定时时钟,总线上的操作何时开始,何时结束,都没有固定的时间限制,而是以各功能模块实际所需的操作时间为准的。在异步定时方式中,以总线上各个操作的执行顺序为基础,规定:只有前一操作完成了,后一操作才能进行。前后操作之间的这种时间上的制约机制,称为互锁机制。

为了实现互锁机制,必须在主、从模块之间建立联络,使双方均能了解对方的工作状态,以便决定己方的操作是否可以进行。主、从模块之间的联络是通过所谓"联络(或同步)信号"来实现的;主模块发出的联络信号称为"主同步(MSYN)"信号,从模块发出的联络信号称为"从同步(SSYN)"信号。同步信号的上升沿和下降沿都用来表示功能模块的工作状态,主、从模块都要通过检测对方的同步信号,来了解对方是否完成了规定的操作,同时决定本方的操作是否可以开始。图 7.9 所示为典型的异步总线读周期时序。

首先,由主模块将从模块的地址及读操作命令送上总线,待信号稳定后,主模块发出主同步信号(上升沿);从模块在接收到主同步信号后,按总线上传来的地址和读命令进行读操作,将读出的数据送上数据线,待信号稳定后,从模块发出从同步信号(上升沿);主模块在接收到从同步信号后,确定从模块已将数据读出,于是从数据线上取得数据,并撤销主同步信号(下降沿);从模块检测到主同步信号撤销后,即从数据线上撤销数据,并撤销从同步信号(下降沿);主模块检测到从同步信号撤销后,随即将读命令及地址从总线上撤销,一个

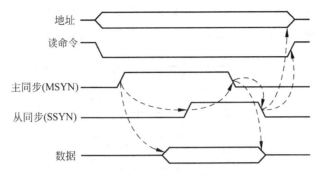

图 7.9　异步总线读周期时序

异步总线读周期结束。

　　可见，主、从同步信号是异步定时的关键。主同步信号和从同步信号的 4 个边沿之间，有着严格的依赖关系，即没有主同步信号的上升沿，就没有从同步信号的上升沿；没有从同步信号的上升沿，就没有主同步信号的下降沿；没有主同步信号的下降沿，就没有从同步信号的下降沿。这种依赖关系称为全互锁关系，也称为"四边沿协议"。有了这种互锁机制，主、从双方的速度无论相差多大，都不会失去同步。除了全互锁关系之外，主、从同步信号之间还可以建立不互锁和半互锁关系，这两种关系没有全互锁关系严格，也没有全互锁关系安全，可以在某些特定功能模块之间的数据传送过程中使用。

　　异步定时方式的优点，是允许各种速度相差很大的功能模块连接到同一总线上，且操作定时非常灵活；缺点是增加了控制的复杂性。

7.5　总线标准

　　总线的标准化包括所有总线特性（功能特性、电气特性、时间特性和机械特性）的标准化。有了总线标准，各种外围设备的生产厂商就能设计出其设备与总线的接口，使其设备能与总线相连，凡是采用该总线结构的计算机系统，就能获得这些设备生产厂商的支持。

　　微型计算机系统中常用的标准化总线有 ISA 总线、EISA 总线、VESA 总线、PCI 总线等。

　　工业标准体系结构（Industry Standard Architecture，ISA）总线也称 AT 总线，采用同步定时方式。ISA 总线有 16 位数据线和 24 位地址线，用以支持 16 位微处理器，其总线时钟频率为 8.33MHz，最高数据传输率为 16MB/s。在现在的微机系统中，ISA 总线用于连接各类中、低速 I/O 设备。

　　扩展的 ISA（Extended ISA，EISA）总线是对 ISA 总线的扩展，在结构上完全兼容 ISA，同时又充分支持 32 位微处理器的功能。EISA 总线有 32 位数据线和 32 位地址线，总线时钟频率也是 8.33MHz，最高数据传输率为 33MB/s。

　　VESA 总线是由视频电子标准协会（Video Electronic Standard Association）提出的局部总线标准。VESA 总线采用同步定时方式，总线时钟频率达到 33MHz，数据线为 32 位（可扩展为 64 位），最大传输速率达 133MB/s。VESA 总线通过局部总线控制器，将高速 I/O 设备与 CPU 相连，实现双方的高速数据交换。

　　外围部件互连（Peripheral Component Interconnect，PCI）总线是一种先进的局部总线，

采用同步定时方式。PCI 总线完全独立于任何处理器,广泛应用于各种高档台式计算机、工作站及便携式计算机等。PCI 总线的时钟频率为 33MHz 或 66MHz,数据线位数为 32 位(可扩充至 64 位),最大数据传输速率为 133MB/s(数据线 32 位,总线时钟频率 33MHz)或 266MB/s(数据线 64 位,总线时钟频率 33MHz),支持 64 位寻址,支持 5V 和 3.3V 两种电压标准。PCI 总线具有以下主要特点:

(1) 传输速率高。PCI 总线的高传输速率,适应高速设备数据传输的需要,大大缓解了数据 I/O 瓶颈,使高性能 CPU 的功能得以充分发挥。

(2) 多总线共存。采用 PCI 总线,可在一个系统中让多种总线共存,容纳不同速度的设备一起工作。通过桥芯片,可将 PCI 总线与 CPU 总线和 ISA(或 EISA)总线相连,构成一个多总线系统(见图 7.3)。

(3) 独立于处理器。PCI 总线不依附于任何处理器,可以支持当前的各种处理器及将来发展的新处理器。更换处理器时,只需更换相应的桥芯片即可。

(4) 自动识别与配置外设。每个 PCI 设备可能包含最多 256 个内部寄存器(配置寄存器),用来在系统初始化时配置设备。这些配置寄存器用来保存设备识别信息、设备控制信息、设备状态信息、地址映射信息等。当系统加电时,配置软件将扫描 PCI 总线,确定有哪些 PCI 设备,它们有什么配置要求,并自动进行系统配置。配置过程是通过对配置寄存器进行访问(读/写)来完成的。

(5) 并行操作能力。PCI 总线具有与处理器/存储器子系统并行操作的能力。

习题

1. 什么是总线?计算机系统采用总线结构的意义何在?

2. 总线可分为哪三类?每一类总线的作用范围和连接对象是什么?

3. 系统总线由哪些信号线组成?各有什么作用?

4. 总线有哪几种结构类型?试述不同的总线结构对计算机系统性能的影响。

5. 各种部件或设备在与总线连接时,为什么需要总线接口?总线接口应具备哪些功能?

6. 什么是总线仲裁?为什么需要总线仲裁?

7. 什么是总线的集中式仲裁和分布式仲裁?集中式仲裁有哪几种方式,各有什么优缺点?

8. 试比较总线的同步定时方式和异步定时方式。

9. 总线的标准化包括哪些方面的标准化?为什么要制定总线标准?

10. 设总线的时钟频率为 16MHz,一个总线周期等于一个时钟周期。如果一个总线周期并行传送 4 个字节的数据,问总线带宽是多少?

11. 试设计链式查询方式的优先级排队逻辑电路图。

第8章 输入输出系统

输入输出系统是计算机主机(包括 CPU 和主存)与外界进行信息传输的机构,是计算机系统的重要组成部分。本章介绍输入输出系统的组成,包括输入设备、输出设备、外存储器和输入输出接口,最后重点讲解输入输出信息传送方式。

8.1 输入输出系统概述

输入输出(I/O)系统的作用,是把计算机系统外的数据输入到计算机主机中,并将计算机主机处理后的数据输出到计算机系统外。I/O 系统是一个硬件、软件结合的系统,硬件部分包括外围设备及其与主机的接口,软件部分则包括接口的初始化程序及具体的输入输出操作程序等。

计算机系统中,除主机(由 CPU 和主存组成)外的其他硬设备都称为计算机的外围设备。外围设备种类繁多,功能各异,包括输入设备、输出设备、外存储器、数据通信设备和过程控制设备等几大类。本章只介绍输入设备、输出设备和外存储器,有关数据通信设备和过程控制设备的内容,读者可参阅计算机网络通信和计算机接口技术等方面的相关书籍。

输入设备和输出设备统称为人机交互设备,用来实现计算机与其使用者之间的信息交流。其中,输入设备的作用,是将人能够识别和理解的各种文字、符号、图形、图像、声音等信息,转换成计算机主机能够存储和处理的二进制代码,并通过相应的接口,将其传送给主机;输出设备的作用,则是将经计算机主机处理后的、以二进制代码表示的各种信息,还原成文字、符号、图形、图像、声音等形式,便于人的识别和理解。

外存储器既能以文件形式保存主机输出的程序和数据,也能将所保存的程序和数据输入主机。将需要反复使用的程序和数据存放在外存储器上,用到时再从外存储器输入主机,可以大大方便信息的输入。

各种外围设备都有自己的设备控制器,用来控制设备本身的操作,而设备控制器又通过 I/O 接口与主机相连,接受主机的控制,如图 8.1 所示。

I/O 接口是主机与外围设备之间的连接电路,主要起到控制、缓冲与转换的作用。外围设备必须通过相应的接口电路,才能实现与主机的连接。

主机与外围设备之间的数据传送方式有程序查询

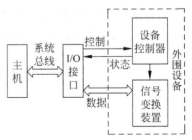

图 8.1 外围设备及其与主机的连接

方式、程序中断方式、直接存储器访问(DMA)方式、通道方式和外围处理机方式5种。其中,计算机系统中主要采用前三种方式,后两种方式主要用于外围设备众多,主机工作效率要求很高的大型计算机系统。

不同的I/O数据传送方式需要I/O接口有不同的功能和不同的设计。很多情况下,为了使数据传送更为灵活,I/O接口经常设计成能够适应多种不同的数据传送方式,在进行数据传送之前,需要由CPU执行一段I/O接口的初始化程序,来设置所需的数据传送方式及其他一些初始条件。

对程序查询方式和程序中断方式,其I/O数据传送过程需要CPU执行I/O程序来控制;对DMA方式,数据传送过程由DMA控制器控制,但DMA控制器需要由CPU执行初始化程序来设置各种初始条件。在采用通道和I/O处理机的I/O系统中,通道和I/O处理机取代了一般意义上的I/O接口,并具有智能化和很高的独立控制能力,能够代替CPU完成输入输出控制,从而提高了CPU的工作效率。

主机在与不同速度的外围设备进行数据传送时,所采用的定时方式是不一样的;在与中、低速度的外围设备传送数据时,通常采用异步定时方式,而在与高速外围设备传送数据时,则采用同步定时方式。这是因为,中、低速外围设备的工作节拍不能与主机同步,甚至有些设备的操作时间本身就不规则(如键盘、鼠标等),因此只能采用异步定时方式;而高速外围设备有着确定的工作频率,可以按同步定时方式与主机协调操作。

8.2　输入设备

输入设备种类很多,功能各异,下面仅对几种最常用的输入设备做简单介绍。

8.2.1　键盘

键盘是目前使用最普遍的输入设备,也是计算机的基本输入设备。键盘是一种字符输入设备,用来输入文字、符号和操作命令等。

键盘由一组排列成阵列形式的按键开关组成,每个键都被赋予明确的含义。以目前常用的标准键盘为例,键盘上共有101个键,其中大部分是字符键,用来输入字符,此外还有一些光标控制键(用于控制光标的移动)、文本编辑键(用于插入或删除字符)和功能键(可由软件定义其具体的功能)。目前,绝大多数键盘上使用的都是ASCII码字符。

由键盘进行一次输入的过程大致是:

(1) 按下一个键;

(2) 扫描按键的位置,产生所按键的位置码;

(3) 将位置码转换成按键所对应的字符的ASCII码,并由主机接收。

除按键由操作者完成外,产生位置码及转换成ASCII码的方式与键盘的类型有关。键盘按其功能不同,通常可分为编码键盘和非编码键盘两种基本类型。

编码键盘本身带有实现接口主要功能所必需的硬件电路,能自动检测被按下的键,能实现去抖动、防串键等功能,并且能向主机提供被按键所对应的ASCII码。由于编码键盘本身的功能很强,所以其与主机的接口简单;但因硬件电路较复杂,故价格较高。

非编码键盘只简单地提供一个按键开关阵列,而识别按键(包括按键扫描、去抖动、防串键等)、形成位置码及转换为 ASCII 码等功能均由 CPU 运行专门的软件来实现。非编码键盘价格较低,但其与主机的接口较复杂。

实际使用的键盘通常介于这两种基本类型之间,即由键盘完成一部分操作,再由 CPU 执行程序完成另一部分操作。例如,PC 的键盘内装有 Intel 8048 单片机来完成键盘扫描、去抖动、防串键等操作,能自动形成被按键的位置码,并能将位置码以串行方式发送到主机;CPU 接收到位置码后,再执行专门的转换程序,将位置码转换成 ASCII 码(通常采用查表的方式进行转换)。由于键盘是以串行方式向主机发送位置码的,因此,键盘接口应具有串→并转换功能。

8.2.2　鼠标

鼠标是一种坐标定位设备,是随着图形操作界面出现而被广泛使用的一种输入设备。

图形操作界面的特点,是将系统软件和应用软件的各种操作功能及操作命令,都以菜单或控制按钮的形式显示在显示器的屏幕上,当需要进行某项操作时,只需将光标移动到所需的操作选项上,按下确定键,即可进行相应的操作。移动光标及确定操作选项都可以用键盘来完成,但操作不方便,效率比较低。相比之下,采用鼠标来控制光标的移动,并通过鼠标上的按键来确定操作选项,则非常方便快捷。因此,鼠标目前已成为计算机必备的输入设备。

常用的鼠标有机械式和光电式两种,它们与主机的通信和控制原理完全相同,只是在移动检测方面有些差异,可以直接替换使用。鼠标一般都有两个按键(左键和右键),通过串行接口或 USB 接口与计算机主机相连。

机械式鼠标的底部有一个圆形的凹坑,里面装有一个表面裹着橡胶的金属球,球的侧面呈正交方向(即二维坐标的 X 和 Y 方向)装有两个转轴,转轴与球的表面接触。当鼠标的底部在桌面上滑动时,底部的球接触到桌面产生滚动,带动两个转轴转动,通过转轴所连接的移动检测电路,就可以测出鼠标在 X 和 Y 方向上的位移。

光电式鼠标的底部装有发光二极管和光敏接收器。早期的光电式鼠标需要在一块画有细密的纵横网格线的铝质鼠标垫上移动,根据光照在网格内和网格线上的不同反射率,由光敏接收器产生脉冲输出,通过对脉冲计数,即可获得鼠标的位移。现在的光电式鼠标不再需要专门的鼠标垫,可以直接在各种反光率不是很高的平面上使用。

无论哪种类型的鼠标,在移动一个最小位移单位后,都要向主机发送一个 3 字节的串。其中,第一个字节表示鼠标在最近的 100ms 内沿 X 方向的位移量;第二个字节为鼠标沿 Y 方向的位移量;第三个字节描述鼠标当前键的状态。主机接收到这些信息后,由专门的程序将位移量转换成鼠标的当前位置,然后在屏幕上的对应位置显示一个箭头(或其他符号)。如果箭头指在某个菜单选项或操作按钮上,且鼠标的确认键被按下,计算机就会根据箭头在屏幕上的位置计算出是哪个菜单项或操作按钮被确认,然后执行相应的操作。

衡量鼠标性能的一个重要参数是分辨率,一般以 d/cm(像素点/厘米)为单位,表示鼠标移动 1cm 所经过的像素点数。分辨率越高,可使鼠标移动到目标位置所需的移动距离越短。

8.2.3　触摸屏

触摸屏是一种对物体的接触或靠近能产生反应的定位设备。触摸屏是透明的,可安装在任何一种显示器屏幕的外表面上;用户可以透过触摸屏看到显示器上显示的内容,如同直接面对显示器屏幕一样。使用时,用户只要用手指(或其他物件)在触摸屏上点一下,触摸屏就能向计算机输入接触点的坐标,然后,计算机通过执行专门的程序判断接触点是否落在某个菜单项或操作按钮上,如果是,则执行相应的操作。

触摸屏系统一般包括两部分:触摸屏控制器(卡)和触摸检测装置。触摸屏控制器上有微处理器和固化的监控程序,其主要作用是将触摸检测装置送来的触摸信息转换成触点坐标,再传送给主机;同时,它能接收主机发来的命令,并予以执行。

根据所采用的触摸检测技术不同,触摸屏可分成 5 类:电阻式、电容式、表面超声波式、红外线扫描式和压感式。

电阻式触摸屏的主体是两层高度透明、并涂有导电物质的薄膜,下面一层附在玻璃底座上,上面一层附在透明塑料片内侧,两层薄膜之间由绝缘支点隔开,间隙为 0.0001 英寸。当用户触摸上层的塑料片时,触摸点处的两层薄膜就会接触到,触摸屏控制器可以根据其接触电阻的大小求得接触点所在的 X 和 Y 坐标。

电容式触摸屏是一个内部涂有金属层的玻璃罩。当用户触摸其表面时,会产生由触摸点向 4 个角传输的电流,根据电流的大小可以计算出触摸点的坐标。

表面超声波式触摸屏是一个透明的玻璃罩,在玻璃罩的 X 和 Y 方向都安装了一个发射和接收压电转换器和一组反射条。触摸屏还有一个控制器发送 5MHz 的触发信号给发射、接收转换器,由它转换成表面超声波在屏幕表面传播。当用户触摸屏幕时,触摸点处的超声波被吸收,使接收信号发生变化,触摸屏控制器可以据此求得触摸点的坐标。

红外扫描式触摸屏只是一个安装在普通显示器屏幕边框上的框架,框架的 4 个边框分为上下和左右两组,每组边框中,一条内放置了红外线发射管,另一条内放置了红外线接收管。在触摸屏内的微处理器的控制下,依次接通红外线发射管并检查对应的红外线接收管。当用户用手指触摸显示器屏幕时,手指就会挡住经过这一点的横竖两条红外线,微处理器据此可以计算出触摸点的坐标。

压感式触摸屏采用底座式矢量压力测力技术,为显示器设计一个专用工作平台,显示器在这个平台上可以做三维运动。当用户触摸显示器屏幕时,显示器就会在平台上产生三维运动,工作台内部的传感器就能测出显示器运动的状态,并据此计算出触摸的位置。

8.2.4　扫描仪

扫描仪是一种图像输入设备,用来将各种文档、图纸等转换成二进制数字,并以字节为单位输入计算机,然后,由计算机运行专门的软件将其转换成某种格式的图形文件,供计算机处理或存档。

常见的扫描仪有平板式扫描仪和滚筒式扫描仪。平板式扫描仪体积小,使用方便,适合于扫描小幅面的文档和图纸;滚筒式扫描仪体积较大,适合于扫描幅面较大的图纸等。下面以平板式扫描仪为例,说明扫描仪的基本工作原理。

平板式扫描仪以一块平板玻璃为工作台面,将被扫描的图片或文稿正面朝下扣在玻璃台面上,盖上盖板。扫描仪的主要部件位于台面下方,有一个电机驱动的可移动的托架,托架上有光源、反射镜片、透镜和感光元件等。扫描仪工作时,托架沿导轨移动,光源照射到被扫描件的正面,反射回来的光线经过反射镜片到达透镜,经透镜聚焦到感光元件上。由于色彩及灰度的不同,反射到感光元件上的光强也不同,感光元件实现光电转换所形成的电流大小也不同。这些电信号再经过放大、模数转换、译码等环节后,形成数字信号输出给计算机。

计算机通过运行扫描仪的配套软件,对接收到的扫描数据进行各种校正和平滑处理后,形成一幅数字图像,并以某种图形文件格式存于磁盘上。

扫描仪的关键部件是感光元件,目前使用最广的感光元件是电荷耦合器件(简称CCD)。CCD是在单晶硅上集成了大量光电三极管,光电三极管受到光线照射后会产生电流,电流大小和光线强度成正比,从而实现光电转换。这些光电三极管排成三列,分别用红、绿、蓝色的滤色镜罩住,从而实现彩色扫描。

扫描仪的性能指标主要有分辨率、色彩灰度值、扫描速度和扫描幅面。分辨率以每英寸像素数(dpi)来衡量,分横向和纵向分辨率;横向分辨率由CCD决定,纵向分辨率由驱动电机每次移动的最小距离决定。色彩灰度值反映扫描仪色彩分辨能力的大小,具体表现为红、绿、蓝三色各用多少位二进制数来表示,例如,三色均用8位(1字节)表示,则扫描仪的色彩灰度值为24位,每种色彩均有256级灰度。扫描速度与接口、系统配置、扫描分辨率和扫描尺寸等有关;一般扫描仪扫描黑白图像的速度为100~2毫秒/线,扫描彩色图像的速度为200~5毫秒/线。扫描幅面指扫描仪一次能扫描的最大图形或图像的面积。

8.3 输出设备

输出设备也有很多种类,最常用的有显示器和打印机,此外,还有绘图仪、音频输出设备等。

8.3.1 显示器

显示器能将计算机的处理结果以可见光的形式输出,是最常用的输出设备。显示器种类繁多,按所用的显示器件分类,有阴极射线管(简称CRT)显示器、液晶显示器(简称LCD)、等离子显示器等;按可显示的内容分类,有字符显示器、图形显示器和图像显示器三类。显示器也称为监视器。

1. CRT 显示器

CRT是一个电真空器件,由电子枪、偏转装置和荧光屏构成。现以单色CRT(即黑白显像管,如图8.2所示)为例说明CRT的工作原理。

电子枪是CRT的主要组成部分,包括灯丝、阴极、栅极、阳极和聚焦极。CRT在加电后,灯丝发热,热量辐射到阴极,阴极受热就会发射出大量电子,这些电子在栅极、阳极和聚焦极的作用下形成电子束,电子束射到荧光屏上形成光点。不同位置、不同亮度的光点就可以组成文字符号或图形图像。

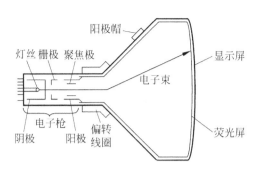

图 8.2　单色 CRT 结构示意图

为了获得高质量的显示效果,电子束应满足以下要求:

(1) 电子束应有足够的强度和速度,而且强度可以控制。电子束的强度由栅极来控制,而栅极由亮度信号控制,亮度信号的强弱不同,电子束的强度就不同,形成的光点就有明暗之分。阳极对电子束加速,以保证电子束有足够的能量轰击荧光屏,提高荧光屏的显示亮度。

(2) 射到荧光屏上的电子束要足够细,以保证所显示的内容清晰可辨。从阴极发出的电子,初速度不同,运动方向不同,并且电子之间存在排斥力,这会使电子发生扩散,无法在荧光屏上形成准确、清晰的光点。聚焦极用于对电子束进行聚焦,形成很细的电子束。

(3) 电子束的运动方向要能够控制,以便使电子束能射到荧光屏的任何位置。任何文字符号和图形图像都是由不同位置上的众多光点组成的,因此需要电子束能够打到荧光屏的任何位置。套在 CRT 尾部的偏转线圈,通过所产生的磁场的变化,来控制电子束的运动方向,使其能够扫描到整个荧光屏。

电子束射到荧光屏上之所以能够形成光点,是由于荧光屏内侧涂有荧光粉,它能将电子束的动能转换成光能。荧光粉在电子束撤销后仍能保持发光的时间,称为余辉时间。余辉时间与荧光粉的材料特性有关。从视觉效果来说,余辉时间宜短不宜长。

对于单色 CRT,电子枪只有一个阴极,荧光屏上只涂有一种荧光粉,只能发出一种颜色的光。对彩色 CRT,荧光屏上每个像素点都由排列成正三角形的三个小荧光粉点组成;三个荧光粉点的材料不同,它们在电子束轰击下分别发出红、绿、蓝三种颜色的光。由于荧光粉点很小,且距离很近,因此,不同强度的红、绿、蓝三色叠加起来,就可以产生丰富的色彩。彩色 CRT 的电子枪中有三个独立的阴极,可以同时向一个像素的三个荧光粉点发射电子束。

荧光屏上的所有像素点被排列成一个多行多列的阵列,电子束需要在偏转线圈的控制下扫描到每个像素点。电子束在荧光屏上的扫描方式有光栅扫描和随机扫描两种。

在光栅扫描方式下,电子束要从左到右、从上到下扫描整个荧光屏;在扫描过程中,根据所要显示的内容,在需要显示一个光点的地方就发出强电子束,否则就减弱电子束。按照对各行扫描时的顺序不同,光栅扫描方式有隔行扫描和逐行扫描两种实现方法。隔行扫描是把所有行分为奇数行和偶数行两部分,扫描完所有奇数行后,再扫描所有偶数行。逐行扫描则是从第一行开始,依次扫描每一行,其扫描过程如图 8.3 所示。

当电子束从左到右扫描完一行后,要快速回扫到下一行的左端,这称为水平回扫。在扫

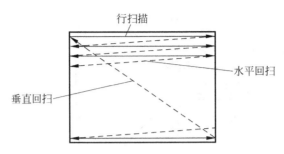

图 8.3 逐行扫描过程示意图

描完最后一行后，电子束又迅速回扫到第一行的左端，这称为垂直回扫。电子束回扫时，显示是消隐的，不会在荧光屏上产生光点。

由于荧光粉的余辉时间很短（约几十毫秒），在电子束扫过后，一个光点很快就会变暗、消失，使人无法看清显示的内容。因此，电子束必须一遍又一遍地对荧光屏进行扫描。电子束的垂直回扫，就是为了进行下一遍扫描。根据人眼的视觉暂留特性，每秒钟对荧光屏扫描25遍以上，人眼就能看到稳定的显示内容。通常把电子束每秒钟对荧光屏扫描的遍数称为帧频，帧频越高，显示画面的闪烁感就越小，画面就越稳定；帧频实际上就是垂直回扫的频率。

相比较而言，隔行扫描所需的帧频比逐行扫描低，实现的成本也较低；但是，隔行扫描的显示质量比逐行扫描差。这是因为，在隔行扫描方式下，电子束在扫描所有奇数行时，偶数行会有较长时间得不到扫描，使得偶数行上的光点明显变暗，而当扫描到偶数行时，变暗的光点又会突然增亮，从而使显示画面产生较明显的闪烁。

与光栅扫描方式不同，在随机扫描方式下，电子束只扫描荧光屏上需要显示光点的位置，而不是扫描整个屏幕，因此，这种扫描方式的扫描速度快，显示质量高。但是，随机扫描的控制逻辑比较复杂，实现成本也较高。目前，大多数 CRT 显示器采用光栅扫描方式。

显示器显示的稳定性取决于电子束的扫描方式和扫描频率，而显示的精度则取决于显示器的分辨率。分辨率是指荧光屏上可显示的像素点数，通常表示为 $m \times n$ 的格式，其中，n 为像素阵列的行数；m 为每行的像素点数，如 640×480、800×600、1024×768，等等。分辨率越高，显示的内容越清晰。

通过控制电子束的强度，可以改变光点的亮度；光点亮度变化的级数，称为灰度级。对单色字符显示器，每个像素点只需要有亮和不亮两级灰度，因此，每个像素点可用 1 位二进制数字表示（1 表示亮，0 表示不亮），1 个字节可以表示 8 个像素。对图形/图像显示器，由于图像的明暗层次丰富，每个像素点都要能够表现出多级灰度，且灰度级越多，显示的效果越逼真。如果是黑白图形/图像显示器，灰度为 N 级，则每个像素要用 $\lceil \log_2 N \rceil$ 位二进制数字来表示。例如，当 $N=256$ 时，每个像素需要 8 位二进制数字（即 1 个字节）来表示。对彩色图形/图像显示器来说，一个像素点是由排成正三角形的红、绿、蓝三个小光点组成的，每个小光点均有多级灰度，并且是独立控制的，因此，需要分别表示三个小光点的灰度级。例如，当红、绿、蓝三个小光点均有 256 级灰度变化时，每个小光点都要用 8 位二进制数字（1 个字节）来表示，这样，一个像素就要用 24 位二进制数字（3 个字节）来表示，每个像素点的色彩变化可达到 $2^{24}=16\,777\,216$ 种。可见，图像的灰度级或色彩越丰富，表示每个像素所需的二进制数字位数就越多。分辨率越高,灰度级或色彩越丰富,显示的图像质量就越高,但表示一帧图像所需的数据量也越大。例如,当彩色图像显示器的分辨率为 1024×768,每个像素用 24 位二进制数字表示时,一帧图像的数据量为 $1024 \times 768 \times 24b = 1024 \times 768 \times 3B = 2.25MB$。

如前所述,为了将一帧内容在屏幕上稳定地显示出来,电子束必须按一定的帧频对当前帧进行重复扫描(也称刷新)。因此,一帧显示内容不是扫描一遍就撤销的,而是要在一段时间内重复使用的(直到显示内容更换为止),这就需要将当前帧的显示内容保存起来,供刷新操作用。CRT 显示器的适配器(常称为显示卡)中设置有显示存储器(VRAM),用来存放当前帧的显示内容。图 8.4 所示为光栅扫描单色字符显示器和彩色图形/图像显示器的适配器原理图。

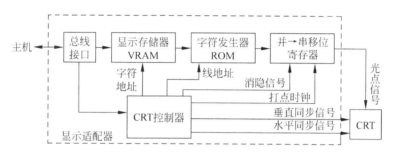

(a) 单色字符显示器适配器原理图

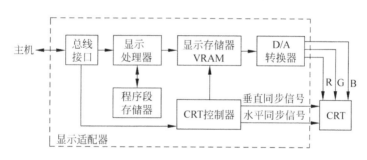

(b) 彩色图形/图像显示器适配器原理图

图 8.4 光栅扫描显示器适配器原理图

在单色字符显示适配器中,显示存储器存放的是当前帧所有字符的 ASCII 码,存放顺序按照字符在屏幕上的显示位置来排列,即按行序、同一行按从左到右的顺序存放。显示存储器的容量与一帧能显示的字符数有关。例如,当一帧能显示 80 列 $\times$ 25 行 = 2000 字符时,显示存储器至少应有 2000 字节的容量。ASCII 码不能直接用于显示字符,需要转换成字符的显示码才能显示。字符的显示码也称字符点阵码,它是用二进制数字组成的一个阵列,阵列中的每一位二进制数字对应屏幕上的一个像素点,某位为 1,表示对应的像素点发光,为 0 则不发光;点阵中的所有光点组成一个字符的图案。例如,字符"B"的 7×9 点阵码如图 8.5 所示。

ASCII 码字符集的 128 个字符的点阵码都由字符发生器产生。字符发生器的核心是一个存储全部字符点阵码信息的 ROM,称为字符 ROM。字符点阵码的每一行称为一个线代

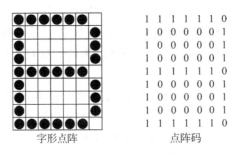

图 8.5　字符 B 的点阵码

码,每个线代码在字符 ROM 中占用一个字单元,点阵码各行的线代码按行序连续存放在字符 ROM 的字单元中。图 8.6 所示为 7×9 点阵字符发生器的内部结构及字符"B"的点阵码在字符 ROM 中的存放方式。

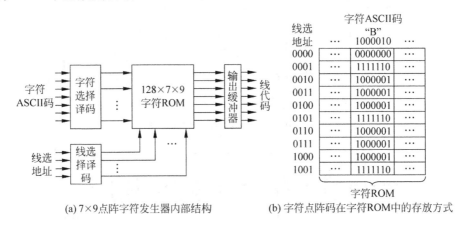

(a) 7×9点阵字符发生器内部结构　　(b) 字符点阵码在字符ROM中的存放方式

图 8.6　字符发生器内部结构图

　　访问字符 ROM 的地址由两部分组成,其高位部分为所显示字符的 ASCII 码,低位部分为线选地址。ASCII 码用于确定字符点阵码在字符 ROM 中存放的首地址,线选地址用于选择字符点阵码中的各个线代码。如图 8.6(b)所示,字符"B"的 ASCII 码为 1000010,则字符"B"的点阵码在字符 ROM 中的首地址为 10000100000,也就是字符"B"第 0 线的线代码地址,字符"B"点阵码其他各个线代码的地址只有低 4 位的线选地址不同,高 7 位都是1000010。第 0 线的线代码为全 0,作为相邻两行字符的显示间隔。

　　线代码是以并行的方式从字符 ROM 中读出的,但是,一个线代码中包含的多个光点信号不能并行发送到 CRT,因为电子束在荧光屏上扫描时是以点为单位移动的。并→串移位寄存器的作用,就是将并行读出的线代码转换为串行方式一位一位发到 CRT,去控制电子束的发射。由于电子束的扫描方向是从左向右扫描,所以,移位寄存器采用左移方式工作,即线代码的最左边一位(也就是最高位)最先被移出。

　　CRT 控制器是显示适配器的核心部件,其主要功能是:

　　(1) 提供访问显示存储器的地址和访问字符 ROM 的线选地址。

　　由于字符在显示存储器中的存储位置是与它在屏幕上的显示位置对应的,因此,显示存储器中的字符地址是由字符所在的行号(称为行地址)和字符在行内的序号(称为行内地址)

组成的,其中,行地址为字符地址的高位部分,行内地址为字符地址的低位部分。按字符地址访问显示存储器,读取一个字符的 ASCII 码送到字符发生器,作为访问字符 ROM 的高位地址。由于电子束是按水平扫描线从上到下依次扫描整个屏幕的,而一个字符点阵要跨多条扫描线,因此,CRT 控制器还要提供线选地址,作为访问字符 ROM 的低位地址,用于依次读取字符点阵的各个线代码。

一帧显示开始时,字符地址中的行地址和行内地址均为 0(对应屏幕左上角的字符位置),线选地址也为 0,表示开始扫描该帧第 0 行字符的第 0 线。此后,字符的行地址 0 不变,行内地址按一定的频率加 1 计数,依次形成行内各个字符的地址,同时,线选地址 0 也保持不变,这样就可以将本行所有字符点阵的第 0 线扫描完。扫描完一条线后,线选地址加 1,字符的行内地址清零;若线选地址未超过其最大有效值,则字符的行地址不变,开始扫描本行各字符点阵的下一条线;若线选地址大于其最大有效值,说明本行字符已扫描完,则将线选地址清零,同时将字符的行地址加 1,开始扫描下一行字符。重复以上过程,当字符的行地址大于最大行号时,当前帧扫描完毕,行地址清零,又开始下一帧的扫描。此时,如果显示存储器的内容未更新,则下一帧扫描结束后,屏幕上显示的内容不变,只是做一次刷新;如果显示存储器的内容已更新,则下一帧扫描之后,屏幕上将显示出新的内容。

(2)提供时序控制信号。

CRT 控制器提供的时序控制信号主要有:水平同步信号、垂直同步信号及移位寄存器的串行移位信号。水平同步信号的频率与水平扫描的频率相同,垂直同步信号的频率与垂直扫描的频率相同。移位寄存器的串行移位信号也称为打点时钟信号,该信号按一定的频率控制移位寄存器将线代码逐位移出,作为光点信号控制电子束的发射。只有一个字符当前线上的线代码的每一位都串行发送完,字符地址的行内地址才能加 1。

此外,在电子束水平回扫和垂直回扫期间,是不允许电子束在屏幕上打出光点的,这称为显示消隐。进入消隐期时,CRT 控制器发出消隐信号,禁止并→串移位寄存器接收来自字符 ROM 的线代码,从而实现显示消隐。

在彩色图形/图像显示适配器中,显示存储器用来存放当前正在显示的一帧图形或图像信息。由于图形或图像是由像素点组成的,所以,显示存储器中存放的是当前帧所有像素点的像素值,且存放顺序与电子束扫描像素点的顺序一致。由于每个像素由红(R)、绿(G)、蓝(B)三色组成,因此,每个像素值都包含 R、G、B 三色的灰度值。显然,显示存储器的容量与显示分辨率和每种颜色的灰度级数有关。

对显示存储器的访问是以像素为单位进行的。CRT 控制器根据同步信号得到各个时刻电子束在荧光屏上的落点位置,并据此计算出对应的像素值在显示存储器中的存放地址,然后读出该像素的 R、G、B 灰度值,经 D/A 转换器转换成模拟信号,分别控制电子枪中的三个阴极发出三束电子,分别轰击荧光屏上一个像素点的 R、G、B 三个小荧光粉点,从而在屏幕上产生一个彩色光点。灰度值的大小不同,经 D/A 转换所得到的模拟信号的强度就不同,而不同强度的模拟信号可以控制阴极发出不同强度的电子束,使荧光粉点发出不同亮度的光,从而产生丰富的色彩变化。

程序段缓存用于存储主机送来的显示文件和交互式图形图像操作命令,如图形的局部放大、平移、旋转、比例变换以及图形的检索和图像处理等。显示处理器用来对程序段缓存中的显示文件及操作命令进行处理,产生一帧显示数据并存入显示存储器中。由专门的显示处理器来做这些工作,比在主机中用软件来做效率高很多。

2. 液晶显示器

液晶是一种有机化合物,它既具有液体的流动性,又具有分子排列有序的晶体特性。液晶分子为棒状结构,可在电场的控制下改变其排列方向,从而改变光线在液晶体中的传播方向;而且,光线透过液晶体的强度也可以用电场控制。液晶本身不会发光,但可以对外部照射光源进行调制,使得透过液晶体的透射光形成不同的亮度,以达到信息显示的目的。因此,利用液晶显示信息时,需要使用背光源。

与 CRT 相似,LCD 也有单色和彩色之分。单色 LCD 的每个像素由一个液晶元组成,只能透射一种颜色的光。彩色 LCD 的每个像素由三个小液晶元组成,分别透射红、绿、蓝三色光线以形成一个彩色光点;红、绿、蓝三色光是通过对白色的背光使用光过滤器分解而得的。

LCD 显示屏由两块平行的玻璃板中间夹着一层密封的液晶组成,玻璃板后设置有背光源。显示屏上的所有液晶元排列成阵列形式,阵列规模由显示分辨率决定。要想在显示屏上显示出图形图像,就需要对每个液晶元处的电场进行控制,以使其产生不同强度的透射光,从而在屏幕上形成所需的显示结果。根据控制电场的方式不同,LCD 显示器有多种类型。下面简单介绍采用薄膜晶体管(Thin Film Transistor,TFT)技术的 LCD 显示器(TFT-LCD)的工作原理。

TFT-LCD 采用薄膜晶体管技术,在显示屏的每个液晶元位置上都设置了一个晶体管,控制电路通过这些晶体管对各液晶元施加适当的电场,控制液晶元的光传播特性,使屏幕上产生所需的显示结果。TFT-LCD 虽然价格较高,但是显示质量好,是目前的主流产品。

8.3.2 打印机

打印机是计算机系统的主要输出设备之一。打印机能将计算机的处理结果以文字、图形或图像的形式印在纸上,便于人们阅读和保存。

现在使用的打印机都属于点阵式打印机,即把文字和图形图像都以点阵形式打印在纸上。点阵式打印机可分为击打式和非击打式两大类。击打式打印机是通过机械击打的方式,在纸张上打印出点阵图案,为此,需要在打印装置与纸张之间安放色带。现在使用的击打式打印机都是针式打印机。非击打式打印机采用电、磁、光、喷墨等物理、化学方法来印出点阵图案,常用的有激光打印机和喷墨打印机。

1. 针式打印机

针式打印机的特点是结构简单、体积小、重量轻、价格低、字符种类不受限制,还可以打印汉字及图形/图像。

针式打印机由打印头与字车、走纸机构、色带机构和打印控制器四部分组成。打印头安装在字车上,字车在电机驱动下,带着打印头沿水平导轨做自左向右或自右向左的往复运动。字车上带有检测器,在字车移动时给出检测信号。控制电路根据检测信号可判断打印头所处的位置和运动方向,从而控制打印头正确移动。打印头在移动的过程中,完成一行行字符的打印。针式打印机有单向打印和双向打印之分,单向打印机只有在打印头自左向右移动时打印一行字符，在打印头从右端回到左端的过程中不打印；双向打印机无论打印头往哪个方向移动都能打印，打印速度是单向打印机的两倍。打印头每打完一行，走纸机构在步进电机的驱动下，将打印纸向前卷动一行的距离，以便打印下一行。色带是首尾相接的环状薄膜带，表面附着颜料，装在色带盒内。打印时，色带机构驱动色带始终沿着固定的方向循环移动，以使色带能被均匀地使用。

打印控制器控制着打印机各部分的动作，其作用类似于 CRT 控制器，由微处理器、行缓存 RAM、字符发生器 ROM、打印头驱动电路和接口电路等主要部分组成。微处理器是打印控制器的核心，主要完成两方面的功能：一是根据从主机接收的控制命令和打印数据，完成指定的打印，并将打印机的状态返回给主机；二是控制走纸步进电机和字车驱动电机的动作，完成字车运动、走纸、回车等辅助打印动作。行缓存 RAM 用来存储一行待打印的点阵数据。如果是字符打印方式，则主机传给打印机的数据是字符的 ASCII 码，由微处理器以 ASCII 码为地址到字符发生器 ROM 中读取相应字符的点阵数据，然后存入行缓存 RAM 中。在此过程中，如果微处理器识别到控制字符（如回车、换行、换页等），则暂停接收字符，并开始一行字符的打印。如果是图形打印方式，则主机传给打印机的数据就是点阵数据，直接存入行缓存 RAM 并打印输出即可。打印头驱动电路接收来自行缓存 RAM 中的打印点阵数据，根据数据是 1 或 0，驱动打印头中的打印针击出或不击出。

打印头是针式打印机的关键部件，以打印头为核心，组成了针式打印机的打印机构，如图 8.7 所示。

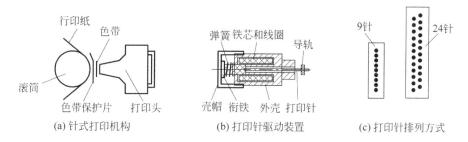

图 8.7 针式打印机的打印机构组成

如图 8.7(a)所示，打印头通过击出打印针撞击色带及色带后的纸张，使纸张上留下色点；只要以字符或图形的点阵数据来控制打印针的动作（为 1 击出，为 0 不击出），就能在纸张上打印出字符或图形。图 8.7(b)所示为打印针驱动装置的结构。当点阵数据为 1 时，会在铁芯的线圈中产生一个脉冲电流，从而形成磁场；衔铁在这个磁场的作用下快速向前移动，推动打印针快速向前突出，撞击色带和打印纸；当一个点打印完后，线圈中的电流消失，磁场也随之消失，衔铁被弹簧向后顶回，打印针也缩回到打印头中。

为了使打印头移动一行就能完整打印出一行字符，打印头上需要装多根打印针，具体的针数与打印机的档次有关。为了降低打印头制造的难度，打印头只装一列打印针，每根打印针可以单独驱动，每次可打印一个字符点阵的一列，一列打完后，打印头水平移动一小段距离，再打印下一列。如图 8.7(c)所示，9 针打印机的打印头有 9 根打印针排成一列，可分 7 列打印出 7×9 点阵（每列 9 点，共 7 列）的字符。

汉字由于结构复杂，其点阵要比西文字符大得多，如 16×16、24×24、32×32、48×48

等。在针式打印机中,汉字是当作图形来打印的。对针数较少的打印机,一行汉字需要分两次甚至多次来打。例如,用 9 针打印机打印 16×16 点阵的汉字时,先打印一行汉字的上半部分,再打印这行汉字的下半部分。如果用 24 针的打印机打印汉字,则一行 16×16 或 24×24 点阵的汉字,只需一次就能打印完。打印机的针数越多,打印效率越高,打印质量也更好。当针数较多时,一般将打印针分成两列,交错安装在打印头中,如图 8.7(c)所示的 24 针打印头。这样既降低了制作难度,也可有效缩小点之间的纵向间距,提高打印质量。

上面介绍的针式打印机是在打印头移动过程中,将字符逐一打印出来的,所以称为串行针式打印机。串行针式打印机主要用于计算机系统,其打印速度在每秒 100 个字符左右。

针式打印机由于速度较慢、噪声较大,且图形打印效果较差,目前在一般的办公场合已基本上被激光打印机或喷墨打印机取代。但针式打印机适合打印各种不同大小纸张的特点,使其在打印超宽表格、现金收据、存取款记录、登机牌等方面继续得以应用。此外,利用打印针的击打力,可用复写纸一次打印输出多份结果。

2. 激光打印机

激光打印机是激光技术和电子照相技术相结合的产物,其结构如图 8.8 所示。

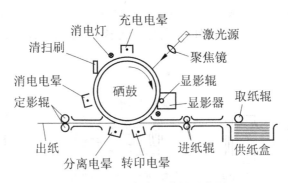

图 8.8　激光打印机结构示意图

激光器输出的激光束经光学透镜系统被聚焦成一个很细小的光点,在循圆周运动的滚筒上进行横向(即轴向)扫描。滚筒是记录装置,表面镀有一层具有光敏特性的感光材料,通常是硒,因此又将滚筒称为硒鼓。硒鼓在未被激光束扫描之前,首先在黑暗中充电,使鼓表面均匀地沉积一层电荷。扫描时,根据控制电路输出的字符或图形图像的点阵数字信号,控制激光器发出或不发出激光束,使硒鼓表面被有选择地曝光。被曝光的部分会产生放电现象,而未被曝光的部分仍保留着充电时的电荷,从而形成静电潜像。随着鼓的转动,潜像部分将通过装有碳粉盒的显影器,使具有字符信息的潜像区域吸附上碳粉,达到显影的目的。当附着碳粉的字符信息区和打印纸接触时,由于在纸的背面施加了反向的静电电荷,使鼓表面的碳粉被吸附到纸上,这个过程称为转印。最后,附着碳粉的纸经过定影辊高温加热,使碳粉熔化,永久地粘在纸上,这称为定影。至此,一页信息打印完毕。

由于转印后的鼓面还残留有碳粉,因此,在打印下一页内容之前,要先除去鼓表面的电荷,然后用清扫刷将残留的碳粉全部清除。新的一页的打印又将重复上述的充电、曝光、显影、转印、定影等一系列过程。

在打印图像时,通过控制显影器中的显影辊的电压,可以改变鼓上吸附的碳粉量,进而改变打印纸上像点的浓淡程度,打印出不同的灰度层次,使图像更加逼真。

激光打印机是非击打式打印机,噪声低,打印速度快、质量高。高速激光打印机的速度在每分钟 100 页(100ppm)以上,中速的有 30～60ppm,低速的也有 10～20ppm,打印分辨率则达到每英寸 300 点(300dpi)以上,是理想的计算机输出设备。

3. 喷墨打印机

喷墨打印机是通过把很小的墨水滴喷射到打印纸上形成打印点来完成打印输出功能的,其基本工作原理是将墨水通过很小的喷墨口喷出,再在强电场的作用下,使其喷射到行进中的纸面的恰当位置,产生点阵式的打印信息。根据墨水喷射方式的不同,喷墨打印机分为连续式和随机式两种。

连续式喷墨打印机只有一个喷墨口,打印机中有一个墨水泵对墨水施加持续的压力,使墨水从喷墨口中连续喷出。图 8.9 所示为一种电荷控制式连续喷墨打印机的印字原理和字符形成过程。

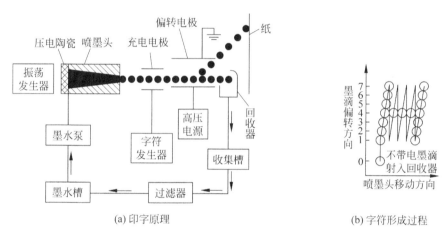

(a) 印字原理   (b) 字符形成过程

图 8.9 电荷控制式连续喷墨打印机原理框图

图 8.9(a)示出了电荷控制式连续喷墨打印机的印字原理。喷墨头后部的压电陶瓷受振荡电脉冲激励产生电致伸缩,使墨水形成墨滴喷射出来;只要电脉冲存在,墨滴就能连续喷射出来。从喷墨头喷出的墨滴是不带电的,当墨滴通过充电电极时,充电电极产生的静电场可对墨滴充电,所充电荷的多少,由字符发生器提供的字符点阵信息控制。即根据所印字符各点位置的不同,控制充电电极所加的电压,加的电压越高,给墨滴充的电荷就越多,墨滴经过偏转电极后偏移的距离也越大;不同偏移距离的墨滴落到纸上,组成所打印的字符形状。对字符点阵中不需要打印的点,充电电极不加电压,墨滴不被充电,经过偏转电极时不会发生偏移,从而被回收器接收,不会落到纸上。被回收的墨滴经过滤器过滤后,由墨水泵重新注入喷墨头循环使用。

图 8.9(b)描述了 5×7 点阵字符"H"的形成过程。纵坐标上刻度 0 的位置表示墨滴不偏移时的喷射位置,刻度 1～7 分别表示字符点阵各行上的点的偏移高度。由于偏转电极只控制墨滴的纵向偏移,因此,墨滴的水平移动是通过喷墨头的水平移动实现的。在喷墨头自左向右水平移动的过程中,组成字符的各点被逐列打印出来;但由于只有一个喷墨头,同一

列上的各点不是同时打印出来的，而是由下而上逐点打印出来的，因此，打印出来的字符有一定的倾斜角度。

随机式喷墨打印机只在需要向纸上打点时才喷出墨滴，因此不需要墨水回收及循环系统，整个喷墨机构更简单、成本更低。由于每次喷墨时，墨滴的形成和加速都需要时间，因此喷墨速度较连续式喷墨打印机慢。为了提高打印速度，随机式喷墨打印机的喷墨头采用单列、双列或多列喷墨口，通过同时喷射多个墨滴来提高打印速度。根据产生墨滴的技术不同，随机式喷墨打印机又分为压电式和热电式两类。

压电式喷墨技术采用压电管、压电隔膜或压电薄片等作为换能器，将作用于其上的脉冲电压转换为对墨水的压力，使墨滴从喷墨口喷出。喷墨头上的每个喷墨口都连着一条毛细喷墨管道，每根喷墨管道都装有这样的换能器；字符的点阵信息转换为脉冲电压信号后作用在这些换能器上，控制各个喷墨口喷出或不喷出墨滴，从而实现字符的打印。喷墨口在喷射一个墨滴后，加在换能器上的脉冲电压信号撤销，使毛细喷墨管道内形成负压，从而将新的墨水从墨水盒吸入毛细管，以备下一次喷射。

热电式喷墨技术以加热器件（如发热电阻）为换能器，置于喷墨口附近。控制打印的电脉冲信号作用在加热器上，使其在瞬间升温至几百度，加热器附近的墨水被迅速汽化形成气泡，气泡快速膨胀形成压力，将喷墨口处的少量墨水挤出，形成喷射墨滴。电脉冲信号撤销后，加热器温度下降，气泡收缩，在毛细喷墨管道内形成负压，又将新的墨水从墨水盒吸入毛细管，为下一次喷射做好准备。

喷墨打印机除了能实现黑白字符打印之外，还能以较低的成本实现较高质量的彩色图形图像打印。彩色喷墨打印机使用彩色墨水盒，盒内分别装有红、绿、蓝三色墨水，打印机按各个像素点的三色比例，控制喷墨头喷出三色墨水，混合出所需的颜色。

喷墨打印机以其分辨率高（一般可达 300～720dpi，高档产品可达 1440dpi）、噪声小、重量轻、价格适中，且彩色图像打印性/价比较高等优点，得到广泛使用。其缺点是：①墨水盒较贵（尤其是彩色墨水盒）；②喷墨头维护较麻烦。一段时间不用后，喷墨口处的墨水干涸，容易堵塞喷墨口，且需专业的清洗设备清洗。

8.4　辅助存储器

辅助存储器（简称辅存）作为计算机主存的后备和补充，用于存储主机当前不执行的程序和不处理的数据。当主机需要这些程序或数据时，辅存可以将其传送到主存；而当主机需要把程序或数据备份保存时，也可以将它们从主存输出到辅存。辅存属于计算机主机的外部设备，因此也称为外部存储器，简称外存。

计算机系统对辅存的要求是：存储容量大，具有非易失性，位价格低。常用的辅存主要是磁表面存储器和光存储器，如硬磁盘、软磁盘、磁带均为磁表面存储器，光盘为光存储器。其中，磁带由于工作速度太慢，不是计算机的主要辅存，一般作为脱机存储器使用；软磁盘曾经是使用广泛的可移动外存，但近年来已被容量更大、速度更快、体积更小且使用更方便的 U 盘（闪存盘）所淘汰。目前，计算机的辅存主要使用硬磁盘存储器和光盘存储器。

8.4.1　磁记录原理与记录方式

1. 磁记录原理

磁盘、磁带等磁表面存储器采用磁记录介质保存信息。磁记录介质是涂有薄层磁性材料的信息载体。磁带和软磁盘的记录介质采用的是软性基底材料(聚酯薄膜带和塑料软盘片)，硬磁盘的记录介质则采用硬性基底材料(铝合金硬盘片)。磁性材料有颗粒材料和连续材料两类，最常用的是 $\gamma\text{-}Fe_2O_3$ 针状颗粒材料，称为磁粉。磁记录介质所用的基底和磁性材料，对其性能有着直接的影响。

为了可靠地记录信息，磁表面存储器所用的磁性材料有着接近矩形的磁滞回线。磁滞回线反映的是磁性材料在外加磁场 H 的作用下，其磁感应强度 B 的变化规律，如图 8.10(a) 所示。

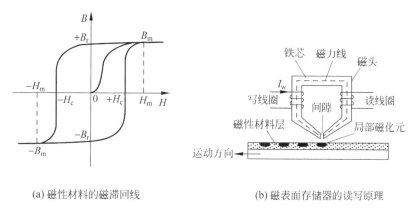

(a) 磁性材料的磁滞回线　　　　(b) 磁表面存储器的读写原理

图 8.10　磁记录原理

当磁性材料未被磁化，且没有外加磁场时，材料上没有磁感应，此时的状态为磁滞回线的原点。当外加磁场向正向逐渐加强时，磁性材料的磁感应强度也逐渐增大，当到达 B_m 点时，磁感应强度达到饱和，不再随外加磁场的加强而增大。此时，若撤销外加磁场，磁性材料的磁感应强度并不会下降到零，只是略微下降到 $+B_r$ 状态(称为正剩磁状态)。在 $+B_r$ 状态的基础上，如果外加磁场向负向逐渐加强，磁性材料的磁感应将逐渐与正剩磁抵消而变为零(图中 $-H_c$ 处)；此时的外加磁场称为矫顽力。此时，如果进一步加强负向磁场，磁性材料的磁感应方向就会反转而呈现负向，直至到达负向饱和点 $-B_m$。撤销负向外加磁场后，磁性材料处于 $-B_r$ 状态(称为负剩磁状态)，逐渐加强正向磁场后，磁性材料经过矫顽，又达到正向饱和点 B_m。可见，磁滞回线就是磁性材料的磁感应强度变化曲线，这是一条闭合曲线。

在没有外加磁场影响时，磁性材料的正、负两个剩磁状态可以长期保持。因此，利用这两个剩磁状态分别表示二进制数字 1 和 0，就可以实现信息存储了。

磁表面存储器使用磁头来对磁性材料实施磁化，即在磁性材料上产生正/负剩磁状态；这称为对磁表面存储器的写操作。执行读操作时，同样用磁头来判别磁性材料上的剩磁方向，进而形成二进制数字 1 或 0。图 8.10(b)所示为磁表面存储器的读写原理。磁头的铁芯采用高导磁率材料制成，磁头和磁记录介质之间做相对运动，通过相互之间的电磁感应完成信息的写入和读出。

写入操作时,在磁头写线圈中通过一定方向和强度的写电流 I_w,就会在磁头铁芯中形成一定方向和强度的磁场。由于磁头靠近磁记录介质表面处有一个非磁性材料的间隙,间隙处磁阻较大,使得磁力线在间隙处产生泄漏,形成漏磁场。在漏磁场的作用下,磁记录介质在磁头间隙下方的一个微小区域被磁化,形成一个磁化元。这个磁化元的磁化方向(即正/负剩磁状态)与 I_w 的方向有关,因此,I_w 的方向决定写 1 或写 0。随着写电流 I_w 的变化和磁记录介质的运动,就可将二进制数字序列转化为记录介质表面的磁化元序列。磁头铁芯所用的导磁材料与磁记录介质所用的磁性材料性质不同,磁记录介质所用的磁性材料为硬磁材料,外加磁场撤销后会保留剩磁,而磁头铁芯用的是良好的软磁材料,写线圈中的电流消失后,不会留有剩磁,因此不会影响后面的读写操作。磁头在磁记录介质表面记录信息形成的磁化元轨迹,称为磁道。磁盘的磁道是一个个同心圆,磁带的磁道是一条直线。

读出操作时,磁头写线圈中不加电流。当记录着信息的磁道在磁头下方匀速通过时,磁化元产生的磁力线被磁头的铁芯切割,从而在读出线圈的两端产生感应电压 e。感应电压 e 的幅值与读线圈的匝数 n、磁头与记录介质的相对运动速度 v 以及磁化元的磁场强度 φ 随移动距离 l 的变化率成正比。

$$e = -nv \frac{\mathrm{d}\varphi}{\mathrm{d}l} \tag{8.1}$$

而感应电压 e 的方向与磁化元的磁化方向有关。因此,根据感应电压 e 的极性,可以确定读出的数据是 1,还是 0。

2. 磁记录方式

磁记录方式是一种编码方法,它按某种规律,将一串二进制数字信息转换成写电流波形,以便在磁记录介质上产生相应的磁化状态。磁记录方式对记录密度和可靠性有很大的影响。

常见的磁记录方式有:归零制(RZ)、不归零制(NRZ)、见 1 就翻的不归零制(NRZ1)、调相制(PM)、调频制(FM)和改进的调频制(MFM)6 种。图 8.11 所示为这 6 种磁记录方式的写电流波形,也是磁记录介质上相应位置所记录的理想磁化状态或强度波形。

(1) 归零制(RZ)。

归零制通过向写线圈送入正向脉冲电流来实现写 1,送入负向脉冲电流来实现写 0。不同方向的脉冲电流在磁记录介质表面形成不同极性的磁化元,从而实现记录 1 或记录 0。由于在写相邻两位信息之间,写线圈中的电流总要回到零,因此称为归零制。

归零制对已记录的信息进行改写时比较困难,因为其脉冲电流的强度难以反转一个磁化元的磁化极性。因此,改写时,需要先去磁(即先抹去原记录信息),再写入。归零制的抗干扰能力也较差,容易将各种干扰电流信号记录下来。此外,由于写电流归零期间,移过磁头的一段记录介质是不能记录信息的,故归零制的记录密度不高。

(2) 不归零制(NRZ)。

不归零制在记录信息时,写线圈中始终有写电流,不是正向电流,就是反向电流。因此,记录介质表面不是被正向磁化,就是被反向磁化。当连续记录 1 或 0 时,写电流的方向不改变。因此,不归零制减少了磁化翻转的次数,但记录密度也不高。由于写电流不归零,因此,

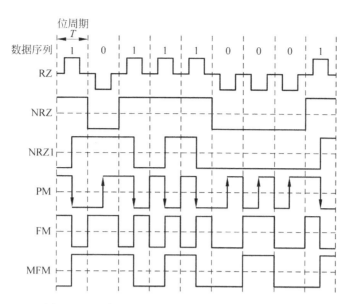

图 8.11 6 种磁记录方式的写电流和磁化强度波形

不归零制的抗干扰能力较强。

（3）见 1 就翻的不归零制（NRZ1）。

见 1 就翻的不归零制在记录信息时，写线圈中也始终有写电流，但只有在记录 1 时，写电流才会在位周期的中间改变方向，而在记录 0 时，写电流的方向不变。

（4）调相制（PM）。

调相制又称相位编码（PE），它是利用两个相位相差 180° 的磁化翻转方向代表数据 0 和 1 的。也就是说，假定记录数据 0 时，规定写电流在相应位周期中间由负变为正；则记录数据 1 时，写电流在相应位周期中间从正变为负。当连续出现两个或两个以上 1 或 0 时，为了维持上述原则，在位周期起始处，写电流的方向也要翻转一次。调相制的抗干扰能力较强，在磁带存储器中普遍使用。

（5）调频制（FM）。

调频制的记录规则是，记录 1 时，写电流的方向必须在相应位周期的中间翻转一次，记录 0 时，写电流的方向在相应位周期中不改变；但无论记录 1，还是记录 0，写电流的方向都要在相应位周期的开始处翻转一次。这样处理的结果是，记录 1 时，写电流的翻转频率是记录 0 时的两倍；调频制通过不同的写电流变化频率来形成不同的磁化翻转频率，并以此区别记录的 1 和 0。

（6）改进的调频制（MFM）。

这种记录方式与调频制的不同之处仅在于：只有连续记录两个或两个以上 0 时，才在位周期的开始处改变写电流的方向，而不是在每个位周期的开始处都改变。相比调频制，改进的调频制减少了磁化翻转的次数。

评价一种磁记录方式的性能，主要是看它的编码效率和自同步能力。

编码效率是指位密度与最大磁化翻转密度之比。

$$编码效率 = \frac{位密度}{最大磁化翻转密度} = \frac{1}{记录一位信息所需的最大磁化翻转次数} \tag{8.2}$$

根据式(8.2),NRZ、NRZ1 和 MFM 这三种记录方式,每记录一位信息最多只有一次磁化翻转,因此编码效率为 100%;PM 和 FM 这两种记录方式,每记录一位信息,最多需要两次磁化翻转,因此编码效率为 50%。编码效率越高,在相同长度的磁道上可记录的信息量就越大,记录密度就越高,如 MFM 的记录密度就是 FM 的两倍。

从磁表面存储器读出信号时,为了分离出数据信息,必须要有时间基准信号,称为同步信号。这是因为,记录信息时,磁头与磁记录介质之间处于相对运动状态中,各数据位在某个同步信号的控制下,在不同的位周期被记录在磁道的不同位置;读数据时,也要使用同样的同步信号,才能准确界定各数据位的位周期,从而准确读取每一位数据。为了在读数据时能够取得同步信号,可以在记录数据时,同时将同步信号记录在一条专门设置的磁道中,这样,在读数据时,就能从这条专门设置的磁道中取得同步信号,这种方法称为外同步。由于同步信号也要占用磁道,因此外同步法会降低数据信息的记录密度。

对于高密度的记录系统,不能浪费磁道来记录同步信号,而是需要直接从读出的数据(脉冲序列)中提取同步信号,这种方法称为自同步。一种磁记录方式的自同步能力,是指从磁道读出的数据脉冲序列中提取同步时钟脉冲的难易程度。自同步能力的大小可以用最小磁化翻转间隔与最大磁化翻转间隔的比值 R 来衡量;比值 R 越大,自同步能力越强。例如,NRZ 在连续记录 0 或 1 时,磁化方向都不翻转,而 NRZ1 在连续记录 0 时,磁化方向也不翻转,因此,这两种记录方式的最大磁化翻转间隔都是无穷大的,故其自同步能力 R 为零,即无自同步能力。又如,PM 和 FM 的最小磁化翻转间隔都是 $0.5T$,最大磁化翻转间隔都是 $1T$,因此有 $R_{PM}=R_{FM}=0.5$;MFM 的最小磁化翻转间隔是 $1T$,最大磁化翻转间隔是 $2T$,因此 $R_{MFM}=0.5$。所以,PM、FM 和 MFM 都有自同步能力。

除编码效率和自同步能力之外,还要考虑:读分辨率,即磁记录系统对读出信号的分辨能力;信息的相关性,即漏读或错读一位是否会传播误码;以及信道带宽;抗干扰能力;编码译码电路的复杂性等。这些都对记录方式的评价有影响。

除了以上 6 种磁记录方式外,还有广泛应用于高密度磁盘的游程长度受限码 RLLC,以及用于高密度磁带存储设备的成组编码 GCR(实际上也是一种 RLLC)等。

8.4.2　硬磁盘存储器

硬磁盘存储器是计算机系统中最主要的辅存设备。硬磁盘是一种磁表面存储器,它以铝合金圆盘片作为盘基,盘面涂有磁性记录层,通过磁头进行信息的记录和读出。

1. 硬磁盘存储器的分类

(1) 按磁头的工作方式分类,硬磁盘存储器可分为固定磁头和移动磁头两类。

固定磁头硬磁盘存储器的磁头位置固定不动,磁盘的每个磁道上都有一个磁头。其特点是无须耗时移动磁头来寻找所需读写的磁道,只要磁头进入工作状态即可进行读写操作,故读写速度快。

移动磁头硬磁盘存储器将一片或多片磁盘固定在旋转主轴上,每个磁盘记录面对应一个磁头。因此,当需要对某个磁道进行读/写时,磁头要在盘面上通过径向移动来定位到指定的磁道上方。对于多个盘片的情况,为了控制方便,通常将所有磁头装在同一个支架上,由支架沿盘面做径向移动来带动磁头移动,如图 8.12 所示。图中,6 个盘片组成一个盘组,除顶面和底面不记录信息外,共有 10 个信息记录面,对应 10 个磁头。由于所有磁头同时移动相同的距离,因此,各磁头总是位于离轴心距离相等的磁道上,这样一组半径相同的磁道称为一个柱面。目前,这种结构的硬磁盘存储器应用最广。

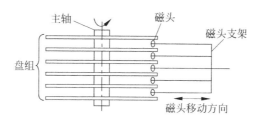

图 8.12　多盘片移动磁头硬磁盘存储器示意图

（2）按磁盘是否可更换分类,硬磁盘存储器可分为可换盘和固定盘两类。

可换盘硬磁盘存储器在不用时,可将磁盘片从驱动器中取出脱机保存,使用时再重新装入驱动器。这就使得相互兼容的磁盘存储器之间可以互换磁盘,便于交换数据。对于同一主轴上的一组盘片,有的规定部分可换,也有的允许全部可换。

固定盘硬磁盘存储器中的磁盘不能从驱动器中取出,磁盘及其驱动器组合在一起,封装在一个铝合金外壳内,不能随意拆卸。

目前应用最广,最具代表性的硬磁盘存储器是温彻斯特磁盘存储器(简称温盘),它是一种固定盘移动磁头硬磁盘存储器。温彻斯特磁盘所用的技术,是由 IBM 公司位于美国加州坎贝尔市温彻斯特大街的研究所开发的,故此得名。温盘的主要特点是,将磁头、盘片、驱动部件以及读写电路等制成一个不可随意拆卸的整体,称为头盘组合体;这是一种密封组合式的硬磁盘。温盘具有防尘性好、运行可靠性高、存取速度快、存储密度大、使用寿命长等优点。

2. 硬磁盘存储器的组成

硬磁盘存储器由硬磁盘驱动器(HDD)、硬磁盘控制器(HDC)和磁盘片三大部分组成。

硬磁盘驱动器主要由定位驱动系统、数据控制系统、主轴系统和盘组组成。图 8.13 是硬磁盘驱动器结构示意图。

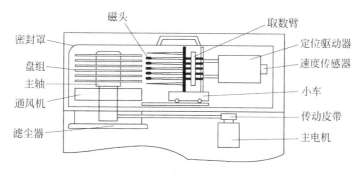

图 8.13　硬磁盘驱动器结构示意图

在移动磁头硬磁盘驱动器中,驱动磁头沿盘面径向位置运动以寻找目标磁道位置的机构叫磁头定位驱动系统,它由驱动部件和运载部件(也称为磁头小车)组成。在磁盘存取数据时,磁头小车沿盘面的径向运动驱动磁头进入指定磁道的中心位置,并精确地跟踪该磁道。

定位驱动系统的驱动方式主要有步进电机驱动和音圈电机驱动两种。步进电机驱动机构的结构紧凑,控制简单。但步进电机靠脉冲信号控制,整个驱动定位系统是开环控制的,因此定位精度较低,且寻道时间较长,存取速度较低,一般用于磁道密度不高(300tpi左右)的硬磁盘驱动器。

硬磁盘驱动器普遍采用的是音圈电机驱动。音圈电机驱动定位系统是一个带有速度和位置反馈的闭环调节自动控制系统;音圈电机是线性电机,可以直接驱动磁头做直线运动,驱动速度快,而且定位精度高。其工作过程是:接收硬磁盘控制器送来的需要定位的目标磁道位置,并由位置检测电路测出磁头当前所在的位置,然后由逻辑电路求出位置差值;由模拟控制电路根据位置差值及磁头当前的运动速度,求出磁头向目标磁道运动的方向和速度信号,经功率放大器放大后,形成音圈电机的驱动电流,驱动电机将小车移动到指定的目标磁道中心位置。

主轴系统的作用是安装盘片,并驱动它们以额定转速稳定旋转。它的主要部件是主轴电机和有关控制电路。

数据控制系统的作用是控制数据的写入和读出。它包括磁头、磁头选择电路、读写电路和索引区标电路等。写入数据时,首先接收选头选址信号,完成磁头选择和定位,然后,由编码电路将硬磁盘控制器送来的数据按规定的磁记录方式转换成写电流,在写入驱动器的控制下注入选定的磁头线圈,实现写入操作。读出数据时,也是先接收选头选址信号,完成磁头选择和定位,然后,将磁头读出的信号送到读放大器,再将放大后的信号输入译码电路,并在此将读出的信号分离成两路(对有自同步能力的记录方式),一路为数据脉冲;另一路为同步脉冲,最后,将数据脉冲输出到硬磁盘控制器,就完成了读出操作。

硬磁盘控制器是主机与硬磁盘驱动器之间的适配器。它有两个接口,一个是与主机的接口,控制硬磁盘存储器与主机总线之间交换数据;另一个是与硬磁盘驱动器的接口,根据主机的命令控制硬磁盘存储器的操作。前者称为系统级接口,后者称为设备级接口。

硬磁盘控制器与主机之间(系统级接口)的关系是比较清楚的,它只和主机系统总线打交道,数据的发送与接收均是通过主机系统总线进行的。但是,硬磁盘控制器与硬磁盘驱动器之间的任务分工比较模糊,也就是说,这两者之间没有明确的界线。图8.14所示为主机与磁盘驱动器交换数据的控制逻辑。以读数据过程为例,磁盘上的信息经磁头读出以后,经读出放大器放大,然后进行数据与同步时钟的分离,再经过串→并转换和格式转换,最后送入数据缓冲器,经DMA(直接存储器访问,详见8.6.3节)控制将数据传送到主机总线。如果将硬磁盘控制器和硬磁盘驱动器之间的交界面设在图中的A处,则硬磁盘驱动器只完成读写和放大,数据分离及以后的控制逻辑均划归硬磁盘控制器,ST506硬磁盘控制器的功能就是按此划分的。如果将交界面设在图中B处,则在硬磁盘驱动器上还要完成数据分离和编码译码操作,然后再将数据传送到硬磁盘控制器;而硬磁盘控制器则完成串↔并转换、格式控制和DMA控制等操作。ESDI硬磁盘控制器就属于这种类型。要是把交界面设在图中C处,则硬磁盘控制器的功能就全部转移到了硬磁盘存储设备中,主机与设备之间可以采用标准的通用接口连接;SCSI(小型计算机系统接口)就是如此。增强设备的功能,使设备相对独立,是当前的趋势。

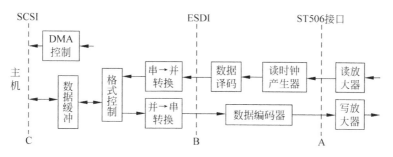

图 8.14 硬磁盘控制器接口功能

3. 硬磁盘的数据记录格式

如前所述,一个磁盘片有两个记录面,每个记录面上都分布着多条圆形磁道,信息都记录在这些磁道上。为了明确信息存放的具体位置,需要给记录面和磁道编号(均从 0 号开始),分别称为记录面号(或盘面号)和磁道号。同一个记录面上的各个磁道从外向内依次编号,即半径最大的磁道为第 0 道,半径最小的磁道为第 n 道(设 n 为最大磁道号)。对采用盘组的移动磁头硬磁盘存储器(如图 8.12 所示)而言,其各个记录面上半径相同的磁道构成一个柱面。显然,柱面号与磁道号是一致的;而记录面号则与磁头号对应。

硬磁盘存储器由操作系统实施管理。操作系统将各种信息组织成一个个文件,存放在磁盘上。为了减少磁头移动,加快存取速度,同一个文件的内容尽可能存放在同一条磁道上;如果一条磁道容纳不下整个文件,则将文件的剩余内容存放在同一柱面的其他磁道上(不必移动磁头,只需选择其他磁头即可);如果一个柱面仍存不下整个文件,才会将磁头移动到另一个柱面继续存储。

由于硬磁盘存储器的存取速度远低于主存,如果每次只与主机交换一个字节或一个字,则效率实在太低。因此,每启动一次硬磁盘存储器,至少要与主机交换一个数据块。磁盘上的一个基本数据快称为一个扇区(或记录块),它是磁道上的一段,一个磁道被等分成多个扇区,扇区的编号称为扇区号,如图 8.15 所示。图中,n 为最大磁道号,每个磁道被等分成 8 个扇区(扇区 0~7)。

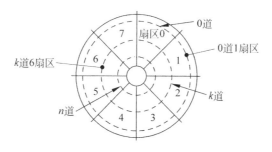

图 8.15 磁盘上的磁道与扇区示意图

为了准确划定每个扇区,需要确定磁道的起始位置,这个起始位置称为磁道"索引"。索引检索电路在检索到索引标志时,可产生脉冲信号,经硬磁盘控制器处理后,即可定出磁道的起始位置。每个扇区开始时,也由硬磁盘控制器产生一个扇标脉冲,标志着一个扇区的开始。两个扇标脉冲之间的一段磁道即为一个扇区。扇区是磁盘上的最小物理存储单位,它有固定的大小;通常,一个扇区可存储512字节的数据。对硬磁盘的读写操作是以扇区为单位一位一位串行进行的。图8.16所示为数据在硬磁盘上的记录格式和数据的磁盘地址格式示例。

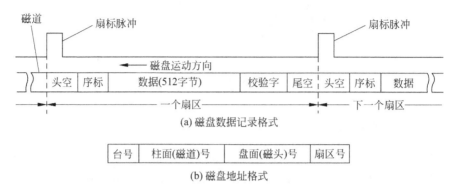

图 8.16   磁盘数据记录格式和磁盘地址格式

图8.16(a)的磁盘数据记录格式中,每个扇区由头部空白段、序标段、数据段、校验字段及尾部空白段组成。其中,空白段用来留出一定的时间作为硬磁盘控制器的读写准备时间;序标被用来作为硬磁盘控制器的同步定时信号;序标之后即为本扇区所记录的数据;数据之后是校验字(通常采用CRC校验),用来对读出的数据进行检错和纠错。由于每个扇区的信息容量相同,因此,这种数据记录格式也称为定长数据记录格式。

图8.16(b)的磁盘地址格式中,台号是硬磁盘设备号,在允许安装多台硬磁盘设备的系统中,用来指定一台硬磁盘设备;柱面(磁道)号、盘面(磁头)号和扇区号用来指定具体要存取的扇区位置。

需要说明的是,硬磁盘在工作时是以恒定角速度旋转的,磁头无论位于哪个磁道,运转一周所需的时间都相同。因此,磁头在每个磁道上所能记录的信息量都是一样的,与磁道本身的周长无关。当然,不同周长的磁道,其信息记录密度是不一样的,周长越大(半径越大,道号越小)的磁道,信息记录密度越低;反之,则越高。

4. 硬磁盘存储器的技术指标

硬磁盘存储器的主要技术指标有存储密度、存储容量、平均寻址时间、数据传输率,以及误码率等。

1) 存储密度

存储密度是指单位长度或单位面积磁记录介质所存储的二进制信息量。对硬磁盘存储器而言,存储密度又分道密度、位密度和面密度三项指标。道密度是指沿磁盘半径方向单位长度的磁道数,单位是道/英寸(t/i);位密度是指单位长度磁道所能记录的二进制信息位数,单位是位/英寸(b/i);面密度是位密度与道密度的乘积,单位是位/平方英寸。

2) 存储容量

存储容量是指硬磁盘存储器所能存储的二进制信息总量,一般以字节为计量单位。

硬磁盘存储器有格式化容量和非格式化容量两个指标。格式化容量是指按某种特定的数据记录格式,将硬磁盘分好磁道和扇区之后,硬磁盘存储器所能存储的信息总量,也就是用户实际可以使用的存储容量。非格式化容量是指磁记录介质表面所能利用的磁化元总数。将硬磁盘存储器用于计算机系统中,必须首先对其进行格式化处理(采用专门的软件完成),然后才能供用户记录信息。格式化容量一般是非格式化容量的 60%~70%。

3) 平均寻址时间

寻址时间包含两部分:一是磁头从当前位置移动到目标磁道所需的时间,称为寻道时间 t_s;二是磁头到达目标磁道后,等待所需读写的扇区旋转到它下方所需的时间,称为等待时间 t_w。由于每次的寻道时间和等待时间具有不确定性,因此,实际分析时使用的是平均寻道时间 t_{sa} 和平均等待时间 t_{wa};而平均寻址时间 T_a 即为 t_{sa} 与 t_{wa} 之和。

$$T_a = t_{sa} + t_{wa} = \frac{t_{smax} + t_{smin}}{2} + \frac{t_{wmax} + t_{wmin}}{2} \tag{8.3}$$

4) 数据传输率

数据传输率是指硬磁盘存储器在单位时间内与主机之间传送数据的位数或字节数,用 D_r 表示。数据传输率与硬磁盘存储器及其与主机的接口逻辑都有关。单就硬磁盘存储器而言,如果磁盘转速为 n 转/秒,每条磁道的容量为 N 个字节,则数据传输率 $D_r = nN$(字节/秒);数据传输率也可用某条磁道的位密度 D 与该磁道旋转的线速度 v 之积来表示,即 $D_r = Dv$(位/秒)。

5) 误码率

误码率是衡量硬磁盘存储器出错概率的参数,它定义为从硬磁盘存储器读出的错误信息位数与读出的总信息位数之比。为了降低误码率,硬磁盘存储器通常采用 CRC 码来检错与纠错。

【例 8.1】 设硬磁盘存储器的盘组有 6 片磁盘,每片磁盘有两个记录面,除顶面和底面不记录信息外,其他记录面均用于记录信息。磁盘存储区域的内径为 22cm,外径为 33cm,道密度为 40 道/厘米,最内道的位密度为 400 位/厘米,磁盘转速为 3600 转/分。问:

① 盘组共有多少柱面?

② 盘组的总存储容量是多少?

③ 数据传输率是多少?

解:

① 柱面数等于每面磁道数。磁道分布在盘面的一个环状区域内,环状区域的宽度为

$$(33 - 22)/2 = 5.5(\text{cm})$$

因为道密度为 40 道/厘米,因此有

$$\text{柱面数} = \text{每面磁道数} = 40 \times 5.5 = 220$$

② 最内道的周长为

$$3.14 \times 22 = 69.08(\text{cm})$$

因为最内道的位密度为 400 位/厘米,因此,最内道的信息容量是

$$400 \times 69.08 = 27\,632(\text{位}) = 3454(\text{字节})$$

因为每条磁道的信息容量相同,且每个记录面有 220 个磁道,共有 10 个可用的记录面,因此有

$$\text{盘组总存储容量} = 3454 \times 220 \times 10 = 7\,598\,800(\text{字节})$$

③ 因为每条磁道的信息容量为 3454 字节,磁盘转速为 3600 转/分,因此有

$$数据传输率 = 3454 \times 3600 \div 60 = 207\,240(字节/秒)$$

【例 8.2】 设硬磁盘存储器的盘组有 6 片磁盘,每片磁盘有两个记录面,除顶面和底面不记录信息外,其他记录面均用于记录信息。每个记录面有 200 个磁道,每个磁道有 18 个扇区,每个扇区可记录 512B,磁盘转速为 5400rpm,平均寻道时间为 10ms。

① 计算该硬磁盘存储器的总存储容量。

② 计算该硬磁盘存储器的平均寻址时间。

解: ①盘组共有 10 个可用的记录面,所以该硬磁盘存储器的总存储容量为

$$512 \times 18 \times 200 \times 10 = 18\,432\,000(B)$$

② 平均寻址时间是平均寻道时间与平均等待时间之和。平均等待时间是磁盘旋转半周所需的时间。

$$平均等待时间 = (60 \div 5400) \times 0.5 \approx 0.005\,56(s) = 5.56ms$$

故

$$平均寻址时间 = 平均寻道时间 + 平均等待时间 = 10 + 5.56 = 15.56(ms)$$

【例 8.3】 设硬磁盘存储器的盘组有 11 片磁盘,每片磁盘有两个记录面,除顶面和底面不记录信息外,其他记录面均用于记录信息。每个记录面有 203 个磁道,每个扇区可记录 1024B,磁盘转速为 3600rpm,数据传输率为 983 040Bps。假设系统可连接 16 台这种硬磁盘存储器。计算这种硬磁盘存储器的扇区数和总容量,并设计磁盘地址格式。

解: 要计算硬磁盘存储器的扇区数和总容量,需要先求出一个磁道的容量。由

$$数据传输率 = 一个磁道的容量 \times 磁盘转速 = 983\,040Bps$$

及

$$磁盘转速 = 3600rpm = 60rps$$

可得

$$一个磁道的容量 = 983\,040 \div 60 = 16\,384(B)$$

因为一个扇区记录 1024B,盘组共有 20 个可用的记录面,故

$$扇区数 = 16\,384 \div 1024 = 16$$
$$总容量 = 16\,384 \times 203 \times 20 = 66\,519\,040(B)$$

根据图 8.16(b),磁盘地址格式可设计如下:

4 位	8 位	5 位	4 位
台号	柱面号	盘面号	扇区号

5. 磁盘 cache

磁盘存储器是一种机电设备,每次存取操作都要伴随着磁头和磁盘的机械运动,因此存取速度慢,其存取时间为毫秒(ms)级;相比之下,主存的存取时间为纳秒(ns)级。可见两者之间的速度相差很大。因此,磁盘 I/O 系统成了整个系统的瓶颈。为了减少磁盘存储器的存取时间,采取了诸如提高磁盘转速、提高 I/O 总线速度、改进读写算法、采用磁盘 cache 等措施。

在"存储器系统"一章中了解到,在主存和 CPU 之间设置 cache,可以弥补主存和 CPU

之间的速度差异。磁盘存储器是在 DMA 控制下直接与主存交换数据的，为了弥补磁盘存储器与主存之间的速度差异，同样可以在两者之间设置 cache，这就是磁盘 cache。

磁盘 cache 的一个 cache 块（或行）可以容纳若干个扇区的数据。当一个磁盘读操作请求送到磁盘驱动器时，首先搜索磁盘驱动器上的磁盘 cache，如果要读的数据已在 cache 中，则为命中，可直接从 cache 中读出数据，否则需从磁盘上读取。在做磁盘写操作时，对磁盘 cache 的操作策略也有"写回法"和"全写法"之分。

为了充分发挥磁盘 cache 的作用，必须按程序访问的局部性原理，将主机在近期可能要用到的数据预取到磁盘 cache 中。现在，大多数磁盘驱动器都对磁盘 cache 使用了预取策略。当然，预取策略需要有较大容量的磁盘 cache 支持，否则容易造成较频繁的 cache 块替换。目前，磁盘驱动器上所带的磁盘 cache 的容量一般为 1～2MB，采用 SRAM 或 DRAM 器件组成。

磁盘 cache 一次存取的数据量大，相对 CPU 与主存之间的 cache 而言，速度要求较低，但管理工作较复杂。因此，磁盘 cache 的管理和实现一般用硬件和软件共同完成。

8.4.3 磁盘阵列存储器

1. 磁盘阵列概述

磁盘阵列又称廉价磁盘冗余阵列（Redundant Array of Inexpensive Disks，RAID），是用多台磁盘存储器组成的大容量辅存系统。RAID 的基本思想是将数据分块，然后交错存储在多个磁盘上，并使这些磁盘可以并行存取。只要所需访问的数据存储在不同的盘上，则多个磁盘 I/O 请求可以并行处理；如果一次磁盘存取所涉及的数据块分布在多个盘上，则单个磁盘 I/O 请求也能够并行处理。

除了并行处理能力外，很多 RAID 方案还设置冗余磁盘来存储校验信息，以便在数据磁盘损坏时，能够恢复被损坏的数据。因此，RAID 技术既能提高辅存系统的 I/O 性能，又能提高辅存系统的可靠性。

RAID 最早是在 1988 年，由美国加州大学伯克利分校一个研究小组提出的。现在，工业上已经通过了一个 RAID 标准方案，该方案分为 7 级（0～6 级），每一级都是对以下三个特性的不同设计方案：

（1）RAID 是一组物理磁盘驱动器，在操作系统下被视为一个单一的逻辑驱动器。

（2）数据被分布在一个物理驱动器阵列的各个驱动器上。

（3）冗余磁盘空间被用来存储奇偶校验信息，以保证在发生磁盘故障时能恢复数据。

2. RAID 方案

（1）RAID 0 级（无冗余）。

与其他 RAID 级不同的是，RAID 0 级没有设置冗余磁盘来改善可靠性，但它有着最高的 I/O 性能和磁盘空间利用率。因为在少数应用场合，如应用于超级计算机上时，主要强调性能和容量，低成本比改善可靠性更重要。

无论哪一级 RAID 方案，都是把用户和系统数据看作存储在一个逻辑磁盘上。这个逻辑磁盘被划分为若干"条"（strip）；"条"可以是物理块、扇区或其他一些单位。这些数据条被按一定的规律映射到磁盘阵列中的各个磁盘上。RAID 0 级磁盘阵列的数据映射方式如图 8.17 所示。

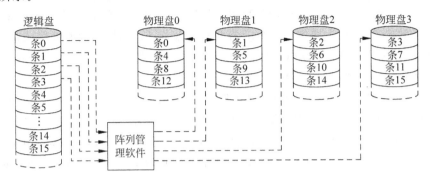

图 8.17　RAID 0 级磁盘阵列的数据映射

从图 8.17 中可见,RAID 0 级的数据映射方式,是将各个逻辑条以轮转的方式依次映射到各个物理盘。这种布局的优点是,如果一次 I/O 请求涉及逻辑上相邻的多个数据条,只要数据条数不超过物理盘数,则该 I/O 请求能按并行方式处理,这样大大减少了 I/O 传输时间。当然,提高 I/O 传输效率不是磁盘阵列单方面能够完全解决的,它还需要主存与各个磁盘驱动器之间的整个传输通道(包括内部控制器总线、主机 I/O 总线、I/O 适配器以及主存总线等)都具有高速传输的能力。

在面向事务的应用环境中,用户更为关心的通常是系统的响应时间,而不是传输速率。在这种环境下,每秒钟可能有上百个 I/O 请求,但每个 I/O 请求只涉及少量的数据。在这种情况下,磁盘阵列通过在多个磁盘上平衡 I/O 负载,也能提供高 I/O 执行率。

此外,条的大小也会影响性能。如果条相对较大,使得一个单一的 I/O 请求只涉及访问一个磁盘,则多个处于等待状态的 I/O 请求就可以得到并行处理,从而减少每个请求的排队等待时间。

(2) RAID 1 级(镜像冗余)。

RAID 1 在 RAID 0 的基础上,通过备份所有数据的方法来实现冗余。因此,RAID 1 的每个数据磁盘都有一个镜像磁盘(冗余磁盘)与之对应。每个逻辑条既要映射到特定的数据盘上,也要映射到对应的镜像盘上。

RAID 1 结构对读/写操作的时间没有什么不利影响。读操作时,同时读数据盘和对应的镜像盘,以用时少者为准;写操作时,可对数据盘及对应的镜像盘并行写入,所需时间以用时较多者为准。RAID 1 对磁盘故障的恢复更是简单,只要从对应的另一个磁盘中继续访问即可。

RAID 1 的主要缺点是成本高。因此,RAID 1 方案一般仅用于存储系统软件和数据,以及其他关键性的文件,以便在磁盘发生故障时,系统的工作不会产生任何停顿。

在面向事务的环境中,如果大量的请求都是读操作,则 RAID 1 可以获得高 I/O 速率,其性能可以达到 RAID 0 的两倍。但如果在 I/O 请求中夹杂着很多写操作请求,则 RAID 1 的性能也不会比 RAID 0 好多少。

(3) RAID 2 级(以海明码作为冗余)。

RAID 2 级和 RAID 3 级采用了并行访问技术。在并行访问的磁盘阵列中,每个 I/O 请求都要所有磁盘参与执行。通常,每个驱动器的主轴是同步旋转的,因此,在任何时刻,每个磁盘的磁头在磁盘上所处的位置都是一致的。

虽然 RAID 2 级和 RAID 3 级也对数据分条,但所分的条很小,经常只有一个字节或一个字。RAID 2 根据每个数据盘上相应的数据位计算一个纠错码,并将纠错码的各位存于多个奇偶校验盘相应位的位置上。纠错码一般采用海明码(见 2.3.3 节)。若数据磁盘为 4 个,则 RAID 2 结构的磁盘冗余阵列如图 8.18 所示。

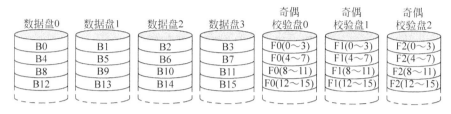

图 8.18　RAID 2 级磁盘冗余阵列

设条的大小为一个字节,以图 8.18 中第一行为例,其数据码与纠错码各位之间的关系如表 8.1 所示。

表 8.1　RAID 2 数据码与纠错码各位之间的关系

B0	B1	B2	B3	F0(0~3)	F1(0~3)	F2(0~3)	海明码
$B0_0$	$B1_0$	$B2_0$	$B3_0$	$F0(0\sim3)_0$	$F1(0\sim3)_0$	$F2(0\sim3)_0$	HMC0
$B0_1$	$B1_1$	$B2_1$	$B3_1$	$F0(0\sim3)_1$	$F1(0\sim3)_1$	$F2(0\sim3)_1$	HMC1
$B0_2$	$B1_2$	$B2_2$	$B3_2$	$F0(0\sim3)_2$	$F1(0\sim3)_2$	$F2(0\sim3)_2$	HMC2
$B0_3$	$B1_3$	$B2_3$	$B3_3$	$F0(0\sim3)_3$	$F1(0\sim3)_3$	$F2(0\sim3)_3$	HMC3
$B0_4$	$B1_4$	$B2_4$	$B3_4$	$F0(0\sim3)_4$	$F1(0\sim3)_4$	$F2(0\sim3)_4$	HMC4
$B0_5$	$B1_5$	$B2_5$	$B3_5$	$F0(0\sim3)_5$	$F1(0\sim3)_5$	$F2(0\sim3)_5$	HMC5
$B0_6$	$B1_6$	$B2_6$	$B3_6$	$F0(0\sim3)_6$	$F1(0\sim3)_6$	$F2(0\sim3)_6$	HMC6
$B0_7$	$B1_7$	$B2_7$	$B3_7$	$F0(0\sim3)_7$	$F1(0\sim3)_7$	$F2(0\sim3)_7$	HMC7

表中每一行组成一个海明码(HMC0~HMC7),其中包含 4 位数据码和 3 位校验码。可见,海明码是针对各数据条的同一位进行编码的;各海明码中位置相同的校验位组成一个校验条,存于对应的奇偶校验盘中。

虽然 RAID 2 所需的磁盘比 RAID 1 少一些,但其成本仍然较高。按照海明码的编码方法,校验码的位数与数据码位数的对数成正比,因此,RAID 2 的冗余盘数量是与数据盘数量的对数成正比的。对一个单一的读操作,所有磁盘被同时访问。所请求的数据及相关的纠错码被提交给阵列控制器。如果只有 1 位出错,阵列控制器可以立即发现并纠正之,读操作的时间不会因此延缓。对一个单一的写操作,则需要写所有数据盘及奇偶校验盘。

RAID 2 只在磁盘错误多发的环境下是一种有效的选择。如果单个的磁盘及磁盘驱动器都有着高可靠性,RAID 2 就显得多余了。

(4) RAID 3 级(位交错奇偶校验)。

与 RAID 2 一样,RAID 3 也以小条进行数据分布,并采用并行访问方式。与 RAID 2 不同的是,无论磁盘阵列有多大,RAID 3 只使用一个冗余磁盘。冗余盘上的每一位,都是根据各数据盘相同位置上的数据位计算出来的一个简单的奇偶校验位。RAID 3 的磁盘冗余阵列如图 8.19 所示。

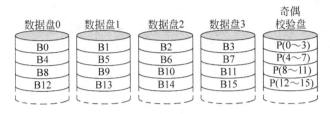

图 8.19　RAID 3 级磁盘冗余阵列

以图 8.19 中第一行为例,设条的大小为一个字节,采用偶校验,则数据码与校验码各位之间的关系如表 8.2 所示。

表 8.2　RAID 3 数据码与校验码各位之间的关系

B0	B1	B2	B3	P(0～3)
$B0_0$	$B1_0$	$B2_0$	$B3_0$	$P(0～3)_0 = B0_0 \oplus B1_0 \oplus B2_0 \oplus B3_0$
$B0_1$	$B1_1$	$B2_1$	$B3_1$	$P(0～3)_1 = B0_1 \oplus B1_1 \oplus B2_1 \oplus B3_1$
$B0_2$	$B1_2$	$B2_2$	$B3_2$	$P(0～3)_2 = B0_2 \oplus B1_2 \oplus B2_2 \oplus B3_2$
$B0_3$	$B1_3$	$B2_3$	$B3_3$	$P(0～3)_3 = B0_3 \oplus B1_3 \oplus B2_3 \oplus B3_3$
$B0_4$	$B1_4$	$B2_4$	$B3_4$	$P(0～3)_4 = B0_4 \oplus B1_4 \oplus B2_4 \oplus B3_4$
$B0_5$	$B1_5$	$B2_5$	$B3_5$	$P(0～3)_5 = B0_5 \oplus B1_5 \oplus B2_5 \oplus B3_5$
$B0_6$	$B1_6$	$B2_6$	$B3_6$	$P(0～3)_6 = B0_6 \oplus B1_6 \oplus B2_6 \oplus B3_6$
$B0_7$	$B1_7$	$B2_7$	$B3_7$	$P(0～3)_7 = B0_7 \oplus B1_7 \oplus B2_7 \oplus B3_7$

如果发生驱动器故障,RAID 3 可以很方便地完成数据重建。考虑一个如图 8.19 所示的由 5 个驱动器组成的阵列,设 X0～X3 为数据盘,X4 为奇偶校验盘。第 i 位的奇偶校验式如下:

$$X4(i) = X3(i) \oplus X2(i) \oplus X1(i) \oplus X0(i)$$

假设驱动器 X1 发生了故障,可在以上等式的两边同时异或 $X4(i) \oplus X1(i)$,得

$$X1(i) = X4(i) \oplus X3(i) \oplus X2(i) \oplus X0(i)$$

可见,X1 上任意一个数据条的内容,都可以用阵列中其他磁盘上对应条的内容来生成。RAID 3 级到 RAID 6 级都有这个特点。

在有一个磁盘发生故障的情况下,所有数据仍能在一种简化模式下使用。在这种模式下,对读操作,丢失的数据可用上述异或运算的方式生成。而在向一个简化的 RAID 3 阵列写数据时,必须保持奇偶校验的一致,以备后面进行数据再生。要使阵列回到正常操作模式,需要更换故障磁盘,并将故障磁盘上的全部内容在新磁盘上再生。

因为数据被分为很小的条,任何 I/O 请求都将从所有数据盘并行传输数据,所以 RAID 3 可以获得非常高的数据传输率;另一方面,由于一次只能执行一个 I/O 请求,因此,在面向事务的环境中,RAID 3 的性能会受到损失。

(5) RAID 4 级(块级奇偶校验)。

RAID 4 级到 RAID 6 级采用的是独立访问技术。在一个独立访问的磁盘阵列中,每个

磁盘的操作都是独立的,因此,不同的 I/O 请求可以并行处理。正因为如此,独立访问阵列更适合于要求高 I/O 请求率的应用。

RAID 4 级到 RAID 6 级也对数据分条,只是条相对较大。对 RAID 4,奇偶校验条根据每个数据盘上的对应条逐位计算出来(方法与 RAID 3 相同),并存于奇偶校验盘。一个具有 5 个驱动器的 RAID 4 级阵列如图 8.20 所示。

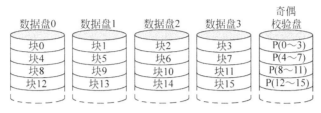

图 8.20　RAID 4 级磁盘冗余阵列

设 X0～X3 表示 4 个数据盘,X4 表示奇偶校验盘,则各个盘上第 i 位有以下关系:

$$X4(i) = X3(i) \oplus X2(i) \oplus X1(i) \oplus X0(i)$$

如果一个数据量较大的 I/O 写操作涉及所有数据盘,则只要用新的数据位,就能简单地按上式计算出奇偶校验位。因此,奇偶校验盘可以与各数据盘并行更新,无须增加额外的读或写操作。但是,当执行一个小数据量的 I/O 写操作时,RAID 4 需要付出额外的读写代价。设某个写操作只涉及 X1 盘上的一个条,更新后,对可能被改变的位加撇号(′)标识,则有

$$
\begin{aligned}
X4'(i) &= X3(i) \oplus X2(i) \oplus X1'(i) \oplus X0(i) \\
&= X3(i) \oplus X2(i) \oplus X1'(i) \oplus X0(i) \oplus X1(i) \oplus X1(i) \\
&= X4(i) \oplus X1(i) \oplus X1'(i)
\end{aligned}
$$

可见,为了计算新的奇偶校验条,阵列管理软件必须读出旧的数据条(X1)和旧的奇偶校验条(X4),然后,分别用新的数据条(X1′)和新计算出来的奇偶校验条(X4′)更新这两个条。

在任何情况下,每个写操作都要涉及奇偶校验盘,使其因此而成为瓶颈。

(6) RAID 5 级(块级分布式奇偶校验)。

RAID 5 有着与 RAID 4 相似的组织方式;不同之处在于,RAID 5 将各奇偶校验条以轮转的方式分布到所有磁盘上,如图 8.21 所示。这种方式避免了在 RAID 4 中所看到的潜在的 I/O 瓶颈问题。

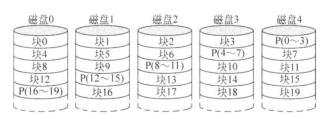

图 8.21　RAID 5 级磁盘冗余阵列

(7) RAID 6 级(双重冗余)。

在 RAID 6 方案中,进行两种不同的奇偶校验计算,并在不同的磁盘上分不同的块存放计算结果。因此,一个需要 N 个用户数据磁盘的 RAID 6 阵列,要用 $N+2$ 个磁盘组成,如图 8.22 所示。

图 8.22　RAID 6 级磁盘冗余阵列

P 和 Q 是两种不同的数据校验算法,其中一个是用于 RAID 4 级和 RAID 5 级中的异或算法;另一个则是一种与此无关的数据校验算法。按照这一方案,即使有两个用户数据盘发生故障,仍然可以再生数据。

RAID 6 的优点是提供了非常高的数据可用性,只有在平均修理时间(MTTR)间隔内,有三个磁盘发生故障,才会使数据无法使用。但是,RAID 6 受到实质性的写操作损失,因为每次写操作要影响两个奇偶校验块。

8.4.4　光盘存储器

光盘是指利用光学方式读写信息的圆盘。应用激光在某种介质上写入信息,然后再利用激光读出信息的技术,称为光存储技术。如果光存储使用的介质是磁性材料,亦即利用激光在磁记录介质上存储信息,就称为磁光存储。

激光的一个主要特点就是可以聚焦成能量高度集中的小光点,其直径小于 $1\mu m$,因此,采用激光写入的每位信息所占的面积小于 $1\mu m^2$。这使得光盘存储器可以获得很高的存储密度和很大的存储容量。

1. 只读型光盘

只读型光盘采用与音频 CD 类似的技术,由生产厂家预先写入数据或程序,用户只能读取其中所存的信息,而不能对其重写或修改。因此,只读型光盘也称为 CD-ROM。

与音频 CD 一样,CD-ROM 的直径为 120mm,厚度为 1.2mm,中心有一个直径为 15mm 的圆孔。CD-ROM 的制造方法也与音频 CD 相同。首先,在一个涂有玻璃表层的主盘上,用高能量红外激光束(按所需记录的信息)烧刻出一系列直径为 $0.8\mu m$ 的凹坑。然后,用烧刻好的主盘制一个模子;模子上对应每个激光烧刻出的凹坑处都有一个突起。将熔融状态的聚碳酸酯树脂注入模子,就形成了一张与主盘有着相同凹坑分布的 CD-ROM 盘基。在盘基上分布着凹坑的这一面再沉淀一层很薄的铝质反射层,然后在反射层上涂上保护漆并印上标签,一张 CD-ROM 就制成了。

读 CD-ROM 上的信息时,由激光读盘头(简称激光头)发出低能量红外激光束,从聚碳酸酯盘基的光滑面(即刻录面的背面)这一侧照射盘面;从这个角度看,有凹坑处形成突起,其他区域为平面。激光束射在突起处和平面处所形成的反射光有强弱差异,这种差异可由光传感器测知并转换为数字信号 0 和 1。这种方法虽然简单,但可靠性较低。实际应用中,为了提高读出数据的可靠性,要求对应于 0 和 1 的反射光强度差异越大越好,因此,用从平面到突起和从突起到平面的转换处表示 1,其他平坦区域(无论是凹坑底部还是顶部)都表示 0。CD-ROM 的盘片结构及信息记录方式如图 8.23(a)所示。

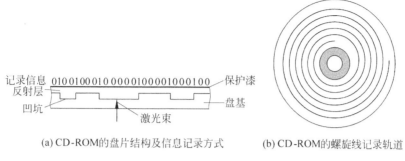

(a) CD-ROM的盘片结构及信息记录方式　　　(b) CD-ROM的螺旋线记录轨道

图 8.23　CD-ROM 的盘片结构及信息记录方式

　　为了解决实际数据中连续两个或两个以上 1 的记录问题,CD-ROM 对所记录信息的 0 游程长度做了要求,规定两个 1 之间至少有 2 个 0,最多不超过 10 个 0。为了满足这个要求,CD-ROM 把一个 8 位字节转换成了一个 14 位的通道码,称为 EFM 码(8 位到 14 位调制码)。14 位通道码共有 16 384(2^{14})种,其中符合上述 0 游程长度要求的有 267 种。在这 267 种通道码中,有 10 种因在合并通道码时难以控制 0 游程长度而被剔除,在剩下的 257 种通道码中任意去掉一个,就得到了 256 种通道码,与 8 位字节的 256 个码字形成一一对应的关系。当从 CD-ROM 读取数据时,采用硬件查表法将一个 14 位通道码转换为一个 8 位字节。为了保证两个相邻的通道码之间也满足 0 游程长度的要求,需要在两个通道码之间再加上 3 位合并位来控制 0 游程长度。因此,一个字节在 CD-ROM 上被编成一个 14+3=17 位通道码。

　　CD-ROM 的信息记录轨道是一条连续的螺旋线,如图 8.23(b)所示。刻录信息时,是由内而外沿螺旋轨道进行的。为了保证高信息记录密度,CD-ROM 没有采用磁盘的恒定角速度(CAV)旋转方式,而是采用了恒定线速度(CLV)的旋转方式。这使得激光头无论在轨道的何处,单位时间内经过激光头的轨道长度都是相同的。因此,螺旋轨道上的信息记录密度是恒定的。恒定线速度带来了可变的角速度;激光头在轨道内圈读信息时,光盘的转速较快,而在轨道外圈读信息时,光盘的转速较慢。因此,CD-ROM 驱动器采用的是可变速电机;由于要经常变速,这种电机的转速较低。

　　典型地,螺旋轨道相邻两圈的中心间距为 1.6μm,光盘沿半径的可记录宽度为 32.55mm(即 32 550μm),用 32 550 除以 1.6,可得螺旋轨道的圈数为 20 344 圈。以光盘可记录区的平均周长乘以轨道圈数,可得螺旋轨道的总长约为 5.27km。CD-ROM 的恒定线速度为 1.2m/s,由此可以计算出激光头读完整张光盘大约需要 73.2 分钟。

　　那么,一张 CD-ROM 光盘可以记录多少有效数据呢?这需要了解 CD-ROM 的数据记录格式。首先,CD-ROM 以 24 个字节的数据为一帧;帧的格式如图 8.24(a)所示。为了保证读出数据的高可靠性,采用了纠错能力很强的交叉交错里德-所罗门码(Cross Interleaved Reed-Solomon Code,CIRC)进行数据校验。24 字节的数据加上各 4 字节的 P 和 Q 校验码,其长度为 32 字节,再加上一个字节的控制子码,形成 33 字节的帧主体。帧主体中的每个字节都将被编成一个 17 位通道码,因此,帧主体在 CD-ROM 上的长度是 17×33=561 位。在将一个帧记录到 CD-ROM 上时,还要加上 24 位(3 字节)帧同步信息,帧同步信息与子码之间还需要 3 位合并位,因此,CD-ROM 上一个帧的总长度是 561＋24＋3＝588(位),在螺旋轨道上大约占据 0.163mm。

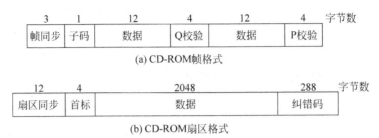

(a) CD-ROM帧格式

(b) CD-ROM扇区格式

图 8.24　CD-ROM 的数据记录方式

进一步,CD-ROM 规定以 98 帧组成一个扇区,共 24×98＝2352(字节)。扇区是 CD-ROM 的最小可寻址单位,其格式如图 8.24(b)所示,各组成部分说明如下:

(1) 扇区同步。该字段标志着一个扇区的开始,长度为 12 字节,除第一个和最后一个字节为全 0 外,其余 10 个字节均为全 1。

(2) 首标。首标字段为 4 个字节,包含扇区地址和扇区模式信息。由于信息记录轨道是一条连续的螺旋线,且 CD-ROM 以恒定线速度运转,因此,激光头从螺旋轨道的起点顺着轨道移动到某个扇区的时间是确定的。基于这个特点,CD-ROM 的扇区地址以时间的形式表示,具体包含分、秒和秒内扇区号三部分(共 3 字节),其中,秒内扇区号(从 0 开始)指出此扇区是当前这一秒钟内到达的第几个扇区。

扇区模式字节指出扇区数据字段的特征。模式 0 指出数据字段为空;模式 1 指出数据为 2048 字节,并使用纠错码;模式 2 表示无纠错码,数据为 2048＋288＝2336 字节。模式 1 有很强的错误检测和纠错能力,用于记录计算机程序和数据;模式 2 用于记录声音、图像等对误码率要求不高的数据。

(3) 数据。该字段为用户数据字段。

(4) 纠错码。该字段在模式 1 中为 288 字节的纠错码,在模式 2 中为附加的用户数据。

如前所述,在 CD-ROM 上记录一帧数据需要 588 位,因此,CD-ROM 上的一个扇区共占用 588×98＝57 624(位),合 7203 字节。对模式 1,一个扇区的用户数据为 2048 字节,因此,CD-ROM 的有效数据存储率仅为 28.4%。有效数据存储率低,是因为增加了大量用于检错和纠错的冗余信息。如图 8.24 所示,无论在帧一级,还是在扇区一级,均包含了这些校验信息。事实上,将一个字节编成 17 位通道码,也是为了提高信息记录与读取的可靠性。因此,CD-ROM 是以牺牲有效数据存储率为代价,来换取高可靠性的。不过,由于 CD-ROM 有很高的记录密度,所以不会因此而改变其存储容量大的特征。

数据传输率是 CD-ROM 驱动器的重要技术指标。通常,将读出速度为 75 扇区/秒的 CD-ROM 驱动器称为单速光驱。对扇区模式 1,一个扇区包含 2KB(2048 字节)数据,因此,单速光驱的数据传输率为 150KB/s,而数据传输率为 300KB/s 的光驱称为双速光驱,为 600KB/s 的光驱称为 4 速光驱,以此类推。一张 CD-ROM 光盘在单速光驱中工作时,其恒定线速度为 1.2m/s,读完整张光盘约需 73.2 分钟,按扇区模式 1 计算,可得整张光盘的数据容量为$(150KB/s)\times 60s \times 73.2 = 658\,800KB \approx 643.36MB$。

由于 CD-ROM 以恒定线速度工作,使得随机访问变得颇为困难。要按地址找到一个扇区,首先由 CD-ROM 驱动器上的软件计算出一个大概的位置,把激光头移动到那里,并调整转速以保持线速度恒定;接着在附近搜索扇区同步信息,找到后从扇区首标中读取扇区地址进行比较,如果地址匹配,则激光头定位成功,否则还要进行微调。可见,CD-ROM 驱动器的扇区寻找(或激光头定位)时间是比较长的,通常为几百毫秒,而硬磁盘驱动器的平均寻址时间一般为十几毫秒。因此,CD-ROM 驱动器的容量虽然大,但其性能与硬磁盘驱动器并不在同一层次上。

2. 可刻录光盘

可刻录光盘(CD-Recordable,CD-R)可由用户使用光盘刻录机将数据刻录上去,之后,就可以像普通 CD-ROM 光盘一样反复使用了。CD-R 只能写一次,不能修改或擦除重写,但写入的内容可以反复读取。

CD-R 的外形尺寸与 CD-ROM 一样,但用黄金做反射层,故看起来是金色的。CD-R 记录信息的原理与 CD-ROM 相同,都是利用反射光的不同来分辨 0 和 1;但是,CD-R 记录信息的方法不同于 CD-ROM。CD-R 的聚碳酸酯盘基与金质反射层之间夹了一层特殊的染料(有绿色和淡橘黄色两种);在原始状态下,染料层是透明的,激光束穿过它后可以由反射层反射回来。刻录时,激光束的能量被调高到 $8\sim16mW$。当高能激光束照射到染料层的某个点上时,该点受热,使此处染料的化学键断裂。染料分子结构的这种改变,使此处形成一个黑点。当用低能量的激光束读盘时,被刻录过的黑点处与未被刻录过的透明处就产生了不同的反射率,因此,CD-R 上的黑点与 CD-ROM 上凹坑具有一样的作用。

3. 可重写光盘

可重写光盘(CD-ReWritable,CD-RW)能像磁盘那样重复地写和改写。尽管人们尝试了多种制作 CD-RW 的方法,但其中唯一证明有价值的纯光学方法被称为相变法。相变盘的记录层使用了一种特殊材料,这种材料有晶态和非晶态两种相位状态。在不同的相位状态下,材料表现出明显不同的光反射特性。在非晶态下,分子呈现随机排列,材料的反光率很低;而在晶态下,材料具有光滑的表面,因此有很好的反光性。

CD-RW 驱动器使用三种不同能量的激光束。高能量的激光束用于将材料从高反光率的晶态转化为低反光率的非晶态,相当于刻了一个凹坑;中等能量的激光束使材料重回其自然晶态;低能量激光束用于读盘,不会造成材料的相变。

CD-RW 的主要缺点是,记录材料经过多次擦写后,最终会因退化而永久地失去其相变特性;目前使用的材料可以反复擦写 50 万到 100 万次。此外,CD-RW 空白盘也要比 CD-R 空白盘贵许多。因此,CD-RW 并没有取代 CD-R。

4. 磁-光盘

磁-光盘(Magneto-Optical disk,MO 盘)驱动器利用激光来增强常规磁盘系统的性能。MO 盘的记录技术基本上还是磁记录技术,但借助于激光,可以提高记录密度,从而获得更大的容量。MO 盘表面所涂的记录介质只有在高温条件下才能改变其磁化极性,因此,向盘上写信息时,先用激光束对盘表面上的一个小点加热,然后再施加一个磁场。当该点冷却后,就保留了与所加磁场对应的磁化极性。由于磁化过程不会造成盘上涂层的物理改变,因此可以多次重复。

MO 盘的读操作是纯光学的。一个记录点的磁化方向可用偏振激光(能量低于写操作所用的激光)来检测。根据磁光效应,将偏振光照射在一个特定的磁化点上,反射回来的偏振光将根据该点的磁场方向改变其旋转角度。因此,根据检测到的反射偏振光的旋转角度,就能分辨所记录的信息。

与采用纯光学技术的 CD-RW 相比,MO 盘的使用寿命更长,因为 MO 盘的记录介质不会因反复的重写操作而出现退化。MO 技术的另一个优点是,其每兆字节的价格要比磁盘存储器低得多。

5. 数字视频盘

数字视频盘(Digital Video Disk,DVD)是一种容量比 CD-ROM 大得多的光盘存储器。DVD 最初是用来存放影视节目的,现在已演变成数字多用途盘(Digital Versatile Disk)。

DVD 的外观、尺寸、所用材料以及记录原理都与 CD-ROM 相同。为了增加存储容量,DVD 主要采取了以下措施:

(1) 使用波长较短的激光。CD-ROM 使用的红外激光波长为 780nm,DVD 使用的红色激光波长为 650nm。减小激光波长,可以减小螺旋轨道间距和凹坑尺寸。

(2) 减小相邻螺旋轨道之间的距离。CD-ROM 的轨道间距为 $1.6\mu m$,而 DVD 的轨道间距只有 $0.74\mu m$。

(3) 缩短最小凹坑的长度。CD-ROM 的最小凹坑长度为 $0.83\mu m$,而 DVD 的最小凹坑长度只有 $0.4\mu m$。

(4) 改变信号调制方式,采用更短的通道码。CD-ROM 将一个字节编成 17 位通道码,而 DVD 则采用效率更高的 16 位通道码。

采取这些措施后,一张 DVD 的容量达到 4.7GB,是一张 CD-ROM 的 7 倍。但这只是一张单面单层 DVD 的容量。为了获得更大的容量,又推出了双面记录和多层记录技术,具体有:单面双层 DVD(8.5GB);双面单层 DVD(9.4GB);双面双层 DVD(17GB)。

双面单层 DVD 的制作很简单,只要将两张厚度为 0.6mm 的单面单层 DVD 背对背粘在一起即可。由于 DVD 驱动器中只有一个激光头读取信息,因此双面 DVD 需要使用者自己来更换盘面。双层技术是在盘的底面有一个反射层,在它的上面还有一个半反射层,根据激光束聚焦在哪一层上,来读取相应层上的信息。为了可靠地读出信息,下面一层的凹、凸区尺寸都要稍微大一些,因此这一层的容量要比上面一层的容量略小一些。

一个问题是,由于所用的激光的波长不同,DVD 驱动器需要加装红外激光源,或者通过特殊的光学转换将红色激光转换成红外激光,才能读取音频 CD 和 CD-ROM 上的信息。但是,有的 DVD 驱动器并未提供这个功能。此外,DVD 驱动器也可能无法读出 CD-R 和 CD-RW 上的信息。

8.5 输入输出接口

8.5.1 输入输出接口的功能和基本结构

输入输出接口(简称 I/O 接口)是连接输入输出设备(简称 I/O 设备)与主机的连接电路,也称为 I/O 模块或 I/O 适配器。由于主机是通过系统总线与其他功能模块进行信息传送的,因此,I/O 接口实际上是将 I/O 设备与系统总线连接起来的连接电路。

I/O 设备与主机连接需要 I/O 接口的主要原因,是 I/O 设备与主机之间存在着各种差异,包括:

(1) 信号差异。I/O 设备与主机在信号线的功能定义、逻辑电平定义、电平范围定义以及时序关系等方面可能存在差异。

(2) 数据传送格式差异。主机是以并行传送方式在系统总线上传送数据的,而一些I/O 设备则属于串行设备,只能以串行方式传送数据。

(3) 数据传送速度差异。主机的数据传送速度远高于 I/O 设备的数据传送速度。

上述差异的存在,使得 I/O 设备不能直接与主机连接工作。设置 I/O 接口,主要就是为了进行信号与数据传送格式的转换,并实现数据传送速度的缓冲。由于主机与 I/O 设备是通过 I/O 接口连接的,因此,双方各种信息的相互传递都要通过接口来完成,这其中包括数据信息,主机对 I/O 设备的控制信息,以及 I/O 设备向主机反馈的状态信息等。归纳起来,I/O 接口通常具有以下功能。

(1) 控制功能。由于差异的存在,主机不能直接对 I/O 设备实施控制,而是将控制命令编成命令代码发送到 I/O 接口,由接口对命令代码进行译码,产生一组控制信号,并发送到I/O 设备,实现对 I/O 设备的控制。可见,接口要协助主机完成对 I/O 设备的控制,为此,接口中需要设置存放主机命令代码的寄存器,称为控制寄存器。

(2) 状态反馈功能。主机与 I/O 设备之间的数据传送需要双方的协调,而不是单独由主机主导。因此,在 I/O 操作前、后以及过程中,主机都可能需要了解 I/O 设备的状态,如I/O 设备是否"就绪",是否"忙",是否"出错"等,以此作为主机实施下一步操作的依据。接口中设置有专门的寄存器,用以存放 I/O 设备反馈的各种工作状态信息,称之为状态寄存器。主机通过读取状态寄存器的内容,来了解 I/O 设备当前的工作状态。

(3) 数据缓冲功能。为了协调主机与 I/O 设备之间的数据传送速度,只能让高速的主机去适应低速的 I/O 设备。具体方法是,双方采用异步联络方式传送数据,而不是由任意一方无条件传送数据。为此,接口中设置了数据缓冲寄存器(简称数据寄存器)。进行 I/O操作时,数据发送方将数据打入接口的数据寄存器后,由接口向接收方发出联络信号,表示数据已准备好;接收方从数据寄存器中取走数据后,通过接口向发送方反馈一个"回执"信号作为联络;发送方只有在收到接收方发来的"回执"信号之后,才能向接收方发送下一个数据。这样,无论主机与 I/O 设备之间有多大的速度差异,都能实现协调工作。

(4) 转换功能。在主机与 I/O 设备之间进行信号转换和数据格式转换(包括并→串和串→并转换,用移位寄存器来完成),起到转换器的作用。

(5) 设备选择功能。计算机系统中连接着多台 I/O 设备,有时一个 I/O 接口模块也可以连接多台 I/O 设备,但主机一次只能与一台 I/O 设备交换信息。主机与 I/O 设备之间的信息交换实际上是通过接口中的各类寄存器(数据寄存器、状态寄存器及控制寄存器)进行的;每台 I/O 设备的接口逻辑中都有上述这些寄存器。因此,所谓设备选择,实际上是指主机对 I/O 设备接口中的寄存器的选择。这种选择是通过寄存器地址进行的,因此,接口中需要有地址译码电路,对主机发出的寄存器地址进行译码,以确定主机要访问的寄存器。

(6) 中断控制功能。如果主机与 I/O 设备之间需要采用中断方式传送数据,则接口还要具备中断请求、中断响应和中断屏蔽等功能。

图 8.25 所示为 I/O 接口模块的组成框图。一个 I/O 接口模块一侧是与主机系统总线连接的接口,另一侧是与 I/O 设备连接的接口。接口模块中那些可被主机访问的寄存器通常被称为端口,其中,数据寄存器被称为数据端口;控制寄存器被称为控制端口;状态寄存器被称为状态端口。对一些比较复杂的 I/O 接口模块,以上三类端口可能都会有多个。主机与各端口之间的信息交换通过数据线进行。

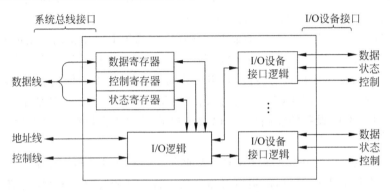

图 8.25　I/O 接口模块组成框图

接口模块中的 I/O 逻辑可对主机发出的端口地址进行译码,选择接口模块中的某个端口,也可产生接口模块所控制的那些设备的地址(如 DMA 接口就有这种功能)。I/O 逻辑通过控制线与主机产生相互作用;主机利用控制线向接口模块发布命令(如读/写命令等),而某些控制线也可被接口模块用来传送仲裁和状态等信号。I/O 逻辑根据主机发到控制端口的命令代码,以及主机通过控制线发来的控制命令,对 I/O 操作实施具体的控制。

接口模块中的 I/O 设备接口逻辑完成与 I/O 设备的连接。一个 I/O 接口模块可以有多个 I/O 设备接口逻辑,连接多台同类型的 I/O 设备。由于系统总线是以并行方式传送数据的,因此,接口模块与主机一侧的接口为并行接口。但是,I/O 设备的数据传送方式既有并行方式,也有串行方式,所以,接口模块与 I/O 设备一侧的接口既有并行接口,也有串行接口。如果是串行接口,则需要有并→串(对输出设备)或串→并(对输入设备)转换的功能(通过移位寄存器实现)。

需要说明的是,不同类型的 I/O 设备对接口的要求是不同的。因此,没有绝对通用的万能 I/O 接口。

8.5.2 I/O 端口的编址方式

如前所述,I/O 端口是指接口模块中那些可被主机访问的寄存器。计算机系统中,I/O 设备种类较多,I/O 端口数量也多,需要给每个 I/O 端口一个编号,以便主机选择端口进行访问。I/O 端口的编号就是 I/O 端口的地址。

I/O 端口的编址方式有两种:统一编址和独立编址。

1. 统一编址

I/O 端口统一编址是指把 I/O 端口与主存单元统一编址,即把 I/O 端口与主存单元编在同一套地址当中。这样,I/O 端口地址就与主存地址有着相同的性质,CPU 可以把 I/O 端口当作主存单元一样访问。因此,在这样的系统中,直接用访问主存的指令来访问 I/O 端口即可,不需要专门设计访问 I/O 端口的指令。

统一编址方式有以下优点:①访问 I/O 端口的指令种类多,功能齐全,不仅能对 I/O 端口进行输入输出操作,而且能直接对端口中的数据进行各种处理;②可以给 I/O 端口以较大的编址空间,这对大型控制系统和数据通信系统很有意义。Motorola 系列和 Apple 系列的微型机,以及一些小型机,就是采用这种方式的。

统一编址方式的缺点表现在:①用访问主存的指令访问 I/O 端口,无论是指令格式,还是寻址方式,都比较复杂,故执行速度较慢;②I/O 端口占据了一部分地址空间,使主存空间减小。

2. 独立编址

独立编址是指把所有的 I/O 端口集中起来,单独编一套地址。由于一个计算机系统中所需要的 I/O 端口的数量远少于主存单元的数量,因此,I/O 端口地址的位数比主存地址位数少得多。由于地址不同,所以不能用访问主存的指令来访问 I/O 端口,而需要设计专门的 I/O 端口访问指令,称为 I/O 指令。I/O 指令通常只包含输入指令和输出指令两类,这是因为,I/O 端口中的数据可以先用输入指令读出,再用一般的数据处理指令处理,然后再将处理结果用输出指令输出即可,不必直接在端口中进行处理,所以不用设计 I/O 端口数据处理指令。CPU 通过执行 I/O 指令,可以读入外设状态、与外设交换数据或对外设实施控制。

独立编址方式简化了 I/O 指令的功能和寻址方式,缩短了 I/O 指令的长度,加快了 I/O 指令的执行速度。专门的 I/O 指令也使程序的功能更加清晰,有利于对程序的理解和调试。此外,I/O 端口独立编址不占用主存的地址空间。很多大型计算机采用这种方式,IBM-PC 系列微型机也采用这种方式。

8.6 输入输出数据传送方式

根据输入输出过程控制方式的不同,可将输入输出数据传送方式分为程序查询方式、程序中断方式、直接存储器访问(DMA)方式、I/O 通道方式和 I/O 处理机方式 5 种。

由于主机与 I/O 设备之间存在 I/O 模块，所以，主机与 I/O 设备之间的数据传送，实际上是主机与 I/O 模块之间的数据传送。以上 5 种 I/O 数据传送方式中，有些是在 CPU 与 I/O 模块之间传送数据的，需要 CPU 执行 I/O 指令来完成每个数据的传送（如程序查询方式和程序中断方式）；有些则是在主存与 I/O 模块之间直接传送数据的，数据传送过程由 I/O 模块控制，不需要 CPU 直接参与控制（如 DMA 方式、I/O 通道方式和 I/O 处理机方式）。

8.6.1 程序查询方式

程序查询方式又称为程序直接控制方式。这种传送方式在 CPU 与 I/O 接口之间传送数据。一次输入输出操作的全部过程，包括启动 I/O 设备、查询设备状态、发出读/写命令并进行数据传送等，是通过 CPU 执行一段程序来直接控制的。其中，查询设备状态的过程体现了程序查询方式的特点。

CPU 是通过执行一条输入指令，从 I/O 接口中的状态端口读取设备状态信息，然后执行一条测试指令来查询设备状态的。为了配合 I/O 设备的工作速度，CPU 在每次执行 I/O 指令进行数据传送之前，必须先查询设备的工作状态，只有在设备进入"就绪"状态（表示已做好 I/O 传送的准备，对输入设备，表示数据已输入，并已打入数据端口；对输出设备，表示设备已"空闲"，可以接受下一个输出数据）时，CPU 才能通过执行 I/O 指令来完成数据的输入输出。如果设备尚未"就绪"，程序查询方式需要 CPU 等待设备"就绪"。等待的过程实际上是 CPU 循环查询设备状态的过程。单个 I/O 设备的循环查询方式如图 8.26(a)所示。

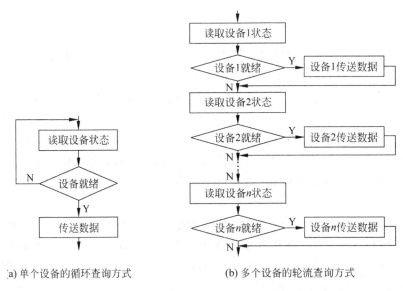

(a) 单个设备的循环查询方式　　　(b) 多个设备的轮流查询方式

图 8.26　程序查询方式下的设备状态查询方式

由于 I/O 设备的工作速度远低于 CPU，因此，让高速的 CPU 等待低速的 I/O 设备会严重影响计算机系统的性能，这也是程序查询方式最大的缺点。如果 CPU 要与系统中多台 I/O 设备采用程序查询方式传送数据，为了减少 CPU 的等待时间，可按图 8.26(b)所示的方式轮流查询各设备的状态。这种轮流查询可按实际的应用需要，按一定的规律重复进行。

程序查询方式的 I/O 接口功能比较简单,如图 8.27 所示。

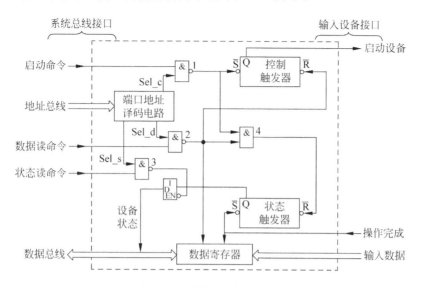

(a) 程序查询方式输入设备接口原理图

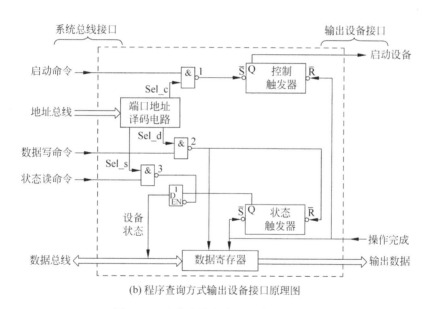

(b) 程序查询方式输出设备接口原理图

图 8.27 程序查询方式 I/O 接口原理图

图 8.27 中,状态触发器和控制触发器均通过复位控制端($\overline{\text{R}}$)清零,通过置位控制端($\overline{\text{S}}$)置 1。输入操作的过程如下:

(1) CPU 通过地址总线发出设备控制端口地址,同时通过控制线发出设备启动命令。

(2) 端口地址译码电路输出控制端口选择信号 Sel_c=1,与启动命令一起作为"与非"门 1 的输入,则"与非"门 1 的输出就是所选设备控制触发器的置位信号,使控制触发器发出启动设备工作的控制信号。同时,"与非"门 1 的输出再经"与"门 4,将状态触发器复位,表示"设备未就绪"(即输入数据尚未准备好)状态。

（3）CPU 发出设备状态端口地址及状态读命令,由端口地址译码电路输出状态端口选择信号 Sel_s=1,与状态读命令一起作为"与非"门 3 的输入。"与非"门 3 的输出控制三态门导通,将设备状态送上数据线,供 CPU 读入检测。

（4）如设备未就绪,则 CPU 重复第（3）步,进入循环查询。同时,设备在进行数据输入操作。

（5）设备准备好输入数据,发出"操作完成"信号,该信号将数据打入数据寄存器,同时将状态触发器置 1,表示"设备已就绪"（即输入数据已准备好）。

（6）CPU 查询到设备就绪状态,发出设备数据端口地址及数据读命令,由端口地址译码电路输出数据端口选择信号 Sel_d=1,与数据读命令一起作为"与非"门 2 的输入。"与非"门 2 的输出将数据寄存器中的数据读送到数据总线,同时将控制触发器和状态触发器复位,停止设备的工作,并置设备状态为"未就绪"。至此,一次输入操作完成。

输出操作的过程如下:

（1）CPU 发出设备状态端口地址及状态读命令,读入设备状态进行检测。如设备未就绪（即设备处于"忙碌"状态,不能接受新的数据输出任务）,则 CPU 进入循环查询;否则进入下一步。

（2）CPU 发出设备数据端口地址及数据写命令,同时将输出数据送上数据总线,"与非"门 2 的输出将数据总线上的数据打入数据寄存器,并将状态触发器复位,表示设备进入"忙碌"状态。

（3）CPU 发出设备控制端口地址和设备启动命令,由"与非"门 1 的输出启动设备,即通知设备将数据寄存器中的数据取走。

（4）设备发出"操作完成"信号,该信号将数据从数据寄存器中取出,同时将状态触发器置位,表示设备已"空闲",可以接收新的输出数据。至此,一次输出操作完成。

程序查询方式采取 CPU 主动请求 I/O 设备的方式进行输入输出,使 CPU 将大量时间浪费在循环查询设备状态上,故只适用于 CPU 不忙且数据传送速度要求不高的系统。

8.6.2　程序中断方式

1. 程序中断方式概述

程序查询方式下,是由 CPU 主动要求与 I/O 设备进行数据交换的,因此,在 I/O 设备未做好数据交换准备时,CPU 只有等待。程序中断方式将数据交换的请求方改为 I/O 设备,而 CPU 则成为被动响应的一方。其基本思想是,由 I/O 设备在需要与 CPU 交换数据时（此时 I/O 设备已处于"就绪"状态）,主动向 CPU 发出 I/O 请求（如键盘请求 CPU 接收按键后产生的字符编码;打印机请求 CPU 发送下一个需要打印的字符等）,CPU 在接到请求后做出响应,暂停现行程序的执行,转而执行一个服务程序,完成与 I/O 设备的数据交换,然后再返回到原来暂停的程序继续执行。CPU 变主动请求为被动响应后,在 I/O 设备的 I/O 请求到来之前,CPU 可以执行其他程序,不需要花时间去查询和等待设备,因此大大提高了 CPU 的效率。

采用程序中断方式进行输入输出的基本过程包含以下 4 个阶段:

（1）中断请求。I/O 设备在需要与 CPU 交换数据时,向 CPU 发出中断请求信号,请求

CPU暂停目前正在执行的程序,转而与其进行一次数据交换。

(2)中断响应。CPU执行程序时,在每条指令结束之前,都要检测中断请求信号。如果没有中断请求,则CPU继续程序的执行;如果有中断请求,则CPU在当前指令结束后,暂停现行程序的执行,响应I/O设备的中断请求,并为与I/O设备进行数据交换做必须的准备工作。

(3)中断服务。CPU进入与I/O设备交换数据的阶段,这称为中断服务。CPU对I/O设备的中断服务是通过执行一段程序实现的,这段程序称为中断服务程序。在中断服务程序中,CPU通过执行I/O指令来与I/O设备交换数据。

(4)中断返回。CPU完成与I/O设备的数据交换,从中断服务程序返回到原来执行的程序,并从原来暂停的地方(即被I/O设备的中断请求打断的地方,也称为"断点")继续执行下去。

以上4个阶段中,前两个阶段的工作是由硬件完成的,后两个阶段的工作则是由软件完成的。因此,程序中断方式是一种硬件、软件结合的输入输出方式。

2. 程序中断方式的基本中断控制逻辑

为了实现中断请求和响应,I/O接口和CPU中都需要设计与中断操作有关的电路,称为中断逻辑。图8.28中描述了程序中断方式下,输入设备接口和CPU中的中断逻辑。

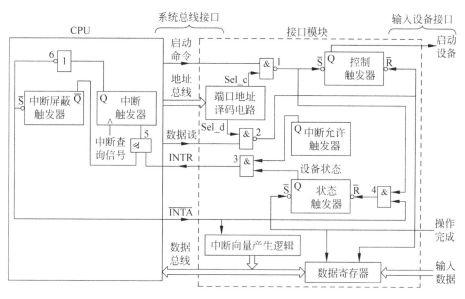

图8.28 程序中断方式的中断逻辑原理(输入)

接口模块中,与中断控制有关的逻辑有:

(1)中断允许触发器。该触发器控制设备能否向CPU发出中断请求,为1时允许;为0时禁止。

(2)设备状态触发器。状态触发器的输出,就是设备的中断请求信号。当设备做好与CPU交换数据的准备时,状态触发器被置位,设备的中断请求信号有效。但是,设备的中断请求信号只有在中断允许触发器也为1(表示允许发出中断请求)时,才能经"与"门3向

CPU 发出(INTR)。

(3) 中断向量产生逻辑。"中断向量"可以直接是中断服务程序在主存中的入口地址,也可以是用来获取中断服务程序入口地址的某种信息。对一些简单的计算机系统,需要CPU 做中断服务的 I/O 设备很少,可以由 I/O 接口中的中断向量产生逻辑直接形成中断服务程序入口地址,并经数据总线传送给 CPU,使 CPU 能转到中断服务程序执行。而对复杂的计算机系统,各种各样的中断服务程序很多,每台采用程序中断方式与 CPU 交换数据的I/O 设备,都有一段预先编写好的中断服务程序存于主存中。为了便于管理,计算机系统通常将这些中断服务程序的入口地址集中起来,建立一个中断服务程序入口地址表(也称"中断向量表"),存于主存的特定区域;表中的每个中断服务程序入口地址都编了号,称为"中断类型号"。在这种系统中,I/O 接口中的中断向量产生逻辑向 CPU 提供设备的中断类型号,CPU 根据中断类型号查中断向量表,以获取中断服务程序的入口地址。

CPU 中与中断控制有关的逻辑主要有:

(1) 中断触发器。当中断触发器的状态为 1 时,CPU 接受并响应 I/O 设备的中断请求。

(2) 中断屏蔽触发器。中断屏蔽触发器的状态决定 CPU 能否响应设备的中断请求。该触发器的状态为 0 时,允许 CPU 响应 I/O 设备的中断请求,为 1 时,I/O 设备的中断请求被屏蔽(即禁止 CPU 响应中断请求)。CPU 可通过执行专门的"开中断"指令和"关中断"指令,对中断屏蔽触发器清零或置 1。

(3) 中断响应逻辑。当设备中断请求 INTR=1,且中断屏蔽触发器为 0(允许响应中断)时,"与"门 5 输出为 1,当中断查询信号到来时,中断触发器的状态变为 1,CPU 响应设备的中断请求,向设备 I/O 接口发出中断响应信号$\overline{INTA}$,开始进入中断响应周期。$\overline{INTA}$信号控制 I/O 接口中的中断向量产生逻辑将中断向量输出到数据总线上,供 CPU 读取;同时,$\overline{INTA}$信号还要对 I/O 接口中的设备状态触发器实施复位,以撤销设备的中断请求(因其中断请求已得到响应)。此外,中断响应逻辑还要在 CPU 转入中断服务程序之前,保护程序断点地址(即当前程序计数器 PC 的内容)及硬件现场(即各种状态标志信息),以便中断服务结束后能够恢复程序运行的硬件现场,并正确返回到程序断点处继续执行。在有多台 I/O 设备采用中断方式与 CPU 交换数据的系统中,为使中断响应过程不被其他设备的中断请求打断,$\overline{INTA}$信号还要对中断屏蔽触发器置位(即设置中断屏蔽),禁止 CPU 响应其他中断请求。

下面描述程序中断方式的输入操作过程。CPU 向输入设备发出启动命令后,即可去执行其他程序,不必等待设备。在 CPU 执行程序期间,输入设备也在准备输入数据,所以,这段时间内,CPU 与设备处于并行工作状态。当设备将输入数据准备好时,发出操作完成信号,该信号将数据打入接口中的数据寄存器,同时置位状态触发器。如果此时中断允许触发器的状态为 1(表示允许中断),则"与"门 3 向 CPU 发出中断请求信号(INTR),完成中断请求。

CPU 在每条指令结束之前,都要发出中断查询信号;如果此时接口传来的 INTR 信号有效(为 1),且中断屏蔽触发器为 0(允许中断),则 CPU 的中断触发器将被置为 1,表示允许响应 I/O 设备的中断请求,并通过"非"门 6 发出中断响应信号$\overline{INTA}$,CPU 在当前指令周期结束后,即进入中断响应周期(前面已述,不再重复)。

CPU 通过中断响应,从设备 I/O 接口取得中断向量,即可转入中断服务程序执行,进入中断服务阶段。CPU 在中断服务程序中,通过执行输入指令,将输入设备准备好的数据从接口中的数据寄存器取出,完成与设备的数据交换,然后结束中断服务,返回原来执行的程序,从断点处继续执行。至此,一次程序中断方式的输入操作过程结束。

3. I/O 设备的中断服务程序流程

中断服务程序的设计是程序中断方式的主要工作之一。从与 CPU 当前正在执行的程序的关系来看,中断服务程序类似于一个被调用的子程序,它除了要完成指定的操作功能外,还要能够顺利地返回主程序,并且不能破坏主程序原来的运行环境。图 8.29 所示为 I/O 设备中断服务程序的基本流程,说明如下。

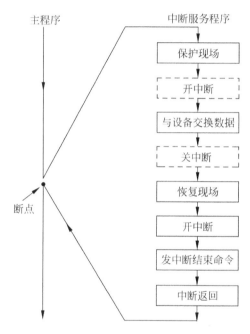

图 8.29 I/O 设备中断服务程序的基本流程

(1)"保护现场"和"恢复现场"。这里所说的"现场",是指主程序被中断时的软件现场,包括各个通用寄存器中的内容。"保护现场"就是在进行中断服务前,对中断服务程序中需要用到的那些通用寄存器,用一组堆栈入栈操作指令,将它们的内容按一定的次序保存到堆栈中,以免被中断服务程序破坏,造成主程序的运行错误。而"恢复现场"则是在中断服务完成,准备返回主程序时,通过执行一组堆栈出栈指令,将保存在堆栈中的那些寄存器内容取出,并各自存入其原来的寄存器中,以恢复主程序被中断时的软件现场。

中断响应过程中对程序断点地址及硬件现场的保护,也是利用堆栈进行的,只是保护过程是由硬件(即中断响应逻辑)自动完成的,而不是通过执行入栈指令来完成的。显然,在堆栈中,软件现场信息处于程序断点地址及硬件现场信息的上方。

(2)"开中断"与"关中断"。"开中断"就是通过开中断指令,将 CPU 中的中断屏蔽触发器置为"中断开放"状态,允许 CPU 响应 I/O 设备的中断请求。"关中断"则是通过关中断指令,将中断屏蔽触发器置为"中断屏蔽"状态,禁止 CPU 响应 I/O 设备的中断请求。

通常,CPU 进入中断响应阶段后,会自动关中断,这是为了使当前的中断响应过程不被其他中断请求打断。保护现场和恢复现场也要求在关中断状态下进行,以保证现场保护和恢复工作不被打断,确保现场信息的保护和恢复完整、正确。因此,进入中断服务程序后,要先保护现场(由于中断响应时已关中断,故此时仍为中断屏蔽状态)。保护现场后,可以选择是否开中断。如果选择开中断,则意味着在中断服务过程中,如有新的中断请求出现,CPU 就会做出响应,从而中断正在进行的服务,转而去做另一个中断服务。这种一个中断请求打断另一个中断服务的现象,称为中断嵌套。在实际的系统中,只有优先级更高的(也就是更为紧迫的)中断请求,才能打断正在进行的中断服务。当然,如果在保护现场后不开中断,则 CPU 的中断屏蔽触发器一直处于屏蔽状态,当前的中断服务就不会被打断,但优先级更高的中断请求也不会得到响应,这可能会给系统造成不利的影响。

恢复现场后应该开中断,以便中断返回后,CPU 能够正常响应中断请求。此外,在 CPU 处于非中断处理状态时,通常也应保持开中断状态。只有在执行一些特殊的程序时,需要预先关中断,但在执行完后,应该及时开中断。

(3) 与设备交换数据。这是中断服务的主要任务,是通过执行 I/O 指令完成的。

(4) 中断结束命令。在允许按优先级进行中断嵌套的系统中,一个中断请求得到响应后,会在中断控制逻辑中设置其"服务"状态,该状态将被用来阻止优先级较低的中断请求。中断返回之前发中断结束命令,就是为了清除其"服务"状态,以便使那些优先级较低的中断请求能够发出。这也称为中断服务的硬件结束,即在硬件上结束中断。

(5) 中断返回。"中断返回"标志着一次中断服务在软件上的结束,是通过执行中断返回指令实现的。该指令从堆栈中取出主程序的断点地址及硬件现场信息,将其恢复到 PC 及对应的状态标志触发器中,从而实现从中断服务程序返回主程序的功能。

4. 多级中断系统

实际的计算机系统中,需要采用程序中断方式与 CPU 交换数据的设备或部件通常有多个。它们与 CPU 交换数据时,对时效性的要求是有区别的。所谓"时效性"要求,是指对 CPU 响应中断请求的速度的要求;时效性要求越高,需要 CPU 的响应速度也越快。例如,对键盘和打印机来说,键盘与 CPU 传送数据的时效性要求就高于打印机。这是因为,键盘接口中的数据缓冲寄存器只有一个,只能存放一个键的位置码,如果 CPU 不能及时响应键盘的中断请求,取走这个键的位置码,则其他按键产生的位置码就会进入数据缓冲寄存器,造成前面存放的位置码丢失;而对打印机来说,向 CPU 发中断请求是为了让 CPU 发送新的打印数据,CPU 即使晚一些响应,也不会造成数据的丢失或错误。

根据设备对 CPU 响应中断的时效性要求不同,可将 CPU 对设备的中断响应分成不同的优先级别,称为中断优先级。时效性要求越高的设备,其中断优先级也越高。有了中断优先级的划分,在同时有多个设备向 CPU 发出中断请求时,CPU 可以按中断优先级由高到低的顺序,依次响应各设备的中断请求。此外,如允许优先级更高的中断请求打断当前正在进行的中断服务,就可以形成中断嵌套;而正在进行的优先级较高的中断服务,阻止了优先级较低的中断请求,又产生了中断屏蔽作用。可见,中断优先级对整个中断系统的工作方式有着重要的影响。具有多个中断优先级别的中断系统,称为多级中断系统。

在多级中断系统中,要求 CPU 能接收并记录各个优先级的中断请求,能对多个中断请求进行优先级排队,能按优先级由高到低的顺序响应各级中断请求。此外,还需要 CPU 能够对各级中断实施灵活的屏蔽控制,并实现中断嵌套。如果每个优先级上只有一个设备,则称为一维多级中断系统;如果每个优先级上可以有多台设备,则构成二维多级中断系统。图 8.30 为多级中断系统示意图。

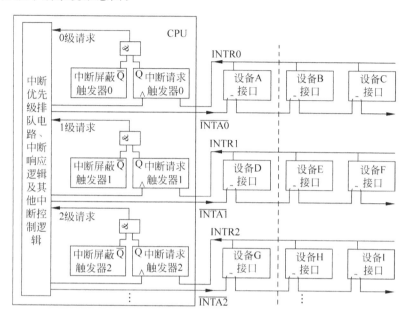

(a) 一维、二维多级中断结构

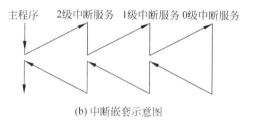

(b) 中断嵌套示意图

图 8.30　多级中断系统示意图

假设图 8.30 中的中断优先级由高到低排列依次是:0 级→1 级→2 级→…。如果只有虚线左侧部分,则为一维多级中断系统结构,去掉虚线后,则为二维多级中断系统结构。不同优先级的设备通过各级的中断请求信号线,以独立请求方式向 CPU 提出中断请求;CPU 利用优先级排队电路,选出优先级最高的中断请求予以响应。在二维多级中断结构中,同一级上的多个设备通过同一根中断请求信号线向 CPU 发送中断请求信号,而 CPU 的中断响应信号则以链式查询方式响应要求服务的设备。因此,同一级上的各个设备虽然属于同一个中断优先级,但其获得响应的实际级别仍有高低之分;越靠近 CPU(即中断响应信号越早到达)的设备,其获得响应的实际级别就越高。但同一级上的设备相互之间不能形成中断嵌套。

CPU 中,各级中断的中断请求触发器组成一个中断请求寄存器(IRR);而各级中断屏蔽触发器则组成一个中断屏蔽寄存器(IMR)。通过对中断屏蔽寄存器编程,可以屏蔽某一级或某几级中断请求,甚至可以改变原有的中断服务优先次序。中断屏蔽寄存器的内容需要作为程序的硬件现场信息,在中断响应过程中加以保护;在进入中断服务程序后,可通过指令修改其内容,以得到特殊的中断服务优先次序或中断屏蔽效果。图 8.31 所示为独立请求方式下的中断优先级排队逻辑。

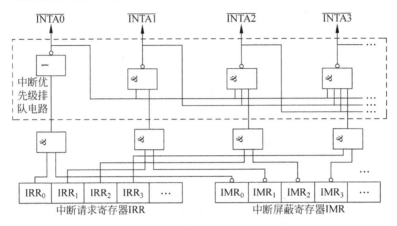

图 8.31 独立请求方式的中断优先级排队逻辑

图 8.31 中,中断请求的优先级由高到低依次是:$IRR_0 \rightarrow IRR_1 \rightarrow IRR_2 \rightarrow IRR_3 \rightarrow \cdots$。可见,当有较高优先级的中断响应信号$\overline{(INTA)}$有效时,优先级较低的中断响应均被禁止。这种中断优先级排队逻辑没有将所选择的中断与当前正在服务的中断进行优先级比较,只要有中断请求,就一定有中断响应,因此会出现低优先级中断请求打断高优先级中断服务的情况。如果要避免这种情况,只有在中断服务程序中对中断屏蔽寄存器进行软件设置,使其屏蔽掉本级及其以下各级中断请求,只开放优先级高于本级的中断请求。若想在硬件上解决这个问题,还需要为每级中断设置一个中断服务触发器,当某级中断获得响应后,其中断服务触发器将被置位,表示该级中断进入"服务"状态,此"服务"状态被用来屏蔽本级及其以下各级的中断请求。在中断服务结束,准备中断返回之前,必须发出专门的中断结束命令,将本级中断的中断服务触发器复位(即清除其"服务"状态),以解除其对本级及其以下各级中断请求的屏蔽,这称为中断服务的硬件结束。各级中断的中断服务触发器组成中断服务寄存器(ISR)。带有中断服务寄存器的中断优先级排队逻辑如图 8.32 所示。

【例 8.4】 中断屏蔽寄存器的各位所组成的二进制序列称为中断屏蔽字。设某计算机系统共有 4 级中断,优先级由高到低排列依次是:0 级→1 级→2 级→3 级,且优先级排队电路中没有 ISR。在中断服务程序中,可以通过对中断屏蔽寄存器进行软件设置(即设置中断屏蔽字),来改变中断服务的优先次序。设中断屏蔽触发器为 0 时开放中断;为 1 时禁止中断。

(1) 如要保证各级中断能够按正常的中断优先级次序得到服务,主程序及各级中断服务程序中应如何设置中断屏蔽字?

(2) 在(1)的基础上,设 CPU 在执行主程序的过程中,4 个优先级的中断请求同时出现,试画出 CPU 执行程序的轨迹。

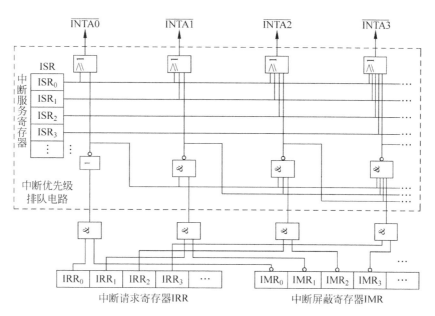

图 8.32　带 ISR 的中断优先级排队逻辑

（3）如要将中断服务的优先次序改为 0 级→3 级→1 级→2 级,各级中断服务程序中应如何设置中断屏蔽字? 如全部 4 级中断请求同时出现,画出在此情形下,CPU 执行程序的轨迹。

解:

（1）在允许通过软件设置中断屏蔽字的系统中,中断优先级是指中断响应的优先次序,与中断服务的优先次序是两个不同的概念。中断优先级是由中断优先级排队电路设定的,不可改变;而中断服务的优先次序,则可以通过用软件修改中断屏蔽字的方法加以改变。

如果要保证各级中断能够按中断优先级次序得到服务,就不能允许优先级低的中断请求打断优先级高的中断服务。因此,在各级中断服务程序中,都要将本级及以下各级中断屏蔽掉,只开放优先级高于本级的中断。而在主程序中,则应将中断屏蔽字置为全 0,以开放各级中断请求。现将各级中断服务程序所需设置的中断屏蔽字列于表 8.3 中。

表 8.3　使中断服务优先次序与中断优先级一致所需设置的中断屏蔽字

中断优先级（由高到低排列）	中断屏蔽字 $IMR_0 IMR_1 IMR_2 IMR_3$
0	1 1 1 1
1	0 1 1 1
2	0 0 1 1
3	0 0 0 1

（2）按正常的中断优先级排列次序,CPU 应该依次为 0 级、1 级、2 级和 3 级中断进行服务,其程序执行轨迹如图 8.33 所示。

（3）按新的中断服务优先次序,各级中断服务程序所需设置的中断屏蔽字列于表 8.4 中。

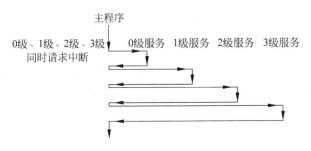

图 8.33　例 8.4(2)CPU 执行程序的轨迹

表 8.4　中断服务优先次序与中断屏蔽字的关系

中断服务优先次序（由高到低排列）	中断屏蔽字 IMR_0 IMR_1 IMR_2 IMR_3
0	1 1 1 1
3	0 1 1 1
1	0 1 1 0
2	0 0 1 0

　　按新的中断屏蔽字,当全部 4 级中断同时发出中断请求时,CPU 执行程序的轨迹如图 8.34 所示。

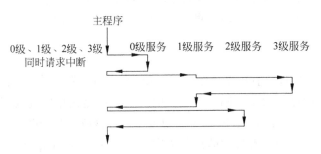

图 8.34　例 8.4(3)CPU 执行程序的轨迹

　　按中断优先级的顺序,CPU 首先响应 0 级中断。进入 0 级中断服务程序后,中断屏蔽字被设置为 1111,即全屏蔽,因此,0 级中断服务在不受任何干扰的情况下首先完成,并返回主程序。回到主程序后,中断屏蔽字恢复为 0000(即全开放)。由于 1 级中断的优先级仅次于 0 级,因此接下来响应的是 1 级中断。进入 1 级中断服务程序后,中断屏蔽字被设置为 0110,开放了 0 级和 3 级中断,但由于 0 级服务已完成,而 3 级中断尚未得到响应,所以,CPU 转而响应 3 级中断请求,使 1 级中断服务被打断,转入了 3 级中断服务。3 级中断服务程序将中断屏蔽字置为 0111,只开放 0 级中断,而 0 级中断早已结束,因此 3 级中断服务得以连续完成,并返回被其打断的 1 级中断服务程序,继续进行 1 级中断服务。1 级中断服务完成后,返回主程序,中断屏蔽字又恢复为 0000。此时,仅有 2 级中断请求还没有得到响应,因此,接下来就是响应 2 级中断,完成 2 级中断服务,并返回主程序继续执行。

5. 中断控制器

　　程序中断方式避免了 CPU 对 I/O 设备的等待,提高了 CPU 的工作效率。但是,CPU

中为此增加了中断请求、中断屏蔽、中断判优、中断响应等中断逻辑,这一方面增加了 CPU 的硬件复杂度,另一方面也限制了中断系统的扩展。

为了解决这些问题,将 CPU 中的大部分中断逻辑移出来,再把设备接口中的中断向量产生逻辑也移出来,一起组成中断控制器,用来接受设备的中断请求,完成中断屏蔽与中断服务优先权分析,向 CPU 发出符合中断服务优先权规则的中断请求,然后在 CPU 的中断响应信号控制下,向 CPU 提供设备的中断向量等。中断控制器是 CPU 与 I/O 设备之间的一个重要接口,有了它,CPU 中只需保留一个中断请求触发器、一个中断允许触发器以及简单的中断响应逻辑即可。图 8.35 所示为微机系统中常用的 8259A 中断控制器逻辑框图。

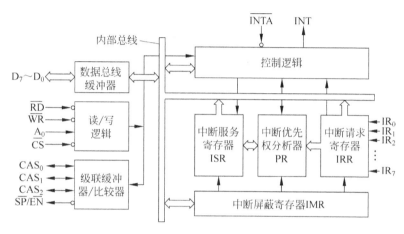

图 8.35 8259A 中断控制器逻辑框图

8259A 是一个通用可编程中断控制器芯片,其中断屏蔽方式、中断优先级排列方式、中断结束方式、单片或级联工作方式以及设备中断请求信号的触发方式等,均可由 CPU 编程控制。一个 8259A 芯片可以管理 8 级设备中断,其内部各个组成部分的作用简要介绍如下:

(1)中断请求寄存器 IRR。IRR 用来存放设备的中断请求状态,它的 8 根输入线 $IR_0 \sim IR_7$ 可以接受 8 个设备的中断请求。如果某个设备向 8259A 发出了中断请求,则 IRR 中的对应位为 1,否则为 0。

(2)中断屏蔽寄存器 IMR。IMR 对 IRR 起屏蔽作用,IMR 中的一位对应地屏蔽 IRR 中的一级中断请求。CPU 可通过特定的操作,对 IMR 进行设置;IMR 的某位置 1,则对应的一级中断请求被屏蔽;清零,则开放对应的中断请求。

(3)中断服务寄存器 ISR。ISR 用来记录各级中断的服务状态,如果某级中断得到响应,则 ISR 中的对应位被置 1,表示该级中断已处于服务状态中。ISR 中如果同时有多位为 1,则说明当前有多级中断均处于服务状态中,而正在执行的服务程序是其中优先级最高的,其他仍处于服务状态的中断级都是在尚未完成服务之时,被优先级更高的中断请求所打断的。

(4)中断优先权分析器 PR。PR 根据 IRR 和 IMR 中的内容,从当前提出中断请求而又未被屏蔽的中断级中选出优先级最高的中断级,然后再将其与 ISR 中记录的正在进行服务的中断级比较,如果新提出请求的中断级具有更高的优先级,则 PR 将使 INT 输出信号变为高电平,向 CPU 提出中断请求;如果新提出请求的中断级优先级较低,则 PR 不会向 CPU 发中断请求。可见,ISR 的某位为 1,就会起到屏蔽本级及以下各级中断的作用。

（5）控制逻辑。控制逻辑中包含 4 个初始化命令寄存器和 3 个操作命令寄存器,接受 CPU 发送过来的初始化命令字(ICW)和操作命令字(OCW),并据此对 8259A 进行工作方式设置以及各种操作控制。此外,控制逻辑还负责向 CPU 发出中断请求信号 INT,接收 CPU 的中断响应信号 $\overline{INTA}$,并向 CPU 提供获得响应的中断级的中断号(作为 CPU 查询中断向量表的依据)等。

（6）读/写控制逻辑。CPU 对 8259A 中各寄存器的访问,是通过读/写控制逻辑完成的。8259A 芯片中包含两个端口,用一位地址 A_0 来选择;对芯片中各个寄存器的访问,都是通过这两个端口进行的。$\overline{CS}$ 是 8259A 的片选引脚,$\overline{RD}$ 和 $\overline{WR}$ 是对端口的读和写控制信号。CPU 通过发出端口地址及读/写控制信号,使 8259A 的 $\overline{CS}$ 有效,并选择其中一个端口进行读/写操作。

（7）数据总线缓冲器。数据总线缓冲器是一个 8 位缓冲器,是 8259A 内部总线与系统数据总线之间的连接部件,具有输入缓冲与输出锁存功能。CPU 向 8259A 发出的各种命令字,以及从 8259A 各个寄存器中读取的信息,都是通过数据总线传送的; 8259A 向 CPU 提供的设备中断号,也是经数据总线传送给 CPU 的。

（8）级联缓冲器/比较器。8259A 允许采用多片级联的方式来增加所管理的中断级数。在多片级联的系统中,有一个 8259A 芯片作为主片,其余均为从片;各个从片的 INT 输出端连接到主片的 IR(中断请求)输入端。由于一个主片只有 8 个 IR 输入端($IR_0 \sim IR_7$),因此,最多可以连接 8 个从片;每个从片能管理 8 级中断,故最多能管理 64 级中断。多片级联时,还要将主片的级联线($CAS_0 \sim CAS_2$)与从片的级联线($CAS_0 \sim CAS_2$)相互连接,其中,主片的级联线用于输出从片的标志号,从片的级联线则用于接收主片发来的标志号。从片的标志号是一个 3 位编号,与从片的 INT 信号所连接到的主片 IR 引脚编号一致(如连接到 IR_2,则标志号为 010)。

在级联方式下,从片对自己所管理的中断级进行优先级分析后,将本片的中断请求信号(INT)发到主片,由主片统一对所接收到的各级中断请求进行优先级分析后,再向 CPU 发出中断请求信号 INT(如果是从片的中断请求优先级较高,则主片实际上是为从片向 CPU 发中断请求)。CPU 的中断响应信号 $\overline{INTA}$ 同时发到主片和从片上,但是主片具有优先响应权。如果 CPU 响应的是主片直接管理的设备中断,则由主片向 CPU 提供设备中断号,从片不参与操作;如果 CPU 响应的是某个从片的中断请求,则由主片将获得响应的从片的标志号从级联线 $CAS_0 \sim CAS_2$ 发出,各个从片将把接收到的标志号与自身的标志号在比较器中进行比较,比较结果一致的从片,负责将本片中获得响应的中断级的中断号发送给 CPU。

多片级联时,8259A 与系统数据总线的连接有缓冲方式和非缓冲方式之分。缓冲方式是在 8259A 与数据总线之间设置双向缓冲器,此时,$\overline{SP}/\overline{EN}$ 作为输出信号,控制双向缓冲器的数据传送方向。非缓冲方式不设置双向缓冲器,此时 $\overline{SP}/\overline{EN}$ 为输入信号,$\overline{SP}/\overline{EN}=1$,表示此 8259A 为主片,否则为从片。缓冲方式下的主片与从片通过编程设定。

CPU 通过对 8259A 编程,可以对 8259A 设置多种工作方式,大致有:

（1）设备中断请求信号的触发方式。有上升沿触发和高电平触发两种方式。

（2）中断屏蔽方式。有一般屏蔽方式和特殊屏蔽方式两种。一般屏蔽方式通过对 IMR 中的某些位置 1，来达到屏蔽对应中断级的目的。并且，严格按照中断优先级的排列顺序，当某级中断进入服务状态（其在 ISR 中的对应位被置 1）后，该级及其以下各级中断均被自动屏蔽。特殊屏蔽方式则除了将正处于服务状态的中断级屏蔽之外，开放所有其他中断级，包括那些比现行服务优先级低的中断级。因此，会出现优先级低的中断请求打断优先级高的中断服务的现象。当然，要实现特殊屏蔽方式，还必须将 ISR 清零，才能在硬件上允许优先级低的中断请求发出。

（3）中断优先级排列方式。有完全嵌套方式、特殊的完全嵌套方式、自动轮换方式和指定轮换方式等 4 种。

完全嵌套方式是一种固定优先级排列方式，它规定 8 个中断请求信号输入端 $IR_0 \sim IR_7$ 的优先级由高到低排列为 $IR_0 > IR_1 > IR_2 > \cdots > IR_7$，并且规定只允许优先级高的中断请求打断优先级低的中断服务，而不能相反。这是 8259A 最常用的（也是默认的）中断优先级排列方式。

特殊的完全嵌套方式与完全嵌套方式基本相同，只是在进行某级中断服务期间，允许响应同级中断请求，但仍禁止低级中断请求。这种方式用于 8259A 的多片级联。

自动轮换方式的初始优先级排列顺序与完全嵌套方式一样，但是，当某级中断服务完毕后，其优先级自动降为最低级，而其下一级自动升为最高级。这种方式可实现所有中断的优先级相等。

指定轮换方式不默认初始的最高优先级为 IR_0，而是先由程序指定某一级为最高优先级，然后再自动轮换。

（4）中断结束方式。此处的中断结束是指中断服务在硬件上的结束，有自动结束方式和非自动结束方式两种。如前所述，某级中断得到响应后，8259A 就会将该级中断在 ISR 中的对应位置 1，表示该级中断已进入服务状态，同时起到屏蔽本级及以下各级中断的作用。一个中断服务在硬件上的结束，是以该级中断在 ISR 中的对应位被清零为标志的。

非自动结束方式需要在中断服务程序结束之前，通过执行专门的中断结束命令（EOI），来将本级中断在 ISR 中的对应位清零，以解除对本级及以下各级中断的屏蔽。这种中断结束方式，可以保证一个中断服务程序在执行过程中，不被同级或更低优先级的中断请求打断。这也是实际应用中主要采用的中断结束方式。

自动结束方式是在 8259A 向 CPU 送出中断号后，就将该级中断在 ISR 中的对应位清零。这意味着，在该级中断服务程序结束时，不用再执行中断结束命令了。因此，该方式被称为自动结束方式。由于在中断服务程序执行期间，对应的 ISR 位为 0，所以不能屏蔽同级甚至级别更低的中断请求，中断服务过程可能被同级或更低级的中断请求打断。这种方式会打乱中断优先级的排列顺序。

（5）单片或级联工作方式。

这里不再赘述。

6. 计算机的中断系统

前面所描述的中断是 I/O 设备为了与 CPU 交换数据而引发的，可称为 I/O 中断，也是最具代表性的一类中断。在一个计算机系统中，需要 CPU 暂停正在执行的程序，去进行服

务或处理的事件还有很多,这些事件统称为中断源。中断源的种类有:

（1）I/O设备。I/O设备在需要与CPU交换数据时,通过接口中的中断逻辑,向CPU发出中断请求信号,请求CPU进行中断服务。

（2）硬件故障。机器在运行过程中,由于硬件出现故障,而请求CPU进行处理。常见的硬件故障有:存储单元或I/O端口奇偶校验错误、器件接触不良、电源掉电等。

（3）程序性错误。由于程序员在程序设计上的疏忽,使程序在运行期间,出现诸如运算结果溢出、除法错误、操作码错误、地址越界、非法访问等问题,需要CPU的处理。

（4）中断调用指令。操作系统等系统软件中,有丰富的实用例程（涉及输入输出、文件操作、存储空间分配、软件调试等功能）可供程序员在编程时调用。为了方便调用,这些实用例程通常做成中断服务程序的形式,由专门的中断调用指令来调用。这种类型的中断是由程序员在程序中人为安排的,类似于子程序调用。

以上4类中断源中,前两类属于硬件类型,统称为硬件中断,简称硬中断;后两类属于软件类型,统称为软件中断,简称软中断。CPU无论处理哪种类型的中断,都是通过执行相应的中断服务程序来完成的。

硬中断都需要有中断请求与中断响应的过程,需要有比较复杂的中断逻辑。通常,硬件故障中断与I/O设备中断是分开管理的,它们的中断请求与响应过程不尽相同。硬件故障中断的优先级高于I/O设备中断,且是不可屏蔽的,需要CPU及时做出响应。而CPU可以在必要的时候对I/O设备中断予以屏蔽,或不予响应。前面所介绍的中断控制器,通常用来管理I/O设备中断。

软中断没有中断请求与中断响应过程,所需的中断逻辑简单,且都设置在CPU内部。如果是执行中断调用指令引起的中断,则在中断调用指令的控制下转入中断服务程序执行;如果是程序性错误引起的中断,则由CPU内部逻辑自动控制转入相应的中断服务程序执行。软中断是不可屏蔽的,其优先级高于硬中断。

在中断源较多的系统中,通常为每个中断源分配一个中断号,并将各个中断源的服务程序入口地址（即中断向量）按中断号的顺序,连续存放在主存的某个特定区域,形成一个中断向量表。CPU只要得到中断源的中断号,就可以从中断向量表中取得对应的中断向量,实现向中断服务程序的转移。不同类型的中断源以不同的方式向CPU提供中断号。I/O设备中断在响应过程中,由中断控制器向CPU提供中断号;硬件故障中断通常由CPU内部逻辑自动产生中断号,也可由中断源提供中断号;中断调用指令通常直接在指令中给出中断号;程序性错误中断则一般由CPU内部逻辑自动检测,并自动提供中断号。

一个计算机中,所有与中断有关的硬件和软件,组成这个计算机的中断系统。

8.6.3　直接存储器访问方式

1. DMA方式的特点

如前所述,程序中断方式通过I/O设备主动请求数据交换,避免了CPU对I/O设备的等待,提高了CPU的工作效率。但是,具体的数据交换过程仍需CPU执行中断服务程序来完成。而且,中断服务程序中除了与I/O设备交换数据的I/O指令外,还包含了保护与恢复现场所用的堆栈操作指令,开、关中断指令等其他指令。因此,CPU仍需为I/O数据交换耗费一定的时间。此外,程序中断方式通过执行 I/O 指令来交换数据,一次只能完成一个字节(或一个字)的数据交换,如果需要交换大量数据,其效率是比较低的。可见,程序中断方式主要适用于 CPU 与数据交换频率较低、交换数据量小的 I/O 设备进行数据交换。

在磁盘、光盘等高速辅存或其他高速 I/O 设备与主机之间交换数据时,一次交换的数据量大,且要求有很高的数据传输速度。如果仍采用程序中断方式交换数据,则 CPU 要连续响应和执行很多次中断,这一方面占用了 CPU 大量的工作时间;另一方面也大大降低了数据交换的速度,并可能无法达到所需的高数据传输速度。

直接存储器访问(Direct Memory Access,DMA)方式直接在 I/O 设备与主存之间交换数据,数据交换过程由专门的 DMA 控制器(DMAC)实施控制,不需要 CPU 的干预。因此,这是一种数据交换过程直接由硬件控制的 I/O 传送方式。由于不用 CPU 执行 I/O 指令来进行数据交换,使数据交换的速度大为提高,同时,也把 CPU 从对 I/O 设备的直接操作中解脱出来,提高了 CPU 的效率。

DMA 方式特别适合于磁盘等高速 I/O 设备与主存之间的成组数据交换。但是,数据交换需要使用总线,而总线的控制权掌握在 CPU 手中。因此,每次要用 DMA 方式交换数据时,都要由 DMAC 向 CPU 提出总线使用申请,CPU 在结束当前总线周期后让出总线控制权(通过把与总线之间相连接的三态门缓冲器置为"高阻"态,使 CPU 脱离对总线的控制),使 DMAC 能够控制总线,完成设备与主存之间的数据交换。数据交换结束后,DMAC 要将总线控制权重新交还给 CPU。

DMAC 在控制 I/O 设备与主存交换数据时,需要确定所要交换的数据量和所涉及的主存区域的基址。此外,DMAC 通常有多种具体的控制数据交换的方法(稍后介绍),所以也需要确定使用哪种数据交换方法来完成数据交换。这些工作是通过 CPU 执行专门的 DMAC 初始化程序来完成的。DMAC 在结束数据交换后,通常还需要向 CPU 发一个中断请求,让 CPU 来做一些后续处理工作,如对 I/O 设备存入主存的数据进行校验,检测数据交换过程是否出错,决定是继续 DMA 传送,还是结束传送等。可见,DMA 方式并不是完全不要 CPU 参与的。

归纳起来,采用 DMA 方式进行一次 I/O 数据交换需要经过 4 个阶段:预处理阶段、总线申请与响应阶段、数据交换阶段和后处理阶段。

在预处理阶段,由 CPU 执行一个 DMAC 初始化程序,将所需交换的字节(或字)数和所需访问的主存区域基址,置入 DMAC 中的字节(或字)数计数器和地址寄存器;选择好一种数据交换方法,并设置好数据传送方向。做完这些预处理工作后,CPU 继续执行原来的程序。

当接在 DMAC 上的设备做好数据交换准备时,就向 DMAC 发出 DMA 数据传送请求;DMAC 转而又向 CPU 提出总线使用申请。CPU 在每个总线周期结束时,都会检测 DMAC 的总线申请线,如果检测到 DMAC 的总线申请信号,则会立即做出响应,向 DMAC 让出总线控制权。

DMAC 取得总线控制权后,开始进入数据交换阶段。DMAC 通过地址总线,分别向设备和主存送出地址,并根据已设置好的数据交换方式和数据传送方向,向设备和主存发出读/写控制信号,然后通过数据总线传送一个字节(或字)数据。传送完一个字节(或字)后,DMAC 对字节(或字)数计数器减 1,并对主存地址寄存器进行增量或减量操作。如果预先设定的数据量尚未传送完(计数器未减到 0),则 DMAC 继续控制数据传送,直到传送结束。

数据交换完成后,DMAC 将总线释放,并向 CPU 发出中断请求。CPU 重新控制总线,响应 DMAC 的中断请求,进入 DMA 的后处理阶段。

以上 4 个阶段中,只有数据交换阶段是完全不用 CPU 参与的,CPU 可以在此期间继续执行原来的程序。但是,由于 CPU 暂时放弃了总线控制权,所以,CPU 在此期间不能访问主存。这意味着 CPU 不能从主存取新的指令,最多只能执行 CPU 指令 cache 中预取进来的少量指令,且所执行的指令最多也只能访问寄存器或 CPU 内的数据 cache。可见,DMA 数据交换阶段虽然不占用 CPU,但 CPU 的正常工作也会受到影响。

根据总线控制权在 CPU 和 DMAC 之间流转的方式不同,一般有以下三种 DMA 数据交换方法:

(1) 连续的 DMA 数据交换法。采用这种方法时,DMAC 一旦获得总线控制权,就要连续地将一组数据全部传送完,才会将总线控制权交还给 CPU。整个数据传送过程需要连续占用多个总线周期。这其中,每个数据的实际传送时间只是一个总线周期,但每传送一个数据之前的设备准备时间则要长得多。

这种方法的优点是:数据传输率高,控制简单。缺点是:较长时间失去总线控制权,会使 CPU 处于无法工作的状态,这可能使系统中的一些突发事件因得不到 CPU 的及时处理,而造成系统运行的错误。为了尽可能减少 CPU 等待总线的时间,通常在设备的接口中设置一个小容量缓冲存储器,设备先与该缓冲存储器交换数据,待缓冲存储器满(对输入)或空(对输出)时,再向 DMAC 提出 DMA 请求;而交换数据时,是在缓冲存储器与主存之间进行的,每传送一个数据只需一个总线周期。

(2) 周期挪用(或周期窃取)法。每当 CPU 接到 DMAC 的总线申请,就将下一个总线周期的总线控制权交给 DMAC;DMAC 利用这个总线周期完成一个字节或字的数据交换后,立即将总线控制权交回给 CPU。这种方法的主要目的,是为了避免 CPU 长时间失去对总线的控制,是一种以 CPU 控制总线为主的 DMA 数据交换方法。DMAC 每次从 CPU 那里获取一个总线周期的总线控制权,就如同挪用(或窃取)了 CPU 的一个总线周期,因此,这种方法称为周期挪用(或周期窃取)法。

采用这种方法进行一组数据的 DMA 传送时,每当设备做好一个数据的传送准备,DMAC 就要提出一次总线申请,直到一组数据全部传送完毕。在 DMAC 向 CPU 申请总线控制权时,可能碰到两种情况:① 下个总线周期时段中,CPU 不用总线;② 下个总线周期时段中,CPU 也要用总线。对于第一种情况,CPU 将总线控制权交给 DMAC,不会对 CPU 的工作造成任何影响;对于第二种情况,通常规定 DMAC 的优先权高于 CPU,即 CPU 将下一个总线周期的总线控制权让给 DMAC,自己等待一个总线周期。之所以这样安排,是因为高速设备的 I/O 周期较短,如果前一次 I/O 请求尚未得到响应,后一次 I/O 请求就已经到来,就会造成数据传送错误。

周期挪用法既实现了 I/O 传送,又对 CPU 的工作影响不大,因此被广泛使用。

(3) 交替控制总线法。将 CPU 的一个总线周期设计成两个主存存储周期长度,并将每个总线周期一分为二,一半给 CPU 使用,由 CPU 控制总线;另一半则给 DMAC 使用,由 DMAC 控制总线。这种方法在硬件上设定了 CPU 与 DMAC 交替控制总线的时间段,因此,总线控制权的交接无须经过申请、响应、归还等环节,所需延时很小。这对提高 DMA 传送效率是很有利的。

交替控制总线法也称为"透明的 DMA"法。因为无论是 CPU,还是 DMAC,都在分配给自己的时间里使用总线,相互之间没有任何冲突,从 CPU 的角度来看,就像没有 DMA 一样。但是,这要求有很短的主存存储周期,否则将使 CPU 的主存访问速度严重降低。

当一个系统中有多台设备采用 DMA 方式与主机交换数据时,DMAC 中也需要设置 DMA 响应的优先级。与中断方式不同的是,DMA 不能嵌套,也就是说,即使是优先级高的 DMA 请求,也不能打断正在进行的 DMA 数据交换过程。此外,对 CPU 来说,DMA 请求的优先级高于中断请求。

【例 8.5】 设 DMAC 以周期挪用方式控制数据交换,一次成组数据交换所允许的最大数据量为 400 字节。已知:主存存取周期为 100ns;所用字符设备的数据传输率为 9600b/s;CPU 每处理一次中断需 5μs。若采用 DMA 方式交换数据,每完成一组数据的交换都要请求 CPU 中断,并忽略对 DMAC 预处理所需的时间,则进行 1 秒钟的数据交换需占用 CPU 多少时间? 如果完全采用中断方式进行数据传送,又需占用 CPU 多少时间?

解:(1) 对 DMA 方式,由字符设备的数据传输率,有
$$9600b/s = (9600/8)B/s = 1200B/s$$
如按每组数据 400 字节计算,每秒可交换 3 组数据。因为每交换一个字节,需挪用 CPU 一个主存存取周期,每交换完一组数据,需请求一次 CPU 中断,所以,共占用 CPU
$$100ns \times 1200 + 5\mu s \times 3 = 0.1\mu s \times 1200 + 15\mu s = 135\mu s$$
(2) 对中断方式,每次中断服务只能完成一个字节的交换,完成 1200 字节的交换共需占用 CPU
$$5\mu s \times 1200 = 6000\mu s = 6ms$$

【例 8.6】 设磁盘采用 DMA 方式与主机交换数据,其数据传输速率为 2MB/s;DMA 预处理需 1000 个时钟周期,后处理需 500 个时钟周期。如果磁盘一次 DMA 传送的平均数据量为 4KB,CPU 的时钟频率为 50MHz,则 1 秒钟内,CPU 用于 DMA 辅助操作(包括预处理和后处理)的时间所占的比例是多少?

解:磁盘每秒可与主机交换数据的组数平均为
$$2MB/4KB = 2 \times 10^6/(4 \times 10^3) = 500(组)$$
每进行一组数据交换,都要做一遍 DMA 辅助操作,所以,CPU 用于 DMA 辅助操作的时间所占的比例为
$$[(1000 + 500) \times 500]/(50 \times 10^6) \times 100\% = 1.5\%$$

2. DMA 控制器

DMAC 是 I/O 设备与主机之间的一个特殊接口。与一般接口不同的是,DMAC 能够控制总线,代替 CPU 来完成 I/O 数据交换。实际使用的 DMAC 通常都做成了集成电路芯片,可由 CPU 执行专门的初始化程序对其进行预处理。一个 DMAC 芯片通常设置有多个 DMA 通道,可以连接多台 DMA 设备,接受它们的 DMA 请求;通道之间设有优先级,可以是固定优先级,也可以是循环优先级,可在预处理时进行设置。DMAC 不允许 DMA 嵌套,因此,只有在一个设备的 DMA 数据交换全部结束后,才能接受其他设备的 DMA 请求;当多台设备同时提出 DMA 请求时,DMAC 按优先级进行选择。在接受了设备的 DMA 请求后,DMAC 向 CPU 发出总线申请信号,而 CPU 则以 DMA 响应信号回应之。图 8.36 所示

为微机系统中常用的 8237 DMAC 组成框图。

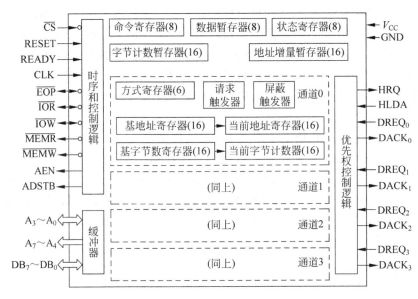

图 8.36　8237 DMAC 组成框图

8237 共有 4 个内部结构完全相同的 DMA 通道,可以连接 4 台 I/O 设备。4 个通道采用独立请求方式接受设备的 DMA 请求(DREQ),并予以响应(DACK)。通道之间可采用固定优先级和循环优先级两种优先级排队方式。采用固定优先级时,4 个通道的优先级由高到低排列是:通道 0>通道 1>通道 2>通道 3;采用循环优先级时,一个通道的 DMA 传送结束后,其优先级自动降为最低级,而其下一级自动升为最高级。优先级排队方式可由 CPU 执行 8237 初始化程序进行选择。无论采用哪种优先级排队方式,DMA 传送都不允许嵌套,即优先级高的 DMA 请求也不能打断优先级低的 DMA 传送。

优先级控制逻辑通过 HRQ 线向 CPU 提出总线申请,并通过 HLDA 线接受 CPU 的总线授权。

8237 有"被动态"和"主动态"两种工作状态。在被动态下,8237 接受 CPU 的编程控制(即初始化操作)。8237 内部有 16 个端口,CPU 通过向这些端口(由 $A_3 \sim A_0$ 进行选择)发送各种命令字和工作参数,完成对 8237 的初始化。CPU 也可对部分端口进行读操作,以了解 8237 的工作状态。CPU 对 8237 端口的读写操作由 $\overline{\text{IOR}}$(读命令)和 $\overline{\text{IOW}}$(写命令)控制完成,而信息则通过 $DB_7 \sim DB_0$ 传送。

在主动态下,8237 成为总线的控制者,控制设备与主存之间直接交换数据。对主存,8237 通过 $A_7 \sim A_0$(低 8 位)和 $DB_7 \sim DB_0$(高 8 位)发出 16 位主存地址,通过 $\overline{\text{MEMR}}$ 和 $\overline{\text{MEMW}}$ 发主存读写命令,并通过 $DB_7 \sim DB_0$ 传送数据(分时复用,先传送地址,后传送数据)。对设备,8237 通过 $\overline{\text{IOR}}$ 和 $\overline{\text{IOW}}$ 对设备接口中的数据端口实施读写操作。一组数据交换完成后,8237 将通过 $\overline{\text{EOP}}$ 发出传送结束信号,命令设备停止传送;$\overline{\text{EOP}}$ 也可用来作为中断请求信号,请求 CPU 进行中断服务。8237 还允许外部输入 $\overline{\text{EOP}}$,强行中止 DMA 传送。

8237 每个通道都由以下主要部件组成:

(1) 方式寄存器(6 位)。8237 有 4 种操作方式。①单一字节传送方式:即周期挪用方式。②块传送方式:即连续的 DMA 传送方式。③询问传送方式:类似于块传送方式,但每传送一个字节后,都要检测 DREQ 信号是否有效,如有效,则继续传送下个字节,否则暂停传送,但不交回总线控制权。④级联方式:8237 允许多片级联工作,以扩充 DMA 通道数。多片级联时,有一个主片和最多 4 个从片;从片的 HRQ 线和 HLDA 线分别与主片某个通道的 DREQ 线和 DACK 线连接。

(2) 基地址寄存器(16 位)。存放 CPU 在初始化时设定的主存区域首地址。

(3) 当前地址寄存器(16 位)。当前地址寄存器的初始值与基地址寄存器相同,由 CPU 在初始化时同时写入。在数据传送过程中,每传送一个字节,该寄存器的内容加 1 或减 1 (由初始化时设定的地址增量方向决定),以形成下个主存单元的地址。

(4) 基字节数寄存器(16 位)。存放 CPU 在初始化时设定的数据传送字节数。

(5) 当前字节计数器(16 位)。当前字节计数器的初始值与基字节数寄存器相同,由 CPU 在初始化时同时写入。在数据传送过程中,每传送一个字节,该计数器的内容减 1,当从全 0 减至全 1 时,计数结束,8237 发出 $\overline{\text{EOP}}$ 信号,表示数据传送终止。由于在计数器为全 0 时仍要再做一次减 1 计数,因此,计数初值应置为所需传送的字节总数减 1。

(6) 屏蔽触发器。该触发器为 1 时,允许接受本通道上的设备提出的 DMA 请求 (DREQ),为 0 时,则不接受设备的 DMA 请求。该触发器的状态由 CPU 在初始化时设置。

(7) 请求触发器。8237 允许通过软件的方式发出 DMA 请求,其作用如同设备发出的 DMA 请求一样,且不能被屏蔽。CPU 通过软件,将请求触发器置 1,来发出软件 DMA 请求。DMA 传送结束后,$\overline{\text{EOP}}$ 信号会自动复位请求触发器。软件 DMA 请求主要用于启动存储器到存储器的 DMA 数据传送,且必须是块传送方式。

8237 还有几个由各通道共用的寄存器:

(1) 命令寄存器(8 位)。该寄存器的内容用来控制 8237 的操作方式,由 CPU 在初始化时设置。

(2) 状态寄存器(8 位)。该寄存器用来存放 8237 的状态,标明哪些通道已终止计数,哪些通道有 DMA 请求等,可供 CPU 查询。

(3) 数据暂存器(8 位)。在进行存储器到存储器的 DMA 传送时,用来暂存从源数据区读出的数据。

(4) 地址增量暂存器(16 位)和字节计数暂存器(16 位)。这是两个具有加 1 或减 1 功能的暂存器。DMA 传送过程中,每传送完一个字节后,当前地址寄存器和当前字节计数器的内容先分别送到这两个暂存器中,在此完成主存地址和字节计数的修改后,再分别送回当前地址寄存器和当前字节计数器中。这两个暂存器由 8237 内部使用,CPU 不能对其进行访问。

8.6.4 I/O 通道方式

DMA 方式对提高微机系统的数据吞吐能力发挥了很好的作用。但是,在大型计算机系统中,I/O 设备众多,设备与主机之间的数据交换频繁,如果仍采用 DMA 方式,则会带来以下问题:

(1) 需要为设备配置的 DMA 控制器太多,硬件开销大,控制也复杂。

(2) DMA 控制器都需要 CPU 来做初始化,会占用很多 CPU 时间,且频繁的周期挪用会显著降低 CPU 执行程序的效率。

为了解决上述问题,大型计算机系统中普遍采用 I/O 通道(I/O channel)方式进行输入输出。

1. 通道的功能

I/O 通道是计算机系统中代替 CPU 管理和控制 I/O 设备的独立部件,承担了输入输出系统的全部或大部分工作。通道能够执行一组专门的指令来管理和控制 I/O 设备,这组指令称为通道指令,而用通道指令编制的程序则称为通道程序。通道能够执行通道程序,因此,通道也被称为通道处理机。

在一个大型计算机系统中可以有多个通道,一个通道可以连接多个 I/O 控制器,一个 I/O 控制器又可以管理一台或多台 I/O 设备,由此构成一种由主机—通道—I/O 控制器—I/O 设备组成的四级输入输出系统结构。其中,主机只负责向通道下达输入输出任务,并在输入输出操作结束后进行必要的处理,而具体的输入输出过程则由通道执行通道程序来实施控制。

一般来说,通道应具有以下功能:

(1)接受 CPU 通过 I/O 指令下达的输入输出任务,根据指令要求选择指定的 I/O 设备与通道连接。

(2)执行主机为通道编制的通道程序,完成指定的输入输出工作。通道程序存于主存中,由通道从主存中依次取出和分析各条通道指令,并按通道指令的要求向被选中的 I/O 控制器发出各种操作命令。

(3)给出 I/O 设备的数据存放地址。如磁盘存储器的柱面号、磁头号、扇区号等。

(4)给出与 I/O 设备交换数据的主存缓冲区首地址。该缓冲区用来暂时存放从 I/O 设备上输入的数据,或暂时存放将要输出到 I/O 设备的数据。

(5)控制 I/O 设备与主存缓冲区之间交换数据的个数,对交换的数据个数进行计数,并判断数据交换工作是否结束。

(6)指定数据传送结束时所需进行的操作。如将 I/O 设备的中断请求及通道的中断请求发到 CPU 等。

(7)检查 I/O 设备的工作状态是正常,还是有故障,并根据需要将设备的状态信息送往指定的主存单元保存。

(8)在数据传送过程中完成必要的数据格式变换。如将字拆分为字节,或将字节组装成字等。

为了实现以上功能,通道除了能够执行通道指令外,还需要有相应的硬件支持。通道的主要硬件包括寄存器部分和控制部分。寄存器部分有:数据缓冲寄存器,主存地址计数器,传送字节数计数器,通道命令字寄存器,通道状态字寄存器等。控制部分有:分时控制、地址分配、数据传送、数据组装和拆分等控制逻辑。

I/O 控制器是具体控制设备进行操作的电路。不同的 I/O 设备,其 I/O 控制器的结构和功能是各不相同的。但是,通道与 I/O 控制器之间一般采用标准的接口来连接。通道命令通过标准接口送到 I/O 控制器,I/O 控制器解释并执行这些通道命令,控制 I/O 设备完成命令规定的操作,并将各种 I/O 设备产生的不同信号转换成标准接口和通道能够识别的信号。此外,I/O 控制器还能够记录 I/O 设备的状态,并把状态信息送往通道和 CPU。

2. 通道的工作过程

普通用户程序使用通道进行一次数据输入输出的过程如图 8.37 所示,其中包含以下三个主要步骤:

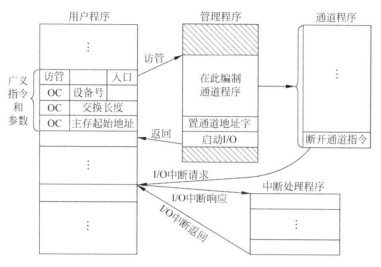

图 8.37　通道进行一次输入输出的主要过程

(1) 在用户程序中使用访管指令进入管理程序,CPU 通过执行管理程序来编制一个通道程序,并启动通道。

在多任务或多用户系统中,输入输出指令属于特权指令,一般用户程序不允许使用这些指令。如果在用户程序中要进行输入输出操作,必须通过一条请求输入输出的广义指令进入操作系统,通过调用操作系统的管理程序来进行输入输出。

广义指令由一条访管指令和若干个参数组成(如图 8.37 所示);访管指令中的地址码部分实际上就是这条访管指令要调用的管理程序的入口地址。当用户程序执行到要求进行输入输出操作的访管指令时,产生自愿访管中断请求,CPU 响应这个中断请求后,转向管理程序入口。

管理程序根据广义指令提供的参数,如设备号、需交换的数据长度和数据交换所涉及的主存缓冲区首地址等,来编制通道程序,并将编制好的通道程序存放到主存中为该通道设定的通道程序缓冲区中,而通道程序的入口地址被置入在主存中专门开辟的通道地址单元。最后,管理程序通过一条"启动 I/O"指令,启动通道工作。

(2) 通道执行由管理程序为其编制好的通道程序,完成所需的数据输入输出操作。

通道被启动后,CPU 就可以退出管理程序,返回到用户程序中继续执行。与此同时,通道开始执行通道程序,与设备进行数据传送。当通道执行完最后一条"断开通道"指令后,通道的数据输入输出操作完成,向 CPU 发出 I/O 中断请求。

(3) CPU 响应通道发出的 I/O 中断请求,第二次进入操作系统,调用相应的管理程序进行中断处理。

如果是正常传送结束产生的 I/O 中断请求,管理程序只需进行必要的登记等工作即可；如果是故障、错误等异常情况引起的 I/O 中断请求，则需进行例外情况处理。中断处理结束后，CPU 重新返回用户程序继续执行。

图 8.38 所示为使用通道进行一次输入输出操作的过程中，CPU 和通道的工作时间关系。

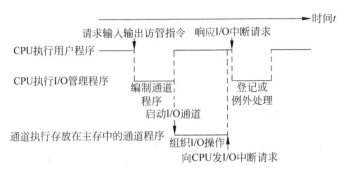

图 8.38　通道输入输出过程的时间关系示意图

可见，每进行一次输入输出，CPU 只需两次调用管理程序，大大减少了对用户程序的干扰，显著提高了 CPU 与 I/O 设备之间操作的并行程度。如果系统中有多个通道，则各通道都可以独立执行自己的通道程序，从而使多台 I/O 设备之间，以及 CPU 与 I/O 设备之间，均可充分地并行工作。

在通道与设备的数据传送过程中，如果在同一个通道中有多台设备同时处于工作状态，则通道要多次进行设备选择，每次选择一台需要交换数据的设备。对于低速设备，每传送完一个字节就要重新选择一次设备；而对高速设备，通常每传送完一个数据块重新选择一次设备。当然，如果一个通道只管理一台高速设备，则完成一次数据传送过程只需要做一次设备选择工作。

3. 通道的类型

根据通道在控制数据传送时的方式不同，可分为字节多路通道、选择通道和数组多路通道三种类型。图 8.39 所示为具有三种类型通道的计算机输入输出系统结构。

1) 字节多路通道

字节多路通道是一种简单的共享通道，用来连接多台低速或中速的字符类设备，控制这些设备分时与主存交换数据。

字节多路通道每次为一台设备传送一个字节数据（或一个字符）。由于通道的数据传送速度很快，所以传送一个字符所需的时间很短；而中速、低速字符设备的数据传输率较低，字符的传输周期较长，即传送完一个字符后，需要经过较长的准备时间才能传送下个字符。因此，通道可以利用一台设备准备下一个字符的这段时间，去为其他已准备好的设备传送数据。这种数据传送控制方式称为字节交叉方式。字节交叉方式减少了设备的等待时间，使多台设备能够并行地工作，有效地提高了输入输出的效率。

字节多路通道还可以包含多个子通道，每个子通道连接一个 I/O 控制器，各子通道能独立地执行通道指令，并行地操作。子通道以字节交叉方式为所连接的各个设备传送数据，而多个子通道则分时使用总通道与主存交换数据。

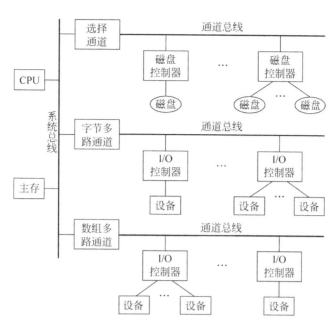

图 8.39　具有三种类型通道的计算机输入输出系统结构

2）选择通道

选择通道连接的是一些高速 I/O 设备,如磁盘存储器等。高速 I/O 设备具有很高的数据传输率,且以成组(数据块)方式传送数据,其相邻数据字之间的传输间隔时间很短,因此,选择通道不能像字节多路通道那样以字节交叉方式来为多个高速设备进行数据传送。

选择通道一旦选择一台设备进行数据传送后,就单独为该设备服务,直到为该设备传送完整个数据块后,才重新进行设备选择。设备每次传送的数据块长度由用户程序通过请求输入输出的访管指令设定,其长度是可变的,称为不定长数据块。

3）数组多路通道

数组多路通道也是用来连接以成组方式传送数据的高速 I/O 设备的,其控制方式结合了字节多路通道和选择通道的特点,即以数据块(成组)交叉方式为多台设备传送数据。

高速 I/O 设备的数据传输率很高,传送一个数据块所需的时间很短,但每次传送之前的数据准备(如寻址等辅助操作)时间则长得多。数组多路通道在为一台设备传送完一个数据块后,在该设备准备下一个数据块期间,暂时断开与该设备的连接,挂起它的通道程序,转而选择其他设备传送一个数据块,即执行其他设备的通道程序,这种控制多台设备进行数据传送的方式,就是数据块(成组)交叉方式。

为了按数据块交叉方式控制数据传送,数组多路通道将一个设备所要传送的数据按该设备的逻辑数据块单位(如对磁盘存储器,一个逻辑数据块单位为 1 个扇区)划分成若干个数据块分别传送,这样就能充分利用设备准备下一个数据块的时间去为其他设备服务。相比之下,选择通道将需要传送的全部数据作为一个数据块,这个数据块中可能包含了多个逻辑数据块,在设备准备一个新的逻辑数据块时,通道就会处于等待状态,降低了通道的效率。

数组多路通道也可以有多个子通道,同时执行多个通道程序;各子通道分时共享总通道。因此,数组多路通道既具有多路并行操作的能力,又具有很高的数据传输速率,在大型计算机系统中得到普遍应用。

4. 通道流量设计

通道流量又称为通道吞吐率,通道数据传输率等,它是指一个通道在数据传送期间,单位时间内能够传送的字节数。一个通道所能达到的流量最大值,称为通道的极限流量。通道的极限流量与通道的类型,以及通道选择一次设备的时间 T_S 和传送一个字节的时间 T_D 有关。

设 $f_{MAX\cdot BYTE}$、$f_{MAX\cdot SELECT}$ 和 $f_{MAX\cdot BLOCK}$ 分别表示字节多路通道、选择通道和数组多路通道的极限流量,选择通道上的每台设备被选中后都传送 n 个字节,数组多路通道上的每台设备的数据块长度均为 k 个字节,则三类通道的极限流量计算公式如下:

$$f_{MAX\cdot BYTE} = \frac{1}{T_S + T_D} \tag{8.4}$$

$$f_{MAX\cdot SELECT} = \frac{1}{\dfrac{T_S}{n} + T_D} \tag{8.5}$$

$$f_{MAX\cdot BLOCK} = \frac{1}{\dfrac{T_S}{k} + T_D} \tag{8.6}$$

一个通道在实际工作中所需达到的最大流量,与通道的类型和实际连接在通道上的各种设备的数据传输率有关。

对字节多路通道,通道负荷最大时,需要不停地轮流为通道上的每台设备传送数据(每台设备一次传送一个字节)。因此,字节多路通道的实际最大流量,是连接在这个通道上的所有设备的数据传输率之和,即

$$f_{BYTE} = \sum_{i=1}^{p} f_i \tag{8.7}$$

式中,f_{BYTE} 为字节多路通道的实际最大流量;f_i 为第 $i(i=1,2,\cdots,p)$ 台设备的数据传输率。

对选择通道和数组多路通道,在一段时间内,一个通道只能为一台设备传送数据,而且,此时的通道流量就等于这台设备的数据传输率。因此,这两种通道的实际最大流量,就是连接在通道上的所有设备的数据传输率之最大值,即

$$f_{SELECT} = \max_{i=1}^{p} f_i \tag{8.8}$$

$$f_{BLOCK} = \max_{i=1}^{p} f_i \tag{8.9}$$

式中,f_{SELECT} 和 f_{BLOCK} 分别为选择通道和数组多路通道的实际最大流量。

为了保证通道能够正常工作,不丢失数据,各类通道的实际最大流量都不能超过其极限流量。这是通道流量设计的基本要求。

如果整个输入输出系统有 m 个通道,其中,$1\sim m_1$ 为字节多路通道;$m_1+1\sim m_2$ 为数组多路通道;$m_2+1\sim m$ 为选择通道,则整个输入输出系统的极限流量为

$$f_{MAX} = \sum_{i=1}^{m_1} f_{MAX\cdot BYTE\cdot i} + \sum_{i=m_1+1}^{m_2} f_{MAX\cdot BLOCK\cdot i} + \sum_{i=m_2+1}^{m} f_{MAX\cdot SELECT\cdot i} \tag{8.10}$$

而整个输入输出系统的实际最大流量为

$$f = \sum_{i=1}^{m_1} f_{\text{BYTE} \cdot i} + \sum_{i=m_1+1}^{m_2} f_{\text{BLOCK} \cdot i} + \sum_{i=m_2+1}^{m} f_{\text{SELECT} \cdot i} \tag{8.11}$$

f_{MAX} 也是输入输出系统对主存带宽的要求。除输入输出系统外，CPU 也要使用主存。所以，输入输出系统对主存的带宽要求与 CPU 对主存的带宽要求之和，就是主存应达到的带宽。输入输出系统占主存带宽的比例与机器的用途有很大关系。

下面是一个通道流量设计的例子。假设有一个字节多路通道，它有三个子通道：0 号和 1 号高速打印机各占一个子通道；0 号、1 号低速打印机以及 0 号光电输入机合用一个子通道。如果高速打印机、低速打印机和光电输入机分别以 $25\mu s$、$150\mu s$ 和 $800\mu s$ 为周期，向通道发出字节传送请求，则该字节多路通道的实际最大流量为

$$f_{\text{BYTE}} = \sum_{i=1}^{5} f_i = \frac{1}{25} + \frac{1}{25} + \left(\frac{1}{150} + \frac{1}{150} + \frac{1}{800} \right) \approx 0.095 \text{MB/s}$$

根据通道流量设计的基本要求，通道的实际最大流量不能超过通道的极限流量，因此可将该通道的极限流量设计成 0.1MB/s，即该通道的工作周期 $T_S + T_D = 10\mu s$。按此设计，各个设备的 I/O 请求都应能够得到及时的响应和处理，不会丢失数据。

通道在响应设备的 I/O 请求时，是有优先级次序的；通常，高速设备的优先级高于低速设备。此外，一个多路通道的各个子通道之间也有优先级高低之分。假设在上述字节多路通道中，各设备的优先级由高到低依次是：0 号高速打印机→1 号高速打印机→0 号低速打印机→1 号低速打印机→0 号光电输入机。图 8.40 中描述了该字节多路通道响应和处理各设备 I/O 请求的时刻（各设备的初次请求时刻是人为设定的），其中，↑ 表示设备提出 I/O 请求的时刻；• 表示通道处理完设备 I/O 请求的时刻。

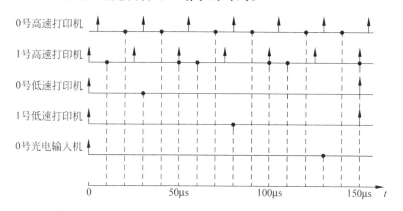

图 8.40　字节多路通道响应和处理各设备 I/O 请求的时刻

根据图 8.40 的描述，通道对每台设备的 I/O 处理都是在该设备发出下一个请求之前，最多也是在同时完成的，因此，每台设备都不会丢失数据。

必须指出的是，通道流量设计的基本要求只能保证在宏观上不丢失数据。当通道的实际最大流量非常接近其极限流量时，由于优先级高的高速设备频繁发出 I/O 请求，并总是优先得到响应和处理，这可能使得一些低速设备的请求长时间得不到通道响应而造成数据丢失。为了彻底解决数据丢失问题，可以采取以下措施：

（1）提高通道的极限流量，缩短通道的工作周期，使通道能够在高速设备相邻两次请求

之间,响应更多的低速设备请求。

(2) 动态提高低速设备的优先级,以避免低速设备的请求长时间得不到通道响应。

(3) 在设备或 I/O 控制器中设置一定容量的缓冲器,以暂存通道一时来不及处理的数据。

8.6.5　I/O 处理机方式

通道虽然可以执行通道指令,但并不能看作独立的处理机,因为通道的指令系统很简单,只有面向设备控制和数据传送的基本指令,且通道没有大容量的存储器。此外,通道在输入输出过程中,也需要 CPU 承担许多工作,如需要 CPU 运行管理程序来完成输入输出的前处理和后处理;需要请求 CPU 对设备或通道出现的错误或异常进行中断处理;需要 CPU 来对所传送的数据进行格式转换、码制转换及正确性校验;需要 CPU 运行操作系统来完成文件管理、设备管理等工作。可见,通道仍然对 CPU 的正常工作有较大的妨碍,影响了 CPU 高速性能的充分发挥。

为了使 CPU 进一步摆脱与输入输出有关的操作,更大地提高 CPU 的工作效率,同时,也是为了增强输入输出系统的功能,增加其控制的灵活性,发展出了 I/O 处理机技术。

I/O 处理机(IOP)也称为外围处理机(PPU),其功能与一般的处理机相仿,有时甚至就是一台普通的通用计算机。I/O 处理机有着与一般处理机相似,甚至完全相同的指令系统,因此,I/O 处理机能够承担起输入输出过程中的全部工作,完全不需要 CPU 的参与。CPU 在执行用户程序的过程中,一旦遇到输入输出广义指令,就将输入输出任务完全交由 I/O 处理机去完成,自己则继续执行用户程序。这样,就实现了 CPU 与 I/O 处理机之间的并行工作。

I/O 处理机基本上是独立于 CPU 异步工作的,它有着自己的局部存储器,可以存放所需执行的各种例行程序,以及与 I/O 设备交换的数据。因此,I/O 处理机不必通过主存,就能完成与 I/O 设备的数据交换。当 I/O 处理机需要与主存交换数据时,通过主存-I/O 处理机总线高速进行。

随着 I/O 处理机功能的不断扩展,其作用已超出了单纯的输入输出设备管理和数据传送的范畴,计算机系统中的其他一些功能也逐渐移到了 I/O 处理机上,如处理人机对话;连接网络或远程终端,完成远程用户服务;完成数据库和知识库的管理工作等。这样就进一步减轻了 CPU 的工作负担,有效地提高了整个计算机系统的性能和工作效率。

习题

1. 为什么说输入输出系统是一个硬件、软件结合的系统? 其硬件部分和软件部分各包含什么?

2. 什么是编码键盘和非编码键盘? 实际使用的键盘通常以什么方式工作?

3. 设某计算机的彩色图形/图像显示系统的显示分辨率为 1280×1024,每个像素用 24 位二进制数字表示(红、绿、蓝三基色各用一个字节表示),帧频为 70Hz,显存(VRAM)采用 DRAM 实现。问:

（1）该显示系统的显存容量至少是多少？

（2）若显存总带宽的 80％ 用于屏幕刷新，则显存的总带宽至少是多少？

4. 画出 6 种磁记录方式（RZ、NRZ、NRZ1、PM、FM 和 MFM）下，记录二进制序列 01001110 的写电流波形。

5. 某硬磁盘存储器转速为 4800 转/分，共有 8 个记录面，道密度为 5 道/毫米，每道可记录 12 288 字节信息，每个扇区 512 字节，磁盘存储区域的内径为 23mm，每个记录面有 450 个磁道。试求该硬磁盘存储器的

（1）存储容量。

（2）数据传输率。

（3）平均等待时间。

（4）磁盘地址格式。

6. 组织磁盘阵列（RAID）的目的是什么？阵列中的冗余磁盘起到什么作用？

7. I/O 设备与主机连接为什么需要 I/O 接口？I/O 接口需要具备哪些主要功能？

8. I/O 接口中通常包含哪几类端口？各类端口的作用是什么？

9. I/O 端口有哪几种编址方式？各有什么特点？

10. 以一次输入操作为例，说明程序查询方式的工作过程。为什么说在程序查询方式下，CPU 的工作效率低？

11. 程序中断方式的基本思想是什么？程序中断方式为什么可以提高 CPU 的工作效率？

12. 采用程序中断方式进行输入输出的基本过程包含哪几个阶段？哪些阶段的工作由硬件完成，哪些阶段的工作由软件完成？输入输出操作在哪个阶段完成？

13. I/O 设备向 CPU 发中断请求需要什么条件，是如何发出中断请求的？

14. CPU 响应 I/O 设备的中断请求需要什么条件？中断响应过程需要完成哪些工作？

15. 什么是程序运行的硬件现场和软件现场？为什么要在中断服务之前保护现场，而在中断服务之后恢复现场？

16. 设置中断优先级的目的和依据是什么？

17. 什么是中断嵌套？实现中断嵌套需要什么条件？如何避免低级中断嵌套高级中断？

18. 某系统对输入数据进行采样处理，每抽取一个输入数据，就需要 CPU 进行一次中断服务，将采样取得的数据存入主存数据缓冲区，此中断服务需要 x 秒；此外，每当缓冲区中存入 n 个数据，主程序就要将其取出进行处理，用时 y 秒。问该系统可以跟踪到每秒多少次中断请求？

19. 设某计算机系统共有 5 级中断，其中断响应优先次序由高到低排列依次是：0 级→1 级→2 级→3 级→4 级，且优先级排队电路中没有 ISR。现要将中断服务的优先次序改为：1 级→4 级→0 级→3 级→2 级，并设中断屏蔽触发器为 0 时开放中断，为 1 时禁止中断，试问：

（1）各级中断服务程序中应如何设置中断屏蔽字？

（2）假设 CPU 在执行主程序时，同时出现 3 级和 4 级中断请求，在执行 4 级中断服务程序时，同时出现 1 级和 2 级中断请求，而在执行 3 级中断服务程序时，又出现了 0 级中断

请求,试按改变后的中断服务优先次序,画出 CPU 执行程序的轨迹。

20. 设 CPU 的时钟频率为 50MHz,软盘存储器以程序中断方式与主机交换数据,数据传输率为 50KB/s,每次传送一个 16 位的字,一次中断处理过程的时间开销为 100 个时钟周期,求 CPU 为传输软盘数据所花费的时间比率。如果硬盘存储器的数据传输率为 2MB/s,每次与主机交换一个 32 位的字,是否适合以程序中断方式与主机交换数据? 为什么?

21. DMA 方式的主要特点是什么? 采用 DMA 方式进行一次 I/O 数据交换需要经过哪几个阶段? 各阶段的主要工作是什么?

22. DMA 方式有哪几种数据交换方法? 各有什么特点?

23. 设磁盘存储器转速为 3000 转/分,分 8 个扇区,每扇区存储 1KB,主存与磁盘存储器之间每次传送 16 位数据。假设一条指令的最长执行时间是 $25\mu s$,问:是否可采用一条指令执行结束时响应 DMA 请求的方案? 为什么? 若不行,应采用什么方案?

24. 一个 DMA 控制器正采用周期挪用方式,从一个数据传输速率为 9600b/s 的设备,向主存传送字符。而 CPU 也正以每秒 100 万条指令的速率从主存取指令。问:此 DMA 操作会使 CPU 的取指速度下降多少?

25. 某计算机的 CPU 主频为 500MHz,CPI 为 5(即执行每条指令平均需 5 个时钟周期)。假定某设备的数据传输率为 0.5MB/s,采用程序中断方式与主机进行数据传送,以 32 位为传送单位。对应的中断服务程序包含 18 条指令,中断过程的其他时间开销相当于 2 条指令的执行时间。问:

(1) 在程序中断方式下,CPU 用于该设备输入输出的时间占整个 CPU 时间的比例是多少?

(2) 当该设备的数据传输率达到 5MB/s 时,改用 DMA 方式传送数据。假定每次 DMA 传送的数据块大小为 5000B,且 DMA 预处理和后处理的总时间开销为 500 个时钟周期,则 CPU 用于该设备输入输出的时间占整个 CPU 时间的比例是多少? (假设 DMA 与 CPU 之间没有访存冲突。)

26. I/O 通道是一种什么样的部件,它具有哪些功能?

27. 简述通道的工作过程。其中哪些工作需要 CPU 来承担?

28. 通道有哪几种类型? 各有什么特点?

29. 什么是通道的极限流量和实际最大流量? 通道流量设计的基本要求是什么?

30. 一个字节多路通道连接 5 台设备,它们的数据传输率如表 8.5 所示。

表 8.5　第 30 题的设备数据传输率

设备名称	D1	D2	D3	D4	D5
数据传输率/(KB/s)	100	33.3	33.3	20	10
响应优先级	1(最高)	2	3	4	5

(1) 计算这个字节多路通道的实际最大流量。

(2) 为使通道能够正常工作,请设计通道的极限流量和工作周期。

(3) 设 5 台设备都在 0 时刻同时向通道发出第一次传送数据的请求,并在以后的时间里按照各自的数据传输率连续工作。画出通道分时为各台设备服务的时间关系图,并计算这个字节多路通道处理完各台设备的第一次数据传送请求的时刻。

31. 某 32 位计算机的输入输出系统有 2 条选择通道和 1 条字节多路通道。每条选择通道支持 2 个磁盘和 2 个磁带设备。字节多路通道连接 2 个打印机、2 个读卡机和 10 台终端。假定各种设备的数据传输率如下：

磁盘　　　　　800KB/s

磁带　　　　　200KB/s

打印机　　　　6.6KB/s

读卡机　　　　1.2KB/s

终端　　　　　1KB/s

(1) 计算该计算机输入输出系统的实际最大流量。

(2) 为该计算机输入输出系统设计极限流量。

(3) 如果该计算机的速度为 10^9 指令/秒，指令和数据的字长都是 32 位。指令 cache 的命中率为 99%，数据 cache 的命中率为 95%。假设平均每执行一条指令需要读或写一个操作数，且大部分在通用寄存器中完成，只有 20% 需要访问存储器。主存的字长为 32 位，请设计主存的带宽（数据传输率）。

参 考 文 献

[1] 陆遥.计算机组成原理[M].北京:清华大学出版社,2011.

[2] 白中英,等.计算机组成原理(第四版)[M].北京:科学出版社,2008.

[3] 唐朔飞.计算机组成原理(第二版)[M].北京:高等教育出版社,2008.

[4] 王爱英.计算机组成与结构(第三版)[M].北京:清华大学出版社,2001.

[5] William Stallings. Computer Organization and Architecture,Designing for Performance(Fifth Edition 影印版)[M].北京:高等教育出版社,2001.

[6] 郑纬民,等.计算机系统结构(第二版)[M].北京:清华大学出版社,1998.

[7] 李学干.计算机系统结构(第四版)[M].西安:西安电子科技大学出版社,2006.

[8] Andrew S Tanenbaum. Structured Computer Organization(Fourth Edition 影印版)[M].北京:机械工业出版社,2002.

[9] 胡越明.计算机组成和系统结构[M].上海:上海科学技术文献出版社,1999.

[10] 王诚,等.计算机组成原理[M].北京:人民邮电出版社,2009.

[11] 薛宏熙,等.计算机组成与设计[M].北京:清华大学出版社,2007.

[12] 刘乐善,等.微型计算机接口技术及应用[M].武汉:华中理工大学出版社,2000.

[13] 谢瑞和.奔腾系列微型计算机原理及接口技术[M].北京:清华大学出版社,2002.

图 书 资 源 支 持

感谢您一直以来对清华版图书的支持和爱护。为了配合本书的使用，本书提供配套的资源，有需求的读者请扫描下方的"书圈"微信公众号二维码，在图书专区下载，也可以拨打电话或发送电子邮件咨询。

如果您在使用本书的过程中遇到了什么问题，或者有相关图书出版计划，也请您发邮件告诉我们，以便我们更好地为您服务。

我们的联系方式：

地　　址：北京市海淀区双清路学研大厦 A 座 714

邮　　编：100084

电　　话：010-83470236　　010-83470237

客服邮箱：2301891038@qq.com

QQ：2301891038（请写明您的单位和姓名）

资源下载：关注公众号"书圈"下载配套资源。

书 圈　　　　　　　获取最新书目　　　　　　观看课程直播